Staudt
Experimentalphysik
Teil 2

Günter Staudt

Experimentalphysik

Einführung in die Grundlagen der Physik
mit zahlreichen Übungsaufgaben

Teil 2: Elektrodynamik und Optik

8., durchgesehene Auflage

Autor
Prof. Dr. Günter Staudt
Universität Tübingen,
Deutschland

8., durchgesehene Auflage 2002

Die Deutsche Bibliothek - CIP-Einheitsaufnahme
Ein Titelsatz für diese Publikation ist bei Der Deutschen Bibliothek erhältlich

© WILEY-VCH Verlag Berlin GmbH, 2002

Gedruckt auf säurefreiem Papier

ISBN: 978-3-527- 40361-5

Vorwort zur 7. Auflage

Das wachsende Interesse am Studium der Physik machte nach sieben Jahren eine Neuauflage des bewährten Buches notwendig.

Die auch bei Studierenden der Naturwissenschaften und Medizin zur studienbegleitenden Vorbereitung auf die Vorprüfung im Fach Physik beliebte Darstellung der Experimentalphysik wurde in dieser Ausgabe erstmals durch Aufnahme von Übungsaufgaben erweitert. Der Verlag hofft, damit einem Wunsch vieler Leser nachzukommen.

Dieser zweite Band der 'Experimentalphysik' umfaßt die Teilgebiete Elektrodynamik, elektrische Leitungsvorgänge, Optik und Grundphänomene der Lichtstrahlung, also ein Vorlesungsstoff, wie er im jeweils zweiten Semester des Grundstudiums Physik angeboten wird. Zum Verständnis des Stoffs werden die Kenntnisse von 'Experimentalphysik I' vorausgesetzt.

Den Herren Dr. Wilhelm Pfleging und Oberstudienrat Karsten Beuche danke ich für die Überlassung von Aufgaben im Übungsteil.

Tübingen, im Januar 2000

Der Verleger

Aus dem Vorwort zur 1. Auflage

Der vorliegende Band ist der zweite Teil einer Zusammenstellung des Stoffes der klassischen Experimentalphysik, wie er in den Vorlesungen Experimentalphysik I und II an der Universität Tübingen angeboten wird. Die Vorlesungen richten sich an die Studienanfänger der Fachrichtungen Physik und Mathematik, Chemie und Biochemie, Geologie und Mineralogie, in ähnlicher Form auch an die Studenten der Biologie.

Dieser zweite Band entstand aus der Vorlesung „Experimentalphysik II für Physiker und Mathematiker". Den Vorlesungen für die Studenten der anderen naturwissenschaftlichen Fachrichtungen liegen die gleiche Stoffauswahl und insbesondere die gleichen Experimente zugrunde; es fehlt nur der Stoff der Ergänzungsvorlesung und manche (mathematische) Ableitung.

Die Vorlesungen wurden von den Herren S. Alexeew und U. Haug in Form von Staatsexamensarbeiten im Rahmen ihrer wissenschaftlichen Prüfung für das Lehramt an Gymnasien im Fach Physik sorgfältig ausgearbeitet. Dabei wurde auch auf die Beschreibung der Vorlesungsversuche, die von Herrn Feinmechanikermeister W. Gugel betreut werden, besonderer Wert gelegt. Die fertigen Manuskripte wurden von mir durchgesehen und zur Buchform zusammengefaßt. Die vorliegende Stoffzusammenstellung soll den Studienanfängern zum einen dabei helfen, den Vorlesungen konzentrierter folgen zu können, zum anderen soll sie auch einen Anhaltspunkt für die Stoffauswahl beim notwendigen Nacharbeiten der Vorlesungen anhand von umfangreicheren Lehrbüchern geben.

Tübingen, März 1982   G. Staudt

Inhalt

INHALT

Kapitel 6

Elektrodynamik

6.1 Elektrostatik

6.1.1 Ladungen, Coulombgesetz

Versuch: Reibt man einen Kunststoffstab mit einem Wolltuch bzw. Katzenfell, so ziehen sich Stab und Tuch nach der Trennung an. Dagegen stoßen sich zwei geriebene Kunststoffstäbe ab. Diese Erscheinung nennt man *Reibungselektrizität* und die kraftausübenden Objekte *Ladungsträger*, die Kraftzentren *Ladungen*.

Interpretation des Versuchs:

1. Es gibt zwei verschiedene Arten von Ladungen, die mit *positiv* und *negativ* bezeichnet werden.

2. Normalerweise neutralisieren sich die Ladungen in Körpern.

3. Sind Ladungen getrennt (z. B. durch Reibung), so stoßen sich gleichnamige Ladungen ab, wogegen sich ungleichnamige anziehen.

Entscheidend für die im obigen Versuch beobachtete Reibungselektrizität ist weniger die Reibung als vielmehr der *enge Kontakt*. Beispielsweise laden sich Paraffin und Wasser beim bloßen Kontakt gegeneinander auf.

Versuch: Berührt man mit einem geladenen Kunststoffstab einen Metallzylinder an beliebiger Stelle (s. Abb. 6.1), so zeigt das mit dem Metallzylinder verbundene Elektrometer (s. u.) einen Ausschlag.

Interpretation: In Metall können sich Ladungen ausbreiten.

Nachweisgeräte für Ladungen: Elektrometer bzw. Elektroskope. Zum Nachweis von Ladungen nutzt man aus, daß daß sich gleichnamige Ladungen abstoßen und daß sich Ladungen auf Metall ausbreiten können. Dem Aufbau nach unterscheidet man

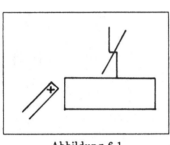

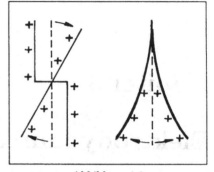

Abbildung 6.1   Abbildung 6.2

das *Braunsche Elektrometer* und das *Blättchenelektroskop* (s. Abb. 6.2). Beim Braun-schen Elektrometer sind zwei Metallstreifen in abgebildeter Form drehbar gegenein-ander gelagert. Dagegen besteht das Blättchenelektroskop aus zwei in einem Punkt zusammengehaltenen Metallstreifen, die lose herabhängen.

Versuch: Berührt man mit einem neutralen Kunststoffstab einen aufgeladenen Me-tallzylinder, so ändert sich der Ausschlag des mit dem Metallzylinder verbundenen Elektrometers nicht. Benutzt man an Stelle des Kunststoffstabs einen Stab aus feuch-tem Holz, so geht der Ausschlag des Elektrometers auf Null zurück.

Dieser Versuch kann mit den verschiedensten Materialien wiederholt werden. Man stellt fest, daß die Materialien, je nachdem, wie gut oder schlecht sie Ladungen trans-portieren, grob in zwei Gruppen eingeteilt werden können: in *Leiter* und *Nichtleiter* (Isolatoren). Beispiele für Leiter sind Metalle, heiße Gase, Wasser; Beispiele für Nicht-leiter sind Porzellan, Kunststoff, Normalluft.

Nähert man einem Leiter, d. h. einem Material, in dem Ladungen transportiert werden können, eine Ladung, so bewegen sich die ungleichnamigen Ladungen im Leiter auf die Ladung zu, die gleichnamigen von der Ladung weg. Auf dem Leiter findet eine Ladungstrennung statt. Diesen Effekt nennt man *Influenz*.

Versuche zur Influenz:

1. Nähert man einen geladenen Stab zwei Metallzylindern, die miteinander in Berührung stehen, so findet in den Zylindern eine Ladungstrennung statt, die Elektrometer zeigen einen Ausschlag. Werden die Zylinder in unmittelbarer Nähe des Stabs getrennt, so bleiben sie auch nach Entfernen des Stabs geladen. Bringt man die Zylinder wieder zusammen, so neutralisieren sich die Ladungen wieder, und die Elektrometer zeigen keinen Ausschlag mehr (s. Abb. 6.3).

2. Ein geladener Ball, der gegenüber einer geerdeten Metallplatte aufgehängt ist, wird aufgrund der auf der Platte influenzierten Ladungen angezogen (s. Abb. 6.4).

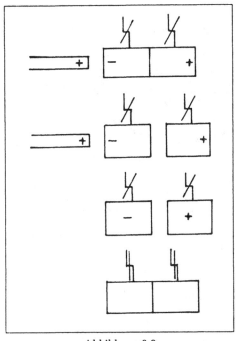

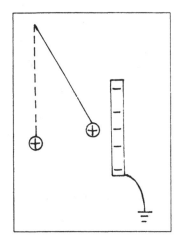

Abbildung 6.3   Abbildung 6.4

Versuch: Ersetzt man im Versuch 2 die Metallplatte durch eine Paraffinplatte, so wird auch in diesem Fall die geladene Kugel von der Platte angezogen, wenn auch der Effekt viel kleiner ist als bei der Metallplatte.

Dieser Versuch zeigt, daß auch bei Nichtleitern, in denen Ladungen nicht frei beweglich sind, bei der Annäherung eines geladenen Gegenstandes Ladungen an der Oberfläche auftreten. Diese Erscheinung nennt man *Polarisation.*

Deutung der Polarisation: Die Ladungen in einem Nichtleiter sind zwar nicht über die ganze Materialprobe verschiebbar, wohl aber innerhalb eines Atoms (bzw. Moleküls). Deshalb wird aufgrund der Einwirkung der äußeren Ladung die Atomstruktur verzerrt, so daß der positive und negative Ladungsschwerpunkt eines Atoms nicht mehr zusammenfallen, das Atom wird zum Dipol (s. Abb. 6.5). Im Innern des Körpers heben sich die Ladungen gegenseitig auf, aber die Randflächen erscheinen geladen.

Das Coulombgesetz

Die Kräfte, die bisher qualitativ betrachtet wurden, beschreibt das Coulombgesetz quantitativ. Es gibt die Kraft an, die zwei punktförmige Ladungen q_1 und q_2 im Abstand r aufeinander ausüben (s. Abb. 6.6). In seiner einfachsten Form lautet es:

$$F \sim \frac{q_1 \cdot q_2}{r^2}.$$

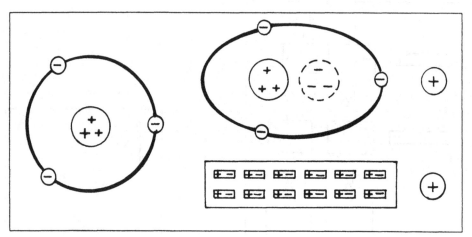

Abbildung 6.5

Berücksichtigt man die Richtung der Kraft, so gilt mit $\vec{r}_{1\to2} = \vec{r}_{21}$:

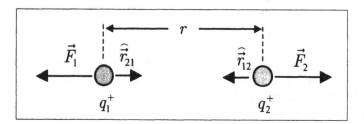

Abbildung 6.6

$$\vec{F}_1 = \frac{1}{4\pi\varepsilon_0}\frac{q_1 \cdot q_2}{r^2}\hat{\vec{r}}_{12} \qquad \vec{F}_2 = \frac{1}{4\pi\varepsilon_0}\frac{q_1 \cdot q_2}{r^2}\hat{\vec{r}}_{21}.$$ (6.1)

$\vec{F}_1(\vec{F}_2)$: Kraft auf die Ladung $q_1(q_2)$ (Ladungen mit Vorzeichen)

Dabei sind: $\hat{\vec{r}}_{21}(\hat{\vec{r}}_{12})$: Einheitsvektor, der von $q_1(q_2)$ nach $q_2(q_1)$ zeigt

r: Abstand der beiden Ladungen

Da $\hat{\vec{r}}_{12} = -\hat{\vec{r}}_{21}$ ist, folgt mit $\vec{F}_2 = -\vec{F}_1$ (drittes Newtonsches Axiom) die zweite Formulierung aus der ersten.

Der Faktor $1/(4\pi\varepsilon_0)$ ist die Proportionalitätskonstante im Internationalen Einheitensystem (SI). Die Ladung wird in diesem System in der abgeleiteten Einheit *Coulomb* (kurz C) gemessen: $[Q] = 1$ Coulomb $= 1$ C. Eine vorläufige Definition dieser Einheit und der Zahlenwert der als *Influenz-* oder *elektrische Feldkonstante* bezeichneten Größe ε_0 erfolgt im Abschnitt 6.1.5.

Versuch: Auf dem Waagearm einer Torsionswaage befindet sich eine geladene Kugel der Ladung q_1. Ihr gegenüber wird in einem bestimmten Abstand eine Kugel mit der Ladung q_2 angebracht. Auf q_1 wirkt die Kraft F_1. Um die Ladung q_1 in Nullstellung zu halten, muß mit der Torsionsfeder ein Drehmoment T aufgebracht werden, dessen vom Zeiger angezeigte Größe der Kraft F proportional ist. Mißt man F für verschiedene Abstände und wertet die Messungen aus, so bestätigt sich das Coulombgesetz.

Variiert man die Ladungen bei festem Abstand, so kann auch die durch das Coulombgesetz gegebene Abhängigkeit der Kraft von den Ladungen nachgewiesen werden.

6.1.2 Das elektrische Feld

Grundsätzlich gibt es zwei Vorstellungen für die Kraftwirkung zwischen zwei Ladungen q_1 und q_2:

- Die *Fernwirkungstheorie*: Die Ladung q_1 übt „direkt" über die Entfernung r eine Kraft auf q_2 aus.

- Die *Nahwirkungstheorie*: Am Ort von q_2 wirkt etwas, das zwar in q_1 seine Ursache hat, aber am Ort von q_2 vorhanden ist.

Elektrische Feldstärke

Die Existenz von elektromagnetischen Wellen und die durch die Relativitätstheorie geforderte endliche Ausbreitungsgeschwindigkeit von Wirkungen sprechen für die Gültigkeit der Nahwirkungstheorie: Es wird jedem Raumpunkt in der Umgebung einer Ladung q ein *elektrischer Feldstärkevektor* $\vec{E}$ zugeschrieben, der seine Ursache in der Ladung q hat: $\vec{E} = \vec{E}(q)$. Die Wechselwirkung zwischen zwei Ladungen q_1 und q_2 beschreibt man dann als Wechselwirkung zwischen der Ladung q_2 und der an ihrem Ort herrschenden Feldstärke $\vec{E}(q_1)$: $\vec{F}_2 = q_2 \cdot \vec{E}(q_1)$ (und umgekehrt).

Die elektrische Feldstärke $\vec{E}$ im Punkt P ist somit definiert als die Kraft $\vec{F}$, die auf eine positive Probeladung q^+ im Punkt P wirkt, geteilt durch den Betrag der Probeladung q^+:

$$\boxed{\vec{E} \ := \ \frac{\vec{F} \ (\text{auf } q^+)}{q^+}.} \tag{6.2}$$

Nach Definition ist die elektrische Feldstärke $\vec{E}$ eine vektorielle Größe, deren Richtung gegeben ist durch die Kraftrichtung auf eine positive Ladung. Damit überträgt sich das Superpositionsprinzip für Kräfte auf die Feldstärke.

Will man das elektrische Feld praktisch vermessen, muß man die Rückwirkung der Probeladung q auf das Feld berücksichtigen. Die „genaue Meßvorschrift" lautet:

$$\vec{E} \;=\; \lim_{\substack{q\to 0 \\ R\to 0}} \frac{\vec{F}}{q},$$

wobei R den Radius der Ladungskugel darstellt. Es gibt zwei Gründe für diese Grenzwertbildung:

- Mit einer Kugel endlichen Durchmessers würde nicht mehr die Feldstärke in einem Punkt, sondern der Mittelwert über das Kugelvolumen gemessen werden.

- Eine endliche Ladung würde durch Influenz in den umgebenden Wänden eine Änderung des Feldes verursachen.

Das Feld einer Punktladung

Formt man die Definitionsgleichung für die elektrische Feldstärke (6.2) um, ergibt sich $\vec{F} = \vec{E} \cdot q$. Ein Vergleich mit dem Coulombgesetz (6.1) liefert die Feldstärke $\vec{E}$ in der Umgebung einer Punktladung Q:

$$\vec{E} \;=\; \frac{1}{4\pi\varepsilon_0}\frac{Q}{r^2}\,\hat{\vec{r}}. \tag{6.3}$$

Der Einheitsvektor $\hat{\vec{r}}$ ist bei positiven Ladungen Q^+ von diesen weg-, bei negativen Ladungen Q^- auf diese zugerichtet (s. Abb. 6.7). Man bezeichnet deshalb die positiven Ladungen als *Quellen*, die negativen als *Senken* des elektrischen Feldes.

Feldlinien

Durch die Zuordnung einer Vektorgröße $\vec{E}$ in jedem Raumpunkt wird ein elektrisches Feld definiert. Denkt man sich in diesem Feld jeweils tangential zur Feldstärke $\vec{E}$ Kurven gezeichnet, so erhält man die *Feldlinien*.

Versuch: Um Feldlinien sichtbar zu machen, können zum Beispiel Grießkörner, die in einem Ölbad schwimmen, verwendet werden. Die Körner werden im elektrischen Feld polarisiert und ordnen sich längs der Feldlinien zu Ketten an. Auf diese Weise können unter anderem die in Abb. 6.8 skizzierten Konfigurationen beobachtet werden. Die Feldlinien werden so gezeichnet, daß sie die gleiche Orientierung wie die Feldstärke besitzen, d. h. sie beginnen auf der positiven Ladung und enden auf der negativen.

Ein *homogenes Feld* ist ein Feld, das in jedem Punkt die gleiche Richtung und den gleichen Betrag aufweist. Es entsteht zum Beispiel zwischen zwei sehr großen und ungleichnamig geladenen Platten, die in kleinem Abstand parallel angebracht sind (s. Abb. 6.9).

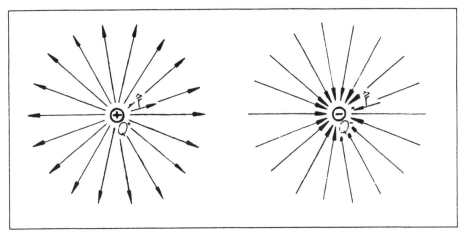

Abbildung 6.7

Feldliniendichte: Die *Feldliniendichte* wird definiert durch eine Zahl der Feldlinien durch die Fläche senkrecht zum Feld, geteilt durch die Größe der Fläche (s. Abb. 6.10). Im Experiment sieht man, daß die Feldliniendichte in den Gebieten groß ist, in denen auch der Betrag der Feldstärke groß ist. *Die Feldliniendichte ist ein Maß für den Betrag der Feldstärke.*

Leiter im elektrostatischen Feld

- *Im Innern eines Leiters befinden sich keine Nettoladungen.* Befinden sich Ladungen im Innern, so stoßen sie sich ab und bewegen sich so lange fort, bis sie an der Grenzschicht des Leiters ankommen. Bringt man Ladungen auf einen Leiter, so verteilen sie sich nur auf einer sehr dünnen Schicht auf der Oberfläche des Leiters.

- *Im Innern eines Leiters verschwindet das elektrische Feld.* In einem Leiter sind Ladungen frei verschiebbar. Wäre im Innern ein Feld vorhanden, so würden sich Ladungen solange bewegen, bis die Kraft und damit die Feldstärke verschwindet.

- *Auf der Innenfläche eines Leiterhohlraumes befinden sich keine Ladungen; in einem Leiterhohlraum ist das elektrische Feld gleich Null.*

Versuch: Setzt man auf eine geladene Leiterplatte einen leitenden Käfig, so geht der Ausschlag des Elektrometers, das mit der Platte verbunden ist, auf Null zurück, während das äußere Elektrometer einen Ausschlag zeigt (s. Abb. 6.11). Auf der Innenfläche des Hohlraumes befinden sich also keine Ladungen. Stellt man nun ein Gefäß mit einem Grießkörner-Öl-Gemisch in den Käfig, so richten sich die Körner nicht aus, d. h. es ist kein Feld im Innern des Hohlraumes vorhanden. Man nennt diesen feldfreien

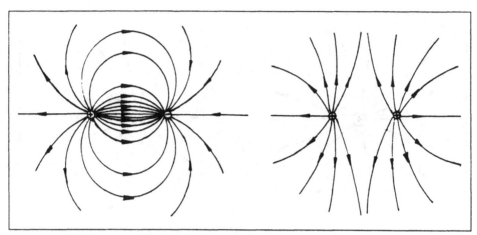

Abbildung 6.8: Zwei ungleichnamige und zwei gleichnamige Ladungen

Hohlraum einen *Faradayschen Käfig.*

- *Das Feld an der Oberfläche eines Leiters steht senkrecht zur Leiteroberfläche.*

Angenommen, das Feld hätte eine zur Oberfläche tangentiale Komponente, so würde die daraus resultierende Kraft die Ladungen in der Leiteroberfläche so lange verschieben, bis die tangentiale Komponente zusammenbricht.

Versuch: Betrachtet man in einem Grießkörner-Öl-Bad das Feld zwischen einer Spitze und einer ebenen Platte, so stellt man fest, daß die Feldliniendichte an der Spitze viel größer ist als an der gegenüberliegenden Platte. Da Feldliniendichte und Feldstärke proportional sind, gilt also:

- *Die Feldstärke an der Oberfläche einer Leiterspitze ist besonders groß.*

Der Dipol

Ein elektrischer Dipol ist ein Paar nahe benachbarter, ungleichnamiger und gleichgroßer Ladungen, die starr miteinander verbunden sind (s. Abb. 6.12). Er wird durch das *elektrische Dipolmoment* $\vec{p}$ charakterisiert:

$$\boxed{\vec{p} = q \cdot \vec{l}.} \qquad (6.4)$$

$\vec{l}$ ist hierbei ein Vektor, der von $-q$ nach $+q$ zeigt.

Der Dipol im homogenen elektrischen Feld: Ist der Dipol parallel zur Feldstärke $\vec{E}$ in einem homogenen Feld ausgerichtet, so ist die Gesamtkraft auf den Dipol gleich

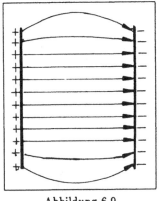

Abbildung 6.9

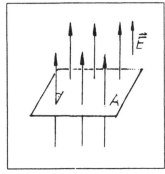

Abbildung 6.10

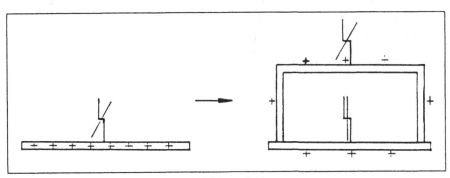

Abbildung 6.11

Null (s. Abb. 6.13): $\vec{F} = \vec{F}_- + \vec{F}_+ = (-q)\vec{E} + q\vec{E} = 0$, wobei $\vec{F}_+(\vec{F}_-)$ die Kraft auf $+q(-q)$ angibt. Liegt der Dipol quer im Feld, so ist die Gesamtkraft zwar immer noch gleich Null, aber es wirkt gemäß Abb. 6.14 ein Drehmoment T auf den Dipol mit dem Betrag

$$
\begin{aligned}
T &= |\vec{F}_+|\frac{l}{2}\sin\alpha + |\vec{F}_-|\frac{l}{2}\sin\alpha \\
&= 2 \cdot E \cdot q \cdot \frac{l}{2}\sin\alpha \\
&= E \cdot (q \cdot l)\sin\alpha \\
&= E \cdot p \cdot \sin\alpha
\end{aligned}
$$

oder vektoriell

$$\boxed{\vec{T} = \vec{p} \times \vec{E}.}$$

(6.5)

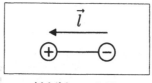

Abbildung 6.12

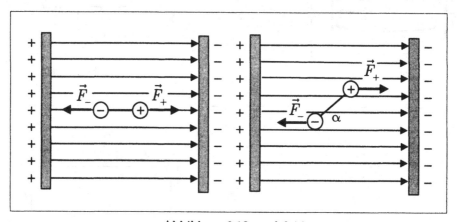

Abbildung 6.13 und 6.14

Das Drehmoment wirkt so lange, bis $\vec{p}$ und $\vec{E}$ parallel sind, d. h. der Dipol in Feldrichtung liegt.

Der Dipol im inhomogenen elektrischen Feld (s. Abb. 6.15): Für die Gesamtkraft $\vec{F}$, die auf den Dipol wirkt, ergibt sich: $\vec{F} = \vec{F}_- + \vec{F}_+ = (-q)\vec{E}_- + q\vec{E}_+$, wobei $\vec{E}_-(\vec{E}_+)$ die Feldstärken am Ort von $-q(+q)$ sind. Da $\vec{l}$ sehr klein ist, gilt (im Radialfeld):

$$\vec{E}_+ = \vec{E}_- - \frac{dE}{dx} \cdot \vec{l}.$$

Einsetzen liefert:

$$\vec{F} = -q\vec{E}_- + q\vec{E}_- - q \cdot \frac{dE}{dx} \cdot \vec{l}$$

$$= -(q \cdot \vec{l})\frac{dE}{dx}$$

$$\vec{F} = -\vec{p}\frac{dE}{dx}. \tag{6.6}$$

Die Kraft zeigt in das Gebiet der höheren Feldstärke.

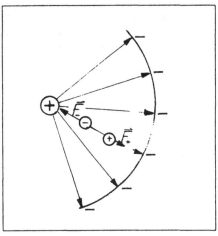

Abbildung 6.15

6.1.3 Der elektrische Fluß

Im Abschnitt über Feldlinien wurde die Feldliniendichte eingeführt und proportional zur Feldstärke angesetzt:

$$|\vec{E}| \sim \text{Feldliniendichte} = \frac{\text{Zahl der Feldlinien durch } A \perp \vec{E}}{A}.$$

Umformen dieser Proportionalität ergibt:

$$|\vec{E}| \cdot A \sim \text{Zahl der Feldlinien durch } A \perp \vec{E}.$$

Also wird die Anzahl der Feldlinien, die durch eine zu $\vec{E}$ senkrecht stehende Fläche A gehen, durch das Produkt $E \cdot A$ beschrieben. Daraus ergibt sich zwangsläufig folgende **Definition:** Im homogenen Feld ist der *elektrische Fluß* gegeben durch

$$\Phi_{el} = E \cdot A. \tag{6.7}$$

Der Feldstärkevektor muß hierbei senkrecht auf der Fläche A stehen. Ist dies nicht der Fall, so wird $\vec{E}$ durch die Projektion von $\vec{E}$ auf die Richtung des Flächennormalenvektors $\hat{n}$ ersetzt (s. Abb. 6.16):

$$\Phi_{el} = E_n \cdot A = E \cdot \cos(\vec{E}, \hat{n}) \cdot A.$$

Mit der Definition $\vec{A} := A \cdot \hat{n}$ ergibt sich

$$\begin{aligned}
\Phi_{el} &= A \cdot E \cdot \cos(\vec{E}, \vec{A}) \\
&= \vec{A} \cdot \vec{E}.
\end{aligned} \tag{6.8}$$

Der allgemeine Fall: Um den allgemeinen Fall von räumlich veränderlichen Feldern $\vec{E}$ auf gekrümmten Flächen zu erfassen, wird die Fläche $\vec{A}$ in infinitesimale Flächenstücke $d\vec{A}$ aufgeteilt, denn dann kann wieder davon ausgegangen werden, daß sich $\vec{E}$ über der Fläche $d\vec{A}$ nicht ändert. Für den elektrischen Fluß durch die Fläche $d\vec{A}$ gilt somit:

$$d\Phi_{el} = \vec{E}\, d\vec{A}.$$

Um den Gesamtfluß durch die Fläche $\vec{A}$ zu erhalten, müssen die Einzelflüsse $d\Phi_{el}$ aufsummiert werden. Es ergibt sich als allgemeine Definition für den elektrischen Fluß:

$$\boxed{\Phi_{el} = \int_A \vec{E}\, d\vec{A} = \int_A E_n\, dA.} \qquad (6.9)$$

Man nennt ein derartiges Integral ein *Oberflächenintegral.*

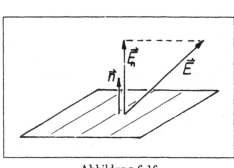

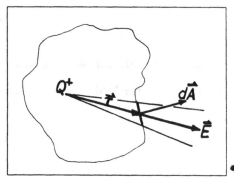

Abbildung 6.16   Abbildung 6.17

Der Gaußsche Satz

Der *Raumwinkel* Ω, unter dem man eine Fläche A von einem Punkt P aus sieht, ist derjenige Teil des Raumes, der von den Strahlen, die vom Punkt P zur Randkurve der Fläche A gehen, aus dem Raum ausgeschnitten wird. Als Maß für den Raumwinkel dient die Fläche A, die von diesen Strahlen aus einer um den Punkt P gelegten Kugel mit dem Radius r ausgeschnitten wird:

$$\Omega = \frac{A}{r^2}.$$

Anwendungen:

1. Segment dA einer Kugel um P:

$$d\Omega = \frac{dA}{r^2}.$$

2. Geschlossene Hüllfläche A um P:

$$\Omega = \frac{A}{r^2} = \frac{4\pi r^2}{r^2} = 4\pi. \tag{6.10}$$

Der elektrische Fluß durch eine geschlossene Hüllfläche: Im Punkt P befinde sich eine Ladung Q, um die eine Hüllfläche A gelegt ist (s. Abb. 6.17). Es soll der elektrische Fluß durch die Hüllfläche A berechnet werden.
Das elektrische Feld einer Punktladung ist radial gerichtet. Für den Fluß durch ein Flächenelement dA gilt

$$
\begin{aligned}
d\Phi_{el} &= dA \cdot E \cdot \cos(\vec{E}, d\vec{A}) \\
&= [dA \cdot \cos(\vec{E}, d\vec{A})] \cdot E.
\end{aligned}
$$

$dA \cdot \cos(\vec{E}, d\vec{A})$ ist die Projektion der Fläche $d\vec{A}$ senkrecht zur Feldstärke und kann, da $\vec{E}$ radial gerichtet ist, als Segment einer konzentrischen Kugel mit dem Radius r aufgefaßt werden. Nach obigem Beispiel gilt dann: $dA \cdot \cos(\vec{E}, d\vec{A}) = d\Omega \cdot r^2$. Mit der Gleichung (6.3) folgt damit

$$
\begin{aligned}
d\Phi_{el} &= \frac{1}{4\pi\varepsilon_0}\frac{Q}{r^2} dA \cdot \cos(\vec{E}, d\vec{A}) = \frac{1}{4\pi\varepsilon_0}\frac{Q}{r^2} d\Omega \cdot r^2 \\
&= \frac{Q}{4\pi\varepsilon_0} d\Omega \qquad (d\Phi_{el} \sim d\Omega).
\end{aligned}
$$

Den Gesamtfluß erhält man nach (6.9) durch

$$\Phi_{el} = \oint_A \frac{Q}{4\pi\varepsilon_0} d\Omega = \frac{Q}{4\pi\varepsilon_0} \oint_A d\Omega.$$

„$\oint$" bedeutet: Das Objekt, über das integriert wird, ist geschlossen (hier: eine geschlossene Hüllfläche).
Nach Beispiel 1. ist der Raumwinkel einer Hüllfläche gleich 4π. Also ergibt sich als elektrischer Fluß durch eine Fläche, die eine Punktladung Q einhüllt,

$$\Phi_{el} = \frac{Q}{\varepsilon_0}.$$

Sind mehrere Ladungen Q_i von der Fläche umhüllt, so gilt aufgrund des Superpositionsprinzips für Feldstärken

$$\Phi_{el} = \oint_A \vec{E} d\vec{A} = \oint_A \left(\sum_i \vec{E}_i\right) d\vec{A} = \sum_i \oint_A \vec{E}_i d\vec{A} = \sum_i \frac{Q_i}{\varepsilon_0} = \frac{\sum_i Q_i}{\varepsilon_0}.$$

Betrachtet man eine Ladungsverteilung, so kommt man mit gleicher Argumentation zur allgemeinen Form (Q = Gesamtladung innerhalb der Hüllfläche):

$$\boxed{\Phi_{el} \;=\; \frac{Q}{\varepsilon_0}.}$$

(6.11)

Diese Beziehung bezeichnet man als *Gaußschen Satz*. Sie ist sehr nützlich bei der Berechnung von elektrischen Feldern, deren Symmetrie man intuitiv erkennt.

Berechnung von elektrischen Feldern mit Hilfe des Gaußschen Satzes

1. *Punktladung Q*. Ihr Feld ist radialsymmetrisch. Als Hüllfläche wählt man eine konzentrische Kugel im Abstand r. Für den elektrischen Fluß ergibt sich:

$$\Phi_{el} \;=\; \underset{\text{Kugel}}{\oint} \vec{E}\, d\vec{A} \;=\; \vec{E} \underset{\text{Kugel}}{\oint} d\vec{A} \;=\; E \cdot 4\pi r^2.$$

Der Gaußsche Satz liefert $\Phi_{el} = Q/\varepsilon_0$; Gleichsetzen beider Ausdrücke ergibt

$$E \;=\; \frac{1}{4\pi\varepsilon_0}\frac{Q}{r^2}.$$

2. *Linienhafte Ladungsverteilung*. Gegeben sei ein unendlich langer, gleichmäßig geladener Draht, eine „Antenne" (s. Abb. 6.18). Man definiert die *Linienladungsdichte* λ = Ladung Q / Länge l.

Aufgrund der Zylindersymmetrie zum Draht wählt man als Hüllfläche eine Zylinderdose mit dem Radius r. Die Flächennormalen von Deckel und Boden stehen senkrecht auf dem Feldstärkevektor, folglich tritt durch Deckel und Boden kein Fluß. Der Betrag der Feldstärke ist auf dem Mantel wegen der Zylindersymmetrie konstant.

$$\Phi_{el} \;=\; \underset{\text{Zylinder}}{\oint} \vec{E}\, d\vec{A} \;=\; \underset{\text{Mantel}}{\oint} \vec{E}\, d\vec{A} \;=\; E \cdot \text{Mantelfläche} \;=\; E \cdot 2\pi r \cdot l_0.$$

Der Gaußsche Satz liefert $\Phi_{el} = Q/\varepsilon_0 = \lambda \cdot l_0/\varepsilon_0$; Gleichsetzen ergibt

$$E = \frac{1}{2\pi\varepsilon_0}\frac{\lambda}{r}.$$

(6.12)

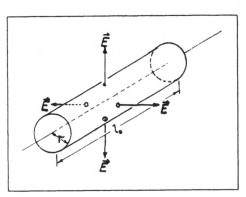

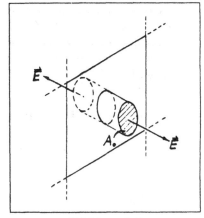

Abbildung 6.18   Abbildung 6.19

3. *Flächenhafte Ladungsverteilung.* Gegeben sei eine unendlich ausgedehnte Ebene, die gleichmäßig mit Ladung belegt ist. Man definiert die *Flächenladungsdichte* σ = Ladung Q / Fläche A.

Aufgrund der Symmetrie zur Flächennormalen wählt man eine Zylinderdose als Hüllfläche. Deren Mantelfläche liegt in Feldrichtung ($\vec{n} \perp \vec{E}$), ein Fluß tritt also nur durch Deckel und Boden (s. Abb. 6.19).

$$\Phi_{el} = \underset{\text{Zylinder}}{\oint \vec{E}\,d\vec{A}} = \underset{\text{Deckel}}{\oint \vec{E}\,d\vec{A}} + \underset{\text{Boden}}{\oint \vec{E}\,d\vec{A}} = 2 \cdot E \cdot A_0.$$

Gauß: $\Phi_{el} = Q/\varepsilon_0 = A_0\sigma/\varepsilon_0$; Gleichsetzen ergibt

$$E = \frac{\sigma}{2\varepsilon_0}. \tag{6.13}$$

Die Feldstärke ist unabhängig vom Abstand. Ist die Ladung auf der Platte positiv, so ist das Feld von der Platte weg gerichtet (und umgekehrt).

4. *Der Plattenkondensator.* Ein idealer Plattenkondensator besteht aus zwei unendlich ausgedehnten, parallelen Platten, die so aufgeladen sind, daß sie gleichgroße aber ungleichnamige Flächenladungsdichten besitzen. Das Gesamtfeld entsteht als Überlagerung der Felder der zwei Platten. Im Außenraum sind die Felder entgegengerichtet. Da sie dem Betrag nach gleich sind, heben sie sich gegenseitig auf; das Feld verschwindet. Im Innenraum sind sie gleichgerichtet, hier verdoppelt sich das Feld. Mit (6.13) ergibt sich:

$$E = 2\frac{\sigma}{2\varepsilon_0} = \frac{\sigma}{\varepsilon_0}. \tag{6.14}$$

5. *Homogen geladene Kugel mit Radius R.* Man definiert die *Raumladungsdichte*
ρ = Gesamtladung Q / Gesamtvolumen $V = Q / \frac{4}{3}\pi R^3$. Wie bei der Punktla-
dung liegt Radialsymmetrie vor, deshalb kann hier ebenfalls eine konzentrische
Kugel mit dem Radius r als Hüllfläche gewählt werden (s. Abb. 6.20). Da die
Kugel jedoch ein endliches Volumen besitzt, muß man eine Fallunterscheidung
durchführen.

Fall 1: Die Hüllfläche liegt innerhalb der Kugel ($r < R$). Dann gilt:

$$\Phi_{el} = \oint_{\text{Kugel}} E_i\, dA = E_i \cdot 4\pi r^2.$$

Gauß: $\Phi_{el} = Q_i/\varepsilon_0 = \rho \cdot V/\varepsilon_0 = \frac{1}{\varepsilon_0}\rho\frac{4\pi}{3}r^3$; Gleichsetzen ergibt

$$E_i = \frac{\rho}{3\varepsilon_0}r. \qquad (6.15)$$

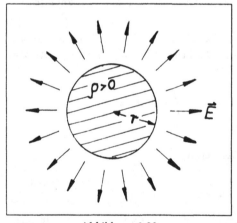

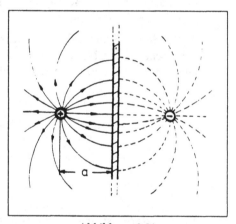

Abbildung 6.20   Abbildung 6.21

Fall 2: Die Hüllfläche liegt außerhalb der Kugel ($r > R$).

$$\Phi_{el} = \oint_{\text{Kugel}} E_a\, dA = E_a \cdot 4\pi r^2.$$

Gauß: $\Phi_{el} = Q/\varepsilon_0 = \left(\rho\frac{4}{3}\pi R^3\right)/\varepsilon_0$; Gleichsetzen ergibt

$$E_a = \frac{\rho R^3}{3\varepsilon_0}\frac{1}{r^2}. \qquad (6.16)$$

Das E-Feld wächst im Innern der Kugel proportional zu r an und fällt im Außenraum proportional zu $1/r^2$ ab.

6. *Punktladung vor Leiterplatte.* Stellt man in die Symmetrieebene (Mittelebene) eines Dipols eine unendlich ausgedehnte Metallplatte, so wird auf der Platte so lange Ladung influenziert, bis das Innere der Platte feldfrei ist (s. Abb. 6.21). Da die Feldlinien senkrecht auf der Platte enden, ändert sich dabei das äußere Feld nicht. Entfernt man nun die rechte Ladung samt der von ihr erzeugten Influenzladung (die Platte muß geerdet sein), so wird dadurch das Feld der linken Seite nicht beeinflußt, denn beide Seiten sind durch den feldfreien Innenraum der Platte entkoppelt. Das Feld auf der linken Seite ist damit das Feld einer Punktladung vor einer Metallplatte. Die imaginäre Ladung Q^- nennt man *Bildladung*.

Eine Folgerung der obigen Argumentation ist, daß die Kraft, die die Platte auf die Ladung ausübt („Bildkraft"), gleich der Kraft ist, die zwei entgegengesetzte Ladungen doppelten Abstandes aufeinander ausübten:

$$F = \frac{1}{4\pi\varepsilon_0} \frac{Q^2}{(2a)^2} = \frac{1}{4\pi\varepsilon_0} \frac{Q^2}{4a^2}. \tag{6.17}$$

6.1.4 Elektrisches Potential — elektrische Spannung

Das elektrische Feld wirkt auf eine Ladung als Kraftfeld, also gelten im Prinzip dieselben Aussagen über Arbeit und potentielle Energie wie in mechanischen Kraftfeldern (z. B. Gravitationsfeld). Die Arbeit W, die ein elektrisches Feld aufbringen muß, um eine Ladung q vom Punkt 1 zum Punkt 2 zu bringen, berechnet sich demnach folgendermaßen:

$$W_{21} = W_{1\to2} = \int_1^2 \vec{F}\,d\vec{s} = \int_1^2 q \cdot \vec{E}\,d\vec{s} = q \cdot \int_1^2 \vec{E}\,d\vec{s}.$$

Dabei gibt es zwei Möglichkeiten:

1. Das Feld verrichtet eine *positive* Arbeit an der Ladung, d. h. Kraft und Weg besitzen parallele Komponenten. Dies entspricht — wegen des Energieerhaltungssatzes — einer *Abnahme* der potentiellen Energie $\Delta E_{pot} = -W$ bzw. einer negativen, nach außen abgeführten Arbeit $W^* = -W$ ($\Delta E_{pot} = W^*$).

2. Das Feld verrichtet eine negative Arbeit an der Ladung, d. h. Kraft und Weg besitzen antiparallele Komponenten. Dies entspricht einer Zunahme der potentiellen Energie bzw. einer positiven, von außen zugeführten Arbeit W^*, einer Arbeit, die von außen aufgewendet werden muß, um die Ladung längs des Weges zu transportieren (s. Abb. 6.22).

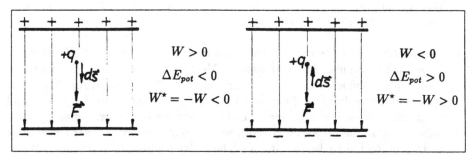

Abbildung 6.22

Für ein gegebenes Kraftfeld kann man jedem Punkt des Raumes genau dann eine eindeutig bestimmte potentielle Energie zuordnen, wenn das Wegintegral der Kraft, d. h. die Arbeit, unabhängig vom Weg ist (s. Abb. 6.23).

$$W_{1\to 2} \;=\; \int\limits_{\text{Weg 1}} \vec{F}\,d\vec{s} \;=\; \int\limits_{\text{Weg 2}} \vec{F}\,d\vec{s}.$$

Gleichwertig zur Wegeunabhängigkeit der Arbeit ist, wenn für jeden geschlossenen

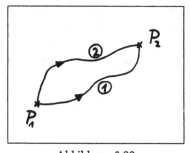

Abbildung 6.23

Weg

$$\oint \vec{F}\,d\vec{s} \;=\; 0$$

gilt. Die potentielle Energie im Punkt P_1, bezogen auf einen Punkt P_0, berechnet sich dann wie folgt:

$$E_{pot}(P_1) \;=\; -W_{P_0\to P_1} \;=\; -\int\limits_{P_0}^{P_1} \vec{F}\,d\vec{s} \;=\; W^{\star}_{P_0\to P_1}.$$

Als Bezugspunkt P_0 wählt man meist den unendlich fernen Punkt P_∞: $E_{pot}(\infty) = 0$.
Betrachten wir nun ein elektrisches Feld, dann gilt nach (6.2) für die Kraft $\vec{F}$ auf eine
Ladung q: $\vec{F} = q\vec{E}$. Dies in den Ausdruck für die potentielle Energie eingesetzt, ergibt:

$$E_{pot}(P) = -\int_\infty^P q\vec{E}\,d\vec{s} = q \cdot \left(-\int_\infty^P \vec{E}\,d\vec{s}\right) = W^\star_{\infty \to P}.$$

Daraus läßt sich folgende **Definition** ableiten:

$$\boxed{\varphi_{el}(P) := -\int_\infty^P \vec{E}\,d\vec{s} = \frac{W^\star_{\infty \to P}}{q}.}$$

(6.18)

In Worten: Das **elektrische Potential** φ_{el} ist die Arbeit, die man aufbringen muß,
um eine Ladung q aus dem Unendlichen (bzw. vom Bezugspunkt) an den Punkt P zu
bringen, dividiert durch den Betrag der Ladung q.

Das Potential ist nur vom Feld abhängig, nicht von der Ladung. Nach obigen Überlegungen gilt für die potentielle Energie einer Ladung q im Punkt P eines elektrischen
Feldes:

$$E_{pot}(P) = q \cdot \varphi_{el}(P).$$

(6.19)

Entsprechend zur potentiellen Energie ist deshalb das Potential eines elektrischen Feldes genau dann eindeutig definierbar, wenn das Wegintegral über die Feldstärke E
unabhängig ist vom Weg, oder wenn für jeden geschlossenen Weg gilt: $\oint \vec{E}\,d\vec{s} = 0$.

Da es in der Elektrostatik keine geschlossenen Feldlinien gibt, ist für jedes elektrostatische Feld ein Potential eindeutig definierbar.

Gebiete, in denen sich das Potential nicht ändert, heißen *Äquipotentialflächen*
($\varphi_{el} = $ const).

- *Äquipotentialflächen stehen senkrecht auf den Feldlinien.* Da das Potential auf
  einer Äquipotentialfläche konstant bleibt, gilt für jeden beliebigen Weg γ, der auf
  der Äquipotentialfläche verläuft: $\int_\gamma \vec{E}\,d\vec{s} = 0$.

  Betrachtet man einen infinitesimalen Weg $d\vec{s}$, der auf der Fläche verläuft, ergibt
  sich: $0 = \vec{E}\,d\vec{s}$. Also steht $d\vec{s}$ senkrecht auf $\vec{E}$. Da der Weg beliebig war, steht
  auch die Äquipotentialfläche senkrecht auf $\vec{E}$.

- *Leiter sind im elektrostatischen Feld Äquipotentialflächen.* Gäbe es in einem Leiter einen Potentialunterschied, würden die Ladungen aufgrund ihres Bestrebens
  nach einer möglichst niedrigen potentiellen Energie vom Ort des hohen Potentials
  zum Ort des niedrigen Potentials fließen und glichen damit den Potentialunterschied aus. *Also ist in der Elektrostatik das Potential auf dem Leiter konstant.*
  Da die Feldlinien und die Äquipotentialflächen senkrecht aufeinander stehen, gilt
  auch, daß das Feld $\vec{E}$ senkrecht auf der Leiteroberfläche steht.

Gegeben sei ein elektrisches Feld, für das ein Potential definierbar ist.

Definition: Die elektrische Spannung U_{12} zwischen den Punkten P_1 und P_2 ist gleich der Potentialdifferenz zwischen den Punkten:

$$\boxed{U_{12} := \varphi(P_2) - \varphi(P_1).} \tag{6.20}$$

Setzt man die Spannung in Beziehung zum Feld, so ergibt sich:

$$U_{12} \;=\; \varphi(P_2) - \varphi(P_1) \;=\; -\int_\infty^{P_2} \vec{E}\,d\vec{s} + \int_\infty^{P_1} \vec{E}\,d\vec{s}$$

$$=\; -\left(\int_\infty^{P_1} \vec{E}\,d\vec{s} + \int_{P_1}^{P_2} \vec{E}\,d\vec{s}\right) + \int_\infty^{P_1} \vec{E}\,d\vec{s}$$

$$=\; -\int_{P_1}^{P_2} \vec{E}\,d\vec{s}. \tag{6.21}$$

Damit läßt sich ein Zusammenhang zwischen Spannung und von außen verrichteter Arbeit herstellen:

$$W_{P_1 \to P_2}^\star \;=\; -\int_{P_1}^{P_2} \vec{F}\,d\vec{s} \;=\; -\int_{P_1}^{P_2} q\cdot\vec{E}\,d\vec{s} \;=\; q\cdot\left(-\int_{P_1}^{P_2} \vec{E}\,d\vec{s}\right) \;=\; U_{12}\cdot q$$

$$U_{12} \;=\; \frac{W_{P_1 \to P_2}^\star}{q} \qquad W_{P_1 \to P_2}^\star \;=\; U_{12}\cdot q. \tag{6.22}$$

Die Dimension der Spannung und des Potentials ist nach (6.18) und nach (6.22) durch den Quotienten aus Arbeit und Ladung gegeben. Im SI-System wird die Einheit der Spannung mit *Volt* (kurz V) bezeichnet: 1 Joule / 1 Coulomb = 1 Volt.

Zusammenhang zwischen Potential und Feldstärke, Gradient

Die elektrische Potentialverteilung erhält man nach Definition (6.18) aus der elektrischen Feldverteilung. Gilt nun auch die Umkehrung, d. h. kann man aus dem Potential das Feld berechnen?

Eindimensionaler Fall:

$$\varphi(x) \;=\; -\int_\infty^x E\,dx \quad \Rightarrow \quad E(x) \;=\; -\frac{d\varphi(x)}{dx}$$

Dreidimensionaler Fall:

$$\varphi(x,y,z) = - \int\limits_{\infty}^{P(x,y,z)} \vec{E}\,d\vec{s}$$

Es gilt

$$dE_{pot}(x,y,z) = -\vec{F}\,d\vec{s} = -(F_x\,dx + F_y\,dy + F_z\,dz).$$

Mit

$$E_{pot}(x,y,z) = q \cdot \varphi(x,y,z)$$

und

$$\vec{F} = q \cdot \vec{E}$$

folgt:

$$d\varphi(x,y,z) = -(E_x\,dx + E_y\,dy + E_z\,dz).$$

Andererseits läßt sich für $\varphi = \varphi(x,y,z)$, d. h. eine Funktion von drei Veränderlichen ein vollständiges Differential ausschreiben:

$$d\varphi(x,y,z) = \frac{\partial\varphi(x,y,z)}{\partial x}\,dx + \frac{\partial\varphi(x,y,z)}{\partial y}\,dy + \frac{\partial\varphi(x,y,z)}{\partial z}\,dz$$

Damit:

$$E_x = -\frac{\partial\varphi(x,y,z)}{\partial x}; \quad E_y = -\frac{\partial\varphi(x,y,z)}{\partial y}; \quad E_z = -\frac{\partial\varphi(x,y,z)}{\partial z}$$

und

$$\begin{aligned}
\vec{E} &= E_x\hat{\vec{x}} + E_y\hat{\vec{y}} + E_z\hat{\vec{z}} \\
&= -\left(\frac{\partial\varphi}{\partial x}\hat{\vec{x}} + \frac{\partial\varphi}{\partial y}\hat{\vec{y}} + \frac{\partial\varphi}{\partial z}\hat{\vec{z}}\right)
\end{aligned}$$

$$\boxed{\vec{E} = -\left(\frac{\partial\varphi}{\partial x}, \frac{\partial\varphi}{\partial y}, \frac{\partial\varphi}{\partial z}\right) = -\text{grad}\,\varphi(x,y,z) = -\nabla\varphi(x,y,z).} \qquad (6.23)$$

Unter der Voraussetzung, daß ein Potential existiert, ist also die Vorgabe von Feld- oder Potentialverteilung gleichwertig. Oft läßt es sich jedoch mit dem Potential leichter rechnen, da es eine skalare Größe ist. Insbesondere folgt aus der ungestörten Überlagerung von Feldstärken für das Gesamtpotential φ, das von beliebig im Raum stehenden Ladungen Q_i erzeugt wird:

$$\varphi = -\int\limits_{\infty}^{P}\vec{E}\,d\vec{s} = -\int\limits_{\infty}^{P}\sum_i \vec{E}_i\,d\vec{s} = \sum_i\left(-\int\limits_{\infty}^{P}\vec{E}_i\,d\vec{s}\right) = \sum_i\varphi_i$$

$$\varphi = \sum_i \varphi_i.$$

Dabei ist φ_i das Potential der Ladung Q_i am Punkt P.

Beispiele für Potentiale:

1. *Potential in der Umgebung einer Punktladung.* Nach (6.3) berechnet sich die Feldstärke einer Punktladung Q wie folgt:

$$\vec{E} = \frac{1}{4\pi\varepsilon_0} \frac{Q}{r^2} \vec{\tilde{r}}.$$

Integriert man gemäß (6.18) längs eines beliebigen, von Q ausgehenden Weges bis zum Abstand r von der Ladung, so erhält man

$$\varphi(r) = -\int_\infty^r \vec{E}\, d\vec{s} = \int_r^\infty \frac{Q}{4\pi\varepsilon_0} \frac{1}{r^2} \vec{\tilde{r}}\, d\vec{s} = \int_r^\infty \frac{Q}{4\pi\varepsilon_0} \frac{1}{r^2}\, dr = -\frac{Q}{4\pi\varepsilon_0} \frac{1}{r}\Big|_r^\infty$$

$$\boxed{\varphi(r) = \frac{1}{4\pi\varepsilon_0} \frac{Q}{r}.} \qquad (6.24)$$

Da der Weg beliebig ist, besitzen Punkte, die den gleichen Abstand zu Q haben, das gleiche Potential. Die Äquipotentialflächen sind also Kugeln mit Mittelpunkt Q.

2. *Potential im Innen- und Außenraum einer homogen geladenen Kugel mit dem Radius R.* Sei ρ die Ladungsdichte der Kugel und Q ihre Gesamtladung. Dann gilt nach (6.15) und (6.16) für die Feldstärke außerhalb der Kugel:

$$E_a = \frac{\rho R^3}{3\varepsilon_0} \frac{1}{r^2} = \frac{1}{4\pi\varepsilon_0} \frac{Q}{r^2},$$

bzw. innerhalb der Kugel:

$$E_i = \frac{\rho}{3\varepsilon_0} r.$$

Im Außenraum ist das Feld der Kugel gleich dem Feld einer Punktladung Q, die sich im Mittelpunkt der Kugel befindet (s. Abb. 6.24). Deshalb gilt für das Potential außerhalb der Kugel:

$$\boxed{\varphi_a(r) = \frac{1}{4\pi\varepsilon_0} \frac{Q}{r}} \qquad (r \geq R).$$

Um das Potential innerhalb der Kugel zu erhalten, wird wieder gemäß (6.18) längs eines Radiusstrahls bis zum Abstand $r < R$ integriert:

$$\varphi_i(r) = -\int_{\infty}^{r} \vec{E}\,d\vec{s} = -\int_{\infty}^{R} \vec{E}_a\,d\vec{s} - \int_{R}^{r} \vec{E}_i\,d\vec{s} = \frac{1}{4\pi\varepsilon_0}\frac{Q}{R} - \int_{R}^{r}\frac{\rho}{3\varepsilon_0}\,r\,dr$$

$$= \frac{1}{4\pi\varepsilon_0}\frac{Q}{R} + \frac{\rho}{6\varepsilon_0}(R^2 - r^2)$$

Damit ergibt sich

$$\boxed{\varphi_i(r) = \frac{Q}{8\pi\varepsilon_0 R^3}(3R^2 - r^2).} \qquad (6.25)$$

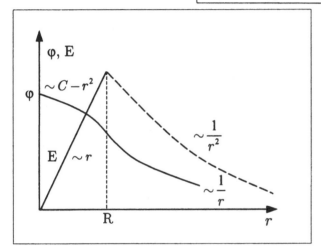

Abbildung 6.24

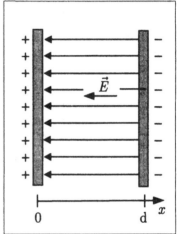

Abbildung 6.25

3. *Potential im Innern eines Plattenkondensators.* Im Fall des Plattenkondensators wird anstelle des Unendlichen die negative Kondensatorplatte als Bezugspunkt gewählt. Für das Potential eines Punktes, der den Abstand x zu der negativen Platte hat (s. Abb. 6.25), gilt dann:

$$\varphi(x) = -\int_{0}^{x}\vec{E}\,d\vec{x}' = \int_{0}^{x} E\,dx'$$

$$= E \cdot x. \qquad (6.26)$$

Speziell gilt also für das Potential der positiven Platte: $\varphi(d) = E \cdot d$. Man erkennt, daß die Äquipotentialflächen die zu den Kondensatorplatten parallelen Flächen sind.

Da $\varphi(0) = E \cdot 0 = 0$ ist, gilt für die elektrische Spannung zwischen der negativen Platte und einem Punkt im Abstand x:

$$U_{0,x} = \varphi(x) - \varphi(0) = E \cdot x. \qquad (6.27)$$

Zwischen beiden Platten besteht demnach die Spannung $\boxed{U_{0,d} = E \cdot d}$.

4. *Potential in der Umgebung eines elektrischen Dipols.* Der elektrische Dipol ist nach Abschnitt 6.1.2 charakterisiert durch das Dipolmoment $\vec{p} = q \cdot \vec{l}$. Gesucht ist das Potential in einem vom Dipol hinreichend weit entfernten Punkt (s. Abb. 6.26): $|\vec{l}| \ll |\vec{r}|$. Damit gelten die Näherungen $r^2 = r_+ \cdot r_-$ und $r_- - r_+ = l \cdot \cos\alpha$. Das Potential im Punkt P erhält man, wie bereits erwähnt,

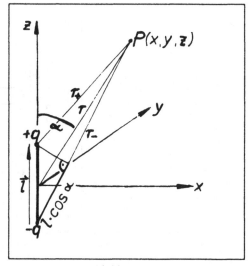

Abbildung 6.26

indem man die Potentiale der Einzelladungen im Punkt P addiert:

$$\varphi(P) = \frac{1}{4\pi\varepsilon_0}\frac{+q}{r_+} + \frac{q}{4\pi\varepsilon_0}\frac{-q}{r_-} = \frac{q}{4\pi\varepsilon_0}\left(\frac{1}{r_+} - \frac{1}{r_-}\right)$$

$$= \frac{q}{4\pi\varepsilon_0}\left(\frac{r_- - r_+}{r_- \cdot r_+}\right) = \frac{q}{4\pi\varepsilon_0}\frac{l \cdot \cos\alpha}{r^2}.$$

Mit $\vec{p} \cdot \hat{\vec{r}} = p \cdot 1 \cdot \cos(\vec{l},\vec{r}) = q \cdot l \cdot \cos\alpha$ folgt:

$$\boxed{\varphi(P) = \frac{1}{4\pi\varepsilon_0}\frac{\vec{p}}{r^2}\hat{\vec{r}}.} \qquad (6.28)$$

Will man die Feldstärke im Punkt P berechnen, so ist der *Gradient* des Potentials im Punkt P zu bilden. Es stellt sich heraus, daß die Feldverteilung rotationssymmetrisch zur Dipolachse ist.

Ein Gerät zum Ausmessen von Potentialen in gasgefüllten Räumen ist die *Flammensonde*. Sie besteht aus einem dünnen, flexiblen Schlauch für die Gaszufuhr und einer aufgesetzten, feinen Metalldüse als Brenner. Die Düse wird leitend mit einem Spannungsmeßgerät verbunden. Die Flamme ionisiert das umgebende Gas und macht es leitend. Dabei nimmt die Sonde das Potential der Umgebung an. Dieses Potential wird als Potentialdifferenz (Spannung) gegenüber einem festen Bezugspunkt P_0 von einem Spannungsmeßgerät registriert.

Es wurde bereits erwähnt, daß ein Potential genau dann definierbar ist, wenn das Wegintegral der Feldstärke wegeunabhängig ist oder wenn für jeden geschlossenen Weg $\oint \vec{E} \, d\vec{s} = 0$ gilt.

Es gibt eine weitere Bedingung, die meist leichter nachprüfbar ist: Wenn es ein Potential gibt, dann gelten für die Komponenten des Feldstärkevektors folgende Beziehungen:

$$\frac{\partial E_y}{\partial z} = \frac{\partial E_z}{\partial y} \qquad \frac{\partial E_x}{\partial y} = \frac{\partial E_y}{\partial x} \qquad \frac{\partial E_z}{\partial x} = \frac{\partial E_x}{\partial z}. \qquad (6.29)$$

Mit dieser Bedingung kann beispielsweise leicht nachgerechnet werden, daß folgendes gilt:
$\quad E_1 = (ax, 0, 0) \quad$ besitzt ein Potential,
$\quad E_2 = (ay, 0, 0) \quad$ besitzt kein Potential $(a \in \mathbf{R})$.

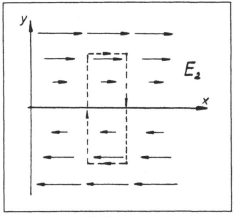

Abbildung 6.27

Betrachtet man das Feld E_2 in Abb. 6.27, so sieht man unmittelbar ein, daß entlang des gestrichelten Weges $\oint \vec{E} \, d\vec{s} \neq 0$ erfüllt ist. Also existiert kein Potential für E_2.

Der Nachweis mittels (6.29) kommt auch ohne Zeichnung aus, denn es läßt sich sofort einsehen, daß gilt:

$$\frac{\partial E_x}{\partial y} = a \neq 0 = \frac{\partial E_y}{\partial x}.$$

6.1.5 Die Kapazität

Bringt man auf einen Leiter, der isoliert im Raum steht, die Ladung Q, so baut sich um den Leiter ein elektrisches Feld auf. Dies hat unter anderem die Folge, daß der Leiter eine Spannung U (Potentialdifferenz) gegenüber einem beliebigen Bezugspunkt P besitzt. Wie hängen nun Spannung und aufgebrachte Ladung voneinander ab?

Beispiele:

1. *Leiterkugel mit Radius R.* Entsprechend (6.24) gilt für die Spannung einer Leiterkugel im Unendlichen:

$$\boxed{U = \frac{1}{4\pi\varepsilon_0}\frac{Q}{R}.} \tag{6.30}$$

2. *Der Plattenkondensator.* Nach (6.27) gilt für die Spannung zwischen den Platten $U = E \cdot d$. Mit der bereits definierten Flächenladungsdichte $\sigma = Q/A$ und $E = \sigma/\varepsilon_0$ folgt dann

$$\boxed{U = \frac{d}{\varepsilon_0 A}Q.} \tag{6.31}$$

Die Untersuchung weiterer Leiteranordnungen auf experimentellem oder rechnerischem Weg erbringt, daß in jedem Fall Spannung U und Ladung Q proportional zueinander sind. Die Proportionalitätskonstante zwischen U und Q erhält den Namen *Kapazität* C:

$$\boxed{C := \frac{Q}{U}.} \tag{6.32}$$

Damit ist die Dimension der Kapazität gegeben als Coulomb durch Volt. Im SI-System wird die Einheit der Kapazität mit *Farad* (kurz F) bezeichnet: 1 Coulomb / 1 Volt = 1 Farad.

Nach (6.30) und (6.31) gilt für die *Kapazität einer Kugel*:

$$\boxed{C = 4\pi\varepsilon_0 R,} \tag{6.33}$$

und für die *Kapazität eines Plattenkondensators*:

$$\boxed{C = \frac{\varepsilon_0 A}{d}.} \tag{6.34}$$

Allgemein läßt sich zeigen, daß die Kapazität einer beliebigen Leiteranordnung nur von geometrischen Größen abhängt. Mit dem Begriff der Kapazität kann man verstehen, daß ein Elektrometer, das vom Prinzip her die aufgebrachte Ladung anzeigt, ebenfalls als Spannungsmesser verwendet werden kann. Das Elektrometer ist isoliert gegenüber seinem Gehäuse angebracht, hat also gegenüber dem Gehäuse eine bestimmte Kapazität C. Wegen $Q = C \cdot U$ ist dann die angezeigte Ladung Q direkt proportional zur Spannung U zwischen Elektrometer und Gehäuse.

Schaltungen von Kondensatoren

Ganz allgemein besteht ein Kondensator aus beliebig vielen Leitern, die sowohl gegeneinander als auch gegenüber der Umwelt isoliert aufgestellt sind. Jedem Kondensator läßt sich eine Kapazität C zuordnen.

Im folgenden sollen die Kondensatoren aus zwei Leitern bestehen. Außerdem wird vorausgesetzt, daß der Raum außerhalb des Kondensators, abgesehen von Randfeldern, feldfrei ist. Damit folgt aus dem Gaußschen Satz sofort, daß sich auf beiden Leitern eine gleichgroße Ladungsmenge befindet.

1. *Parallelschaltung.* Zwei Kondensatoren der Kapazität C_1 und C_2 werden parallel an eine Spannungsquelle angeschlossen (Abb. 6.28). Wie groß ist nun die Gesamtkapazität des Systems? Es gilt: $Q_1 = C_1 \cdot U$ und $Q_2 = C_2 \cdot U$. Die Gesamtladung beträgt:

$$Q_{ges} = Q_1 + Q_2 = (C_1 + C_2) \cdot U = C_{ges} \cdot U.$$

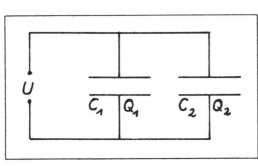

Abbildung 6.28

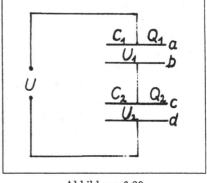

Abbildung 6.29

Die Gesamtkapazität ist die Summe der Einzelkapazitäten:

$$\boxed{C_{ges} = C_1 + C_2.}$$

(6.35)

2. *Hintereinanderschaltung.* Im Fall der Hintereinanderschaltung (Abb. 6.29) verteilt sich die Gesamtspannung auf die Einzelkondensatoren. Die Ladungen Q_1 und Q_2 sind gleich, da wegen der leitenden Verbindung zwischen den Leitern b und c gleichviel Ladungen auf dem Leiter c fehlen, wie auf b Ladungen influenziert werden.

Damit gilt $U = U_1 + U_2$ und $Q = Q_1 = Q_2$. Also:

$$U = \frac{Q_1}{C_1} + \frac{Q_2}{C_2} = Q \cdot \left(\frac{1}{C_1} + \frac{1}{C_2} \right) = \frac{Q}{C_{ges}}.$$

Der Kehrwert der Gesamtkapazität ergibt sich aus der Summe der Kehrwerte der Einzelkapazitäten:

$$\boxed{\frac{1}{C_{ges}} = \frac{1}{C_1} + \frac{1}{C_2}.}$$

(6.36)

Die Gesamtkapazität ist bei der Hintereinanderschaltung kleiner ist als die kleinste Einzelkapazität.

Versuch: Bringt man auf die Innenfläche eines Leiterhohlraumes eine Ladung, so fließt diese sofort auf die Außenfläche des Leiters ab (vgl. Abschnitt 6.1.2). Auf diesem Prinzip beruht der *Van-de-Graaff-Generator:* Über eine Spitze S_1 wird auf ein endlos umlaufendes Band Ladung aufgesprüht. Die Spitze S_2 leitet diese Ladung auf die Innenfläche einer Leiterkugel. Von dort fließt die Ladung sofort auf die Außenfläche der Kugel (s. Abb. 6.30).

Im Prinzip kann man mit dem Bandgenerator beliebig hohe Spannungen erzeugen. Eine hohe Spannung hat jedoch eine große Feldstärke an der Oberfläche zur Folge. Man beobachtet, daß bei einer bestimmten Feldstärke E_{krit}, die abhängig vom Radius des Hochspannungskörpers und vom umgebenden Medium ist, ein Funkenüberschlag stattfindet, so daß die Feldstärke E_{krit} nicht überschritten werden kann. In Luft beträgt der Wert der Durchbruchsfeldstärke $E_{krit} \approx 2 \cdot 10^6$ V/m.

Mit den Beziehungen (6.16) und (6.30) kann die Feldstärke an der Oberfläche der Kugel in die Spannung U zwischen Kugel und Band umgerechnet werden. Für die maximal erreichbare Spannung U_{krit} ergibt sich dann (R: Radius der Kugel):

$$U_{krit} = E_{krit} \cdot R.$$

(6.37)

Versuch: Zwei Kugeln mit dem Durchmesser von 13 cm werden gegeneinander auf Hochspannung gebracht. Führt man beide Kugeln zusammen, so findet bei einem bestimmten Abstand ein Funkenüberschlag statt. Wird der Versuch mit der gleichen

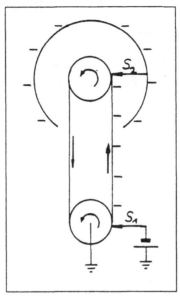

Abbildung 6.30

Spannung wiederholt, so stellt man fest, daß der kritische Abstand, bei dem der Funken überschlägt, ziemlich konstant ist. Tabelliert man Spannung und dazugehörigen Abstand, so kann dies zur Messung von Hochspannungen verwendet werden.

Kraft zwischen den Platten eines Plattenkondensators: Wie im Abschnitt 6.1.3 erklärt, rührt das Feld im Zwischenraum eines Plattenkondensators je zur Hälfte von der positiven und der negativen Platte her. Fragt man nach der Kraft, mit der die eine Platte auf die andere einwirkt, so darf also nur die Hälfte der Gesamtfeldstärke E berücksichtigt werden, denn das von einer einzelnen Platte erzeugte Feld übt keine Kraft auf die Platte selbst aus. Mit der Definitionsgleichung (6.2) gilt demnach für die Kraft auf eine Platte $F = Q \cdot E/2$, wobei Q die Gesamtladung der Platte ist.

Mit den Beziehungen (6.32) $Q = C \cdot U$ und (6.27) $U = E \cdot d$ (d: Plattenabstand) ergibt sich:

$$F = \frac{1}{2} C \frac{U^2}{d}.$$

Nach (6.34) beträgt die Kapazität eines Plattenkondensators $C = \varepsilon_0 A/d$. Damit erhält man (A: Fläche der Platten):

$$\boxed{F = \frac{\varepsilon_0 A}{2d^2} U^2.} \qquad (6.38)$$

Mit Hilfe dieser Beziehung ist es möglich, Spannungen durch eine Kraftmessung zu bestimmen.

Versuch: Mit Hilfe einer Torsionswaage wird die Kraft F gemessen, die auf die Platte eines Plattenkondensators wirkt. Die Platte ist dabei von einem geerdeten Schutzring umgeben. Dieser soll gewährleisten, daß die Streufelder am Rand des Kondensators vermieden werden. Der Versuchsaufbau wird als *Kirchhoffsche Potentialwaage* bezeichnet (Abb. 6.31).

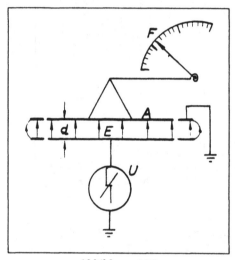

Abbildung 6.31

Mit Hilfe dieser Potentialwaage kann an dieser Stelle eine Definition der **Einheit der Spannung (Volt)** als „vorläufige" vierte Basisgröße (bisher Meter, Kilogramm, Sekunde) gegeben werden:

> „Ist die Fläche der Platten des Kondensators 1 m² groß und beträgt der Abstand zwischen den Platten 1 m, dann liegen genau dann 10^3 Volt Spannung (Potentialdifferenz) an den Platten, wenn man die Kraft $F = 4,452 \cdot 10^2$ N aufbringen muß, um die Platten im Abstand 1 m zu halten."

Mit Beziehung (6.38) ergibt sich damit als *Zahlenwert für die Influenz- oder elektrische Feldkonstante* ε_0 (s. Abschnitt 6.1.1):

$$\boxed{\varepsilon_0 = 8,8542 \cdot 10^{-12} \, \frac{\text{N}}{\text{V}^2}.} \tag{6.39}$$

Im Abschnitt 6.3.3 wird gemäß dem internationalen Einheitensystem (SI) als vierte Basisgröße die Einheit der Stromstärke, das *Ampere*, definiert. Die obige Definition des

Volts ist aber so gehalten, daß das aus den Grundgrößen Meter, Kilogramm, Sekunde und Ampere abgeleitete Volt mit ihm übereinstimmt.

Zusammenstellung der bis jetzt eingeführten Größen und ihrer Einheiten, ausgedrückt in den „vorläufigen" Basisgrößen:

Spannung U / Potential φ $\qquad\qquad\qquad\qquad\qquad\qquad [\varphi] = [U] = 1\ \mathrm{V}$

Ladung Q $\qquad\qquad\qquad (6.18)\quad \varphi = \frac{W}{Q} \qquad [Q] = 1\ \mathrm{C} = 1\frac{\mathrm{Nm}}{\mathrm{V}}$

Feldstärke E $\qquad\qquad (6.27)\quad E = \frac{U}{d} \qquad [E] = 1\frac{\mathrm{V}}{\mathrm{m}}$

Kapazität C $\qquad\qquad (6.32)\quad Q = C \cdot U \quad [C] = 1\ \mathrm{F} = 1\frac{\mathrm{Nm}}{\mathrm{V^2}}$

6.1.6 Elektrische Feldenergie

Ein (leerer) Kondensator wird auf die Ladung Q aufgeladen, indem man schrittweise Ladungen Δq des gleichen Vorzeichens von der einen Platte zur anderen transportiert (s. Abb. 6.32). Nach jedem Transport steigt die Ladung q auf den Platten an, worauf das elektrische Feld E im Kondensator größer wird, was eine Erhöhung der Spannung $U(q)$ zwischen den Platten zur Folge hat. Um dann eine weitere Ladung Δq gegen die Spannung $U(q)$ von der einen Platte auf die andere zu transportieren, muß eine äußere Arbeit $\Delta W^\star$ aufgebracht werden. Diese Arbeit ist gemäß (6.22) $\Delta W^\star = U(q) \cdot \Delta q$. Die Gesamtarbeit, die man aufwenden muß, um den Kondensator bis zur Ladung Q aufzuladen, beträgt damit:

$$W^\star = \int\limits_0^Q dW^\star = \int\limits_0^Q \frac{q}{C}\, dq = \frac{1}{2}\frac{Q^2}{C}.$$

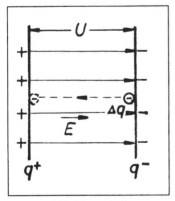

Abbildung 6.32

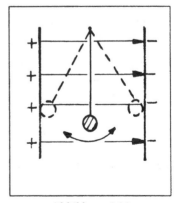

Abbildung 6.33

Die von außen zugeführte Arbeit muß aufgrund des Energieerhaltungssatzes als *Energieinhalt W im geladenen Kondensator* stecken. Mit $C = Q/U$ ergibt sich:

$$W = \frac{1}{2} Q \cdot U.$$

(6.40)

Die Umkehrung des obigen Vorgangs, das schrittweise Entladen eines Kondensators, demonstriert der folgende Versuch.

Versuch: Zwischen den Platten eines ungeladenen Plattenkondensators hängt an einem Pendel eine geladene Leiterkugel (Abb. 6.33). Lädt man den Kondensator auf, so bewegt sich die Kugel zwischen den Platten so lange hin und her, bis der Kondensator entladen ist.

Interpretation: Auf die geladene Kugel übt das Kondensatorfeld eine Kraft aus. Diese zieht die Kugel zu der Platte, die zur Kugel ungleichnamig geladen ist. Dort findet ein Ladungsaustausch statt, worauf das Feld die Kugel zur anderen Platte zieht. Hier findet der umgekehrte Ladungsaustausch statt. Dieser Vorgang wiederholt sich so lange, bis der Kondensator entladen ist.

Dieses „elektrostatische Pendel" verrichtet beim Ladungstransport Arbeit, umgekehrt wird beim Aufladen des Kondensators Arbeit von außen in das System hineingesteckt. Also muß der aufgeladene Kondensator eine höhere Energie besitzen als der leere. Um diese Tatsache formal zu beschreiben, formt man (6.40) um. Mit $C = \varepsilon_0 A/d$ und $U = e \cdot d$ gilt:

$$W = \frac{1}{2} Q \cdot U = \frac{1}{2} \frac{\varepsilon_0 A}{d} E^2 d^2 = \frac{1}{2} \varepsilon_0 A \cdot d \cdot E^2.$$

Da für das Volumen V des Kondensators $V = A \cdot d$ gilt, ergibt sich als *Energiedichte* im Kondensator:

$$\frac{W}{V} = \frac{\varepsilon_0}{2} E^2.$$

(6.41)

Dies entspricht der Faraday-Maxwellschen Auffassung: Das elektrische Feld ist der Träger der Energie. Man kann zeigen, daß die Beziehung (6.41) für elektrische Felder allgemein gilt.

Versuch: Ein Kondensator wird mit der Ladung Q aufgeladen und mit einem Elektrometer verbunden. Werden dann die Platten auseinandergezogen, so stellt man fest, daß die angezeigte Spannung U anwächst.

Da der Energieinhalt des Kondensators $W = \frac{1}{2} Q \cdot U$ ist und die Ladung auf den Platten nicht verändert wurde, muß der Energieinhalt des Kondensators angestiegen sein. Dem geladenen Kondensator kann auf rein mechanischem Weg Energie zugeführt werden.

Formale Beschreibung: Nach (6.38) beträgt die Kraft F, mit der sich die Platten anziehen,

$$F = \frac{\varepsilon_0 A}{2d^2} U^2.$$

Mit (6.32) und (6.34) kann man dies umformen in:

$$F = \frac{1}{2\varepsilon_0 A} Q^2.$$

Diese Kraft muß aufgebracht werden, um die Platten auseinanderziehen zu können. Zieht man die Platten vom Abstand 0 zum Abstand d auseinander, so ergibt sich die dazu notwendige äußere Arbeit W_{mech} als Wegintegral über die Kraft F:

$$W_{mech} = \int_0^d F\,dx = \frac{Q^2}{2\varepsilon_0 A} \int_0^d dx = \frac{Q^2 d}{2\varepsilon_0 A}.$$

Mit (6.32) und (6.34) folgt daraus: $W_{mech} = \frac{1}{2} Q \cdot U$. Diese mechanische Arbeit muß wiederum als *Energieinhalt W im Kondensator* stecken:

$$\boxed{W = \frac{1}{2} Q \cdot U.}$$

Ergebnis: Ob man dem Kondensator auf elektrischem oder mechanischem Weg Energie zuführt, der Energieinhalt ist immer gegeben durch $\frac{1}{2} Q \cdot U$.

Zieht man die Platten (Fläche A) eines Kondensators bei *festgehaltener Spannung U* vom Abstand d_1 auf den Abstand d_2 auseinander (Abb. 6.34), so muß folgende Arbeit aufgebracht werden:

$$W^* = \int_{d_1}^{d_2} F\,dx = \int_{d_1}^{d_2} \frac{\varepsilon_0 A}{2x^2} U^2\,dx = -\left.\frac{\varepsilon_0 A \cdot U^2}{2x}\right|_{d_1}^{d_2}$$

$$= \frac{\varepsilon_0 A}{2} U^2 \left(\frac{1}{d_1} - \frac{1}{d_2}\right).$$

Dabei ist $F = \frac{\varepsilon_0 A}{2x^2} U^2$ gemäß (6.38) die Kraft, die die Platten beim Abstand x aufeinander ausüben.

Da die Spannung beim Auseinanderziehen festgehalten wird, muß die Ladung $Q = U\varepsilon_0 A/d$ der Platten und die Feldstärke $E = U/d$ im Kondensator kleiner werden. Infolgedessen ist verblüffenderweise auch der Energieinhalt $W = \frac{1}{2}\frac{Q^2}{C} = \frac{1}{2} C \cdot U^2$ des auseinandergezogenen Kondensators *kleiner*. Die Differenz beträgt

$$W_{d_1} - W_{d_2} = \frac{1}{2} C_{d_1} U^2 - \frac{1}{2} C_{d_2} U^2 = \frac{1}{2} U^2 \left(\varepsilon_0 \frac{A}{d_1} - \varepsilon_0 \frac{A}{d_2}\right) = \frac{\varepsilon_0 A}{2} U^2 \left(\frac{1}{d_1} - \frac{1}{d_2}\right).$$

Die Verringerung der Feldenergie ist also genau so groß wie die aufgewandte äußere Arbeit. Nach dem Energieerhaltungssatz dürfen Feldenergie und aufgewandte Arbeit nicht verschwinden. Die Erklärung ist, daß beim Auseinanderziehen der Platten das Doppelte der aufgebrachten Arbeit (W^* und $W_{d_1} - W_{d_2}$) in die Spannungsquelle fließt und dort zum Aufladen der Quelle benutzt wird.

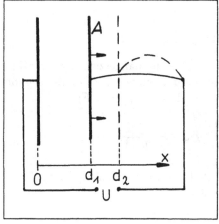

Abbildung 6.34

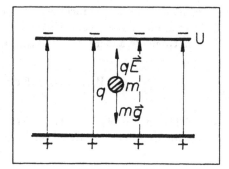

Abbildung 6.35

6.1.7   Die Elementarladung

Den bisherigen Versuchen konnte man entnehmen, daß Ladungen beliebig oft teilbar sind. Sehr präzise Messungen führen aber zu dem Ergebnis, daß alle in der Natur auftretenden Ladungen als ein ganzzahliges Vielfaches einer Elementarladung e_0 auftreten. Das Experiment liefert als Elementarladung:

$$e_0 = 1,602\,189\,2\,(46) \cdot 10^{-19} \text{ C}. \tag{6.42}$$

Millikan gelang als erstem eine präzise Messung von e_0.

Der Millikan-Versuch (vgl. Abb. 6.35): In das homogene Feld eines horizontal aufgestellten Plattenkondensators werden kleine geladene Öltröpfchen gebracht und mit einem Mikroskop beobachtet. Für ein ausgesuchtes Öltröpfchen wird die Spannung U zwischen den Platten so eingestellt, daß sich die Gewichtskraft und die Kraft des elektrischen Feldes auf die Ladung aufheben (d: Plattenabstand):

$$|m\vec{g}| = |q\vec{E}| = q\,\frac{U}{d}.$$

Berücksichtigt man den Auftrieb des Öltröpfchens in Luft, so muß die Gewichtskraft mg ersetzt werden durch die Kraft

$$F = (\rho_{\ddot{O}l} - \rho_{Luft}) \cdot g \cdot V = (\rho_{\ddot{O}l} - \rho_{Luft})\frac{4\pi}{3}\,r^3 \cdot g.$$

V ist dabei das Volumen des Öltröpfchens und r sein Radius. ρ_{Luft} ($\rho_{\ddot{O}l}$) sind die Dichten der Luft bzw. des Öls.

Damit erhält man im Gleichgewichtszustand:

$$q = (\rho_{\ddot{O}l} - \rho_{Luft}) \frac{4\pi}{3} \frac{d}{U} r^3 \cdot g. \qquad (6.43)$$

Eine direkte Messung des Tröpfchenradius ist im Lichtmikroskop nicht möglich. Deshalb wird der Radius über das Stokessche Gesetz gemessen: Man mißt über eine Weg-Zeit-Messung die Absinkgeschwindigkeit v des Tröpfchens bei abgeschaltetem Feld $E = 0$. Nach Stokes gilt dann:

$$(\rho_{\ddot{O}l} - \rho_{Luft}) \frac{4\pi}{3} r^3 \cdot g = 6\pi r\eta v.$$

η ist hierbei die Zähigkeit von Luft. Aus dieser Beziehung errechnet man den Radius des Tröpfchens. Damit kann man nun mit Beziehung (6.43) die Ladung q des Tröpfchens ausrechnen.

Die statistische Auswertung von vielen Versuchen ergibt, daß die Tröpfchenladung immer ein ganzzahliges Vielfaches der Elementarladung ist.

Bemerkungen:

- Alle geladenen Elementarteilchen haben eine von Null verschiedene Masse.

- In der Elementarteilchenphysik werden als Grundbausteine von Protonen und Neutronen, die den Atomkern bilden, *Quarks* mit den Ladungen $q = e/3$ und $q = 2e/3$ betrachtet. Offenbar können diese Teilchen aber nur gebunden, also nicht als freie Teilchen, existieren.

6.1.8   Dielektrizitätskonstante, Polarisation, Suszeptibilität

Versuch: Ein Kondensator wird auf die Spannung U_0 aufgeladen. Schiebt man nun zwischen die Platten einen Nichtleiter (z. B. Paraffin), so verringert sich der Ausschlag des Elektrometers, das die Spannung zwischen den Platten anzeigt. Nimmt man den Nichtleiter wieder heraus, so steigt die Spannung auf den alten Wert.

Mit einem Ladungsmeßgerät wird die Ladung Q_0 gemessen, die sich auf einem Kondensator befindet, der auf die Spannung U_0 aufgeladen ist. Anschließend wird zwischen die Platten eine Nichtleiterplatte eingeschoben. Jetzt lädt man den Kondensator wieder auf die Spannung U_0 auf und mißt mit dem Galvanometer die Ladung Q, die sich nun auf dem Kondensator befindet. Der Vergleich der Ladungen Q und Q_0 erbringt, daß die Ladung Q (mit Nichtleiter) größer ist als die Ladung Q_0.

Der eingeschobene Nichtleiter wird als *Dielektrikum* bezeichnet. Betrachtet man die Änderung der Kapazität $C = Q/U$ des Kondensators, die durch das Einschieben des Dielektrikums verursacht wurde, so ergibt sich für beide Versuche: *Die Kapazität C mit Dielektrikum ist größer als die Kapazität C_0 ohne Dielektrikum.*

Die Änderung ist abhängig vom eingeführten Material und wird beschrieben durch die
Dielektrizitätskonstante ε:

$$\boxed{C = \varepsilon \cdot C_0} \qquad \text{bzw.} \qquad \boxed{\varepsilon = \frac{\text{Kapazität mit Dielektrikum}}{\text{Kapazität ohne Dielektrikum}} = \frac{C}{C_0}.}$$

Die Dielektrizitätskonstante ist eine Materialkonstante und immer größer als 1.

Aus der Definitionsgleichung $\varepsilon = C/C_0$ folgt sofort die Meßvorschrift für die Dielektrizitätskonstante: Man mißt die Kapazität eines festen Kondensators im Vakuum (bzw.
in Luft, da $C_{Vakuum} \approx C_{Luft}$) und mit eingeführten Dielektrikum. Dabei ist zu beachten, daß das Dielektrikum das ganze Kondensatorinnere ausfüllt. Aus dem Quotienten
der gemessenen Kapazitäten ergibt sich das gesuchte ε.

Meßverfahren zur Bestimmung von Kapazitäten: Gesucht ist die Kapazität
C_1 (Meßkondensator). Bekannt sein sollen die Spannung U_0 und die Kapazität C_2
(Vergleichskondensator). Gemessen wird die Spannung U_2, die am Vergleichskondensator abfällt (Abb. 6.36). Wie in Abschnitt 6.1.5 beschrieben, sind die Ladungen
auf beiden Kondensatoren gleich, also gilt: $C_1 U_1 = C_2 U_2$. Daraus ergibt sich sofort:
$C_1 = C_2 U_2 / U_1$. Mit $U_1 = U_0 - U_2$ erhält man:

$$C_1 = C_2 \frac{U_2}{U_0 - U_2}. \tag{6.44}$$

Beispiele von Dielektrizitätskonstanten:

Material	Luft	Benzin	Alkohol	Wasser
ε	1,006	≈ 2	≈ 26	≈ 81

Betrachtet man weitere Beispiele, stellt man fest, daß die Dielektrika bezüglich ε in
drei Stoffklassen aufgeteilt werden können:

1. Dielektrika mit ε von 1 bis 10 (z. B. Luft)

2. Dielektrika mit ε von 20 bis 100 (z. B. Wasser)

3. Dielektrika mit ε über 100 (z. B. Seignette-Salz, BaTi)

Im Abschnitt 6.1.9 wird auf diese Einteilung noch näher eingegangen werden. Von
großer technischer Bedeutung ist die letztgenannte Stoffklasse. Mit Materialien dieser
Klasse ist es möglich, sehr kleine Kondensatoren mit großer Kapazität zu bauen. Auch
ist die Spannungsfestigkeit der mit Dielektrikum gefüllten Kondensatoren größer als
die der Luft-Kondensatoren. Die Durchbruchsfeldstärke, also die Feldstärke, bei der

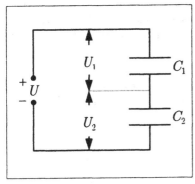

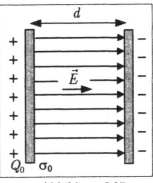

| Abbildung 6.36 | Abbildung 6.37 |

ein Funke überschlägt, ist in Keramik beispielsweise um den Faktor 20 größer als in Luft.

Das Coulombgesetz in Materie: Für den Plattenkondensator wurden bereits folgende Beziehungen abgeleitet:

$$E_0 = \frac{\sigma}{\varepsilon_0}, \qquad U_0 = E_0 d, \qquad \sigma = \frac{Q_0}{A}.$$

Der Index 0 soll andeuten, daß dies Größen eines Vakuumkondensators bzw. Luftkondensators sind (Abb. 6.37). In obigem Versuch wurde beschrieben, wie bei festgehaltener Ladung Q_0 die Spannung $U_0 = Q_0/C_0$ durch Einschieben des Dielektrikums sinkt:

$$U = \frac{Q_0}{C} = \frac{Q_0}{\varepsilon C_0} = \frac{U_0}{\varepsilon}. \tag{6.45}$$

Mit (6.27) ergibt dies:

$$E = \frac{E_0}{\varepsilon}. \tag{6.46}$$

Die Feldstärke $\vec{E}$ im Material ist also um den Faktor $1/\varepsilon$ kleiner als im Vakuum. Berücksichtigt man dies im Coulombgesetz, so ergibt sich:

$$\begin{aligned}
\vec{F}_{21} &= \vec{E} \cdot q_2 = \frac{1}{\varepsilon}\vec{E}_0 \cdot q_2 = \frac{\text{Kraft im Vakuum}}{\varepsilon} \\
&= \frac{1}{4\pi\varepsilon\varepsilon_0} \frac{q_1 q_2}{r^2} \vec{\hat{r}}_{21}.
\end{aligned} \tag{6.47}$$

Polarisation: Die Feldstärke im Kondensator und die Flächenladungsdichte auf den Platten des Kondensators sind nach (6.14) proportional zueinander. In obigem Versuch wurde die Ladung Q_0 und damit die Flächenladungsdichte nicht verändert; trotzdem sank beim Einschieben eines Dielektrikums die Spannung und damit auch die

Feldstärke im Dielektrikum. Daraus folgert man, daß auf den Oberflächen des Dielektrikums beim Einschieben in das elektrische Feld des Plattenkondensators Ladungen auftreten, die ein Teil der Plattenladungen neutralisieren bzw. deren Feld ein Teil des Vakuumfeldes E_0 aufheben (vgl. Abb. 6.38).

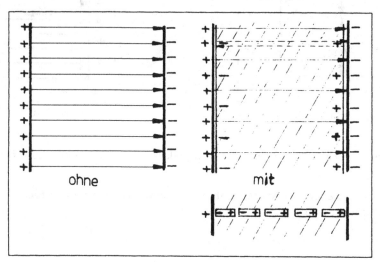

Abbildung 6.38

Das Zustandekommen dieser Ladungen an der Oberfläche des Dielektrikums (Nichtleiter), den sogenannten *Polarisationsladungen*, wurde bereits im Abschnitt 6.1.1 besprochen. Demnach beruhen diese Ladungen auf einer Erzeugung von induzierten oder einer Ausrichtung bereits vorhandener atomarer Dipole im elektrischen Feld.

Es werden eingeführt:

Q_p =   Polarisationsladung an der Oberfläche des Dielektrikums,

σ_p =   Polarisationsdichte,

E_p =   Polarisationsfeldstärke ($\vec{E}_p \uparrow\downarrow \vec{E}_0$).

Damit ergibt sich für die effektiv wirksame

- Ladung: $Q = Q_0 - Q_p$,

- Ladungsdichte: $\sigma = \sigma_0 - \sigma_p$,

- Feldstärke: $\vec{E} = \vec{E}_0 + \vec{E}_p$ ($\vec{E}_p \uparrow\downarrow \vec{E}_0$); $E = E_0 - E_p = (\sigma_0 - \sigma_p)/\varepsilon_0$.

Zur Beschreibung der Polarisationsladungen definiert man die *Polarisation P*:

$$\boxed{P := \sigma_p,}$$
(6.48)

wobei σ_p die Polarisationsladungsdichte ist. Nach (6.14) gilt dann:

$$P = \varepsilon_0 E_p \quad \text{bzw. vektoriell} \quad \boxed{\vec{P} = -\varepsilon_0 \vec{E}_p.} \quad (6.49)$$

Auf die Tatsache, daß die Richtung der Polarisation antiparallel zur Richtung des Polarisationsfeldes definiert wird, soll später eingegangen werden.

Bringt man die Polarisation P in Zusammenhang mit der effektiven Feldstärke E, so ergibt sich

$$\vec{E} = \vec{E}_0 + \vec{E}_p = \vec{E}_0 - \frac{\vec{P}}{\varepsilon_0} \quad \Rightarrow \quad \vec{P} = \varepsilon_0(\vec{E}_0 - \vec{E}) = \varepsilon_0(\varepsilon\vec{E} - \vec{E}).$$

Polarisation und effektive Feldstärke sind also proportional:

$$\boxed{\vec{P} = \varepsilon_0(\varepsilon - 1)\vec{E}.} \quad (6.50)$$

Dabei wurde (6.46) verwendet. E_0 ist in diesem Fall die Vakuumfeldstärke im Plattenkondensator.

Formal führt man folgende Materialkonstante ein:

$$\boxed{\chi_{el} := \varepsilon - 1} \quad (6.51)$$

χ_{el} heißt *dielektrische Suszeptibilität*. Damit läßt sich (6.50) umformen in:

$$\boxed{\vec{P} = \varepsilon_0 \cdot \chi_{el} \cdot \vec{E}.} \quad (6.52)$$

Nach Definition stellt die Polarisation die Dichte der Polarisationsladungen an der Oberfläche des Dielektrikums dar. Da die Polarisationsladungen durch das Ausrichten bzw. das Erzeugen von atomaren Dipolen zustandekommen, muß die Polarisation $\vec{P}$ von den atomaren Dipolen, insbesondere von deren Dipolmoment $\vec{p}$ abhängen. Dazu folgende Überlegungen: Aus

$$P = \sigma_p = \frac{Q_p}{A} = \frac{Q_p d}{A \cdot d} = \frac{Q_p d}{V}$$

folgt

$$\vec{P} = \frac{Q_p \vec{d}}{V}. \quad (6.53)$$

Dabei sind: A = Fläche der Kondensatorplatten, V = dessen Volumen, $\vec{d}$ = Abstandsvektor zwischen positiver und negativer Platte. *Die Polarisation ist ein auf die Volumeneinheit bezogenes elektrisches Dipolmoment.*

Im Plattenkondensator faßt man die Polarisationsladungen als Endpunkte von linearen Ketten gleicher Dipole mit dem Dipolmoment $\vec{p}$ auf. Die Summe der Dipolmomente einer solchen Kette (N Dipole) beträgt

$$\sum_{i=1}^{N} \vec{p_i} = N \cdot \vec{p} = N(q \cdot \vec{l}) = q(N \cdot \vec{l}) = q \cdot \vec{d}.$$

Für die Summe aller im Dielektrikum induzierten oder ausgerichteten Dipolmomente gilt damit

$$\sum_{i} \vec{p_i} = \sum \text{Polarisationsladungen} \cdot \vec{d} = Q_p \cdot d.$$

In (6.52) eingesetzt, erhält man

$$\boxed{\vec{P} = \frac{1}{V} \sum \vec{p_i}.} \tag{6.54}$$

Diese Beziehung verknüpft die atomaren Dipolmomente $\vec{p_i}$ mit der makroskopisch beobachtbaren Polarisationsladungsdichte bzw. Polarisation $\vec{P}$. Die Richtung der Polarisation $\vec{P}$ ist gegeben durch die Richtung der Dipolmomente $\vec{p_i}$: Die Polarisation weist also von der negativen zur positiven Polarisationsladung. Aus diesem Grund wurde schon in (6.49) die Polarisation antiparallel zum Polarisationsfeld definiert.

Dielektrische Verschiebung: Um das Feld $\vec{E_0}$ auszuzeichnen, das von den „wahren" Ladungen erzeugt wird, führt man den *Vektor der dielektrischen Verschiebung* $\vec{D}$ ein:

$$\boxed{\vec{D} := \varepsilon_0 \vec{E_0}.} \tag{6.55}$$

Im Unterschied zum $\vec{D}$-Feld kommt die effektive Feldstärke $\vec{E}$ durch Übelagerung der Felder von „wahren" Ladungen und „scheinbaren" Ladungen, das sind die Polarisationsladungen, zustande. Mit den bisher bekannten Beziehungen läßt sich $\vec{D}$ folgendermaßen umformen:

$$\vec{D} = \varepsilon_0 \vec{E_0} = \varepsilon_0(\vec{E} - \vec{E_p}) = \varepsilon_0 \vec{E} - \varepsilon_0 \vec{E_p} = \varepsilon_0 \vec{E} + \vec{P},$$

oder mit $\vec{D} = \varepsilon_0 \vec{E_0} = \varepsilon_0 \varepsilon \vec{E}$:

$$\boxed{\vec{D} = \varepsilon \varepsilon_0 \vec{E}.} \tag{6.56}$$

Entelektrisierung

Versuch: Schiebt man ein kugelförmiges Dielektrikum in einen geladenen Plattenkondensator, so ergibt sich ein Feldbild entsprechend Abb. 6.39. Das Feld kann im Außenraum als Überlagerung des homogenen Feldes der Platten mit dem dipolförmigen Feld der Polarisationsladungen konstruiert werden. Für das Feld im Innenraum gilt:

- Die effektive Feldstärke in der Materie bei teilweiser Ausfüllung ist kleiner oder höchstens gleich der effektiven Feldstärke bei gesamter Ausfüllung des Kondensators.

- Besitzt die eingeführte Materie die Form eines Rotationsellipsoids, so ist das Feld im Innenraum homogen.

Im Fall eines Rotationsellipsoids besteht ein linearer Zusammenhang zwischen der Polarisationsladungsdichte σ_p und der von ihr verursachten Feldstärke E_p. Der Proportionalitätsfaktor N läßt sich analytisch berechnen. Man nennt ihn den *Entelektrisierungsfaktor N*. Er gibt an, um wieviel kleiner das Polarisationsfeld im Innern der Materie bei teilweiser gegenüber völliger Ausfüllung ist:

$$E_p = N \frac{\sigma_p}{\varepsilon_0} = N \frac{P}{\varepsilon_0}. \tag{6.57}$$

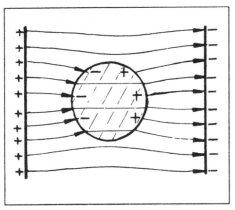

Abbildung 6.39

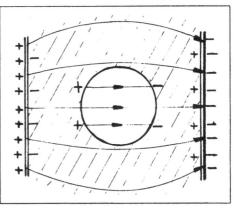

Abbildung 6.40

Es ergibt sich für eine vollkommene Ausfüllung: $N = 1$, Kugel: $N = 1/3$, langgestrecktes Ellipsoid (Nadel) quer zu den Platten: $N = 0$, parallel zu den Platten: $N = 1$. Für das effektive Feld im Innern erhält man mit (6.50):

$$E = E_0 - E_p = E_0 - N \frac{P}{\varepsilon_0} = E_0 - N \frac{\varepsilon_0 \chi E}{\varepsilon_0} = E_0 - N \chi E.$$

$$\boxed{E = \frac{1}{1 + N\chi} E_0.} \tag{6.58}$$

E_0 ist dabei die Vakuumfeldstärke im leeren Plattenkondensator. Für die Kugel gilt beispielsweise $E = E_0/(1 + \chi/3)$.

Nun soll die zum Fall „dielektrische Kugel im Plattenkondensator" umgekehrte Situation einer „Luftkugel in einem sonst vollkommen gefüllten Kondensator" betrachtet werden (s. Abb. 6.40). Die Feldstärke in der Luftkugel ist jetzt größer als im umgebenden Material. Es ergibt sich entsprechend zu (6.58):

$$E_{Luft} = (1 + \chi N) \cdot E_{Materie} = \left(1 + \frac{1}{3}\chi\right) \cdot E_{Materie}. \qquad (6.59)$$

$E_{Materie}$ bezeichnet hierbei die Feldstärke im homogen mit Materie ausgefüllten Kondensator und E_0 die Vakuumfeldstärke im leeren Kondensator.

Inhomogenes Feld

Versuch: Nähert man einen geladenen Stab einem Strahl aus flüssigem Dielektrikum (z. B. Wasser), so wird der Strahl zum Stab hingezogen.

Interpretation: Die durch das Stabfeld induzierten Dipole bzw. die bereits vorhandenen Dipole richten sich längs den Feldlinien aus, so daß eine Konfiguration wie in Abschnitt 6.1.2 entsteht. Demnach werden die Dipole in Richtung starkes Feld, d. h. zum Stab, gezogen.

Versuch: In einem Behälter mit einem flüssigen Dielektrikum wird durch eine Spitze ein inhomogenes Feld erzeugt. Bringt man Gasblasen in den Behälter, so werden diese von der Spitze abgestoßen (Abb. 6.41).

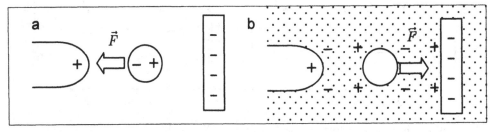

Abbildung 6.41

Interpretation: Die Oberfläche der Gasblase lädt sich so auf, daß die zur Spitze zeigende Seite der Kugel gleichnamig zur Spitze geladen ist. Die resultierende Kraft wirkt deshalb von der Spitze weg in Richtung schwaches Feld.

Messung der Dielektrizitätskonstanten mit der Steighöhenmethode: Ein Plattenkondensator wird ein Stück in einen Behälter mit einem flüssigen Dielektrikum getaucht. Legt man eine Spannung U an die Platten, so wird das Dielektrikum in den Kondensator gezogen. Der Flüssigkeitsspiegel im Kondensator steigt bis zu einer Höhe h über den Normalstand. Verantwortlich für diesen Vorgang ist das inhomogene

Randfeld des Kondensators. Im Randfeld wird das Dielektrikum in Richtung des starken Feldes, d. h. ins Innere des Kondensators, gezogen. Führt man eine Rechnung durch, so ergibt sich:

$$h \sim (\varepsilon - 1) \cdot U^2.$$

Mißt man die Steighöhe h und die Spannung U, die zwischen den Platten anliegt, so kann daraus die Dielektrizitätskonstante ε berechnet werden. Dieses Verfahren ist nur bei Flüssigkeiten mit geringer Leitfähigkeit anwendbar.

6.1.9 Dielektrische, parelektrische und ferroelektrische Stoffe

Wie im letzten Abschnitt dargelegt wurde, sind molekulare Dipole für das Auftreten der Polarisationsladungen verantwortlich. Die charakteristischen Größen für die Dipole sind:

- Molekulares Dipolmoment $\vec{p} = q \cdot \vec{l}$,

- Polarisation $\vec{P} = \frac{1}{V} \sum_i \vec{p_i} = \varepsilon_0 \chi \vec{E} = \varepsilon_0 (\varepsilon - 1) \vec{E}$.

Ist n die Zahl der Moleküle pro Volumenelement, dann gilt für die Polarisation $\vec{P}$:

$$\vec{P} = n \cdot \vec{p}. \tag{6.60}$$

Dies ist das Dipolmoment bezogen auf ein Volumenelement (vgl. (6.54)).

Im folgenden sollen nun die wichtigsten Mechanismen für das Zustandekommen der Polarisation eines Dielektrikums im elektrischen Feld besprochen werden.

1. *Dielektrische Stoffe, Verschiebungspolarisation.* Der Vorgang der Verschiebungspolarisation wurde bereits in Abschnitt 6.1.1 besprochen. Danach wirkt das äußere Feld so auf die Atomstruktur ein, daß der positive und der negative Ladungsschwerpunkt des Atoms nicht mehr zusammenfallen (vgl. Abb. 6.42). Das Atom wird zum Dipol, dessen Dipolmoment $\vec{p}$ proportional zur effektiven Feldstärke $\vec{E}$ angesetzt wird. Der Ansatz ist linear und wird bestätigt durch (6.50) und (6.60):

$$\vec{p} = \alpha \cdot \vec{E}. \tag{6.61}$$

α ist hierbei die molekulare elektrische Polarisierbarkeit. Das Dipolmoment $\vec{p}$ weist von der negativen zur positiven Dipolladung, liegt also parallel zur Feldstärke $\vec{E}$.

Benutzt man (6.50) und (6.60), so ergibt sich

$$\alpha \cdot E = p = \frac{P}{n} = \varepsilon_0 \frac{\varepsilon - 1}{n} E \quad \Rightarrow \quad \alpha = \varepsilon_0 \frac{\varepsilon - 1}{n}.$$

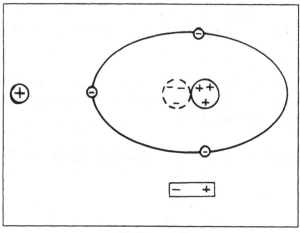
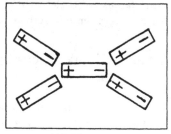

Abbildung 6.42   Abbildung 6.43

Mit den Größen N_A (Avogadro-Konstante), V_{mol} (Molvolumen), M (molare Masse) und ρ (Dichte des Dielektrikums) kann man die Zahl der Moleküle pro Volumenelement n wie folgt ausdrücken:

$$n = \frac{N_A}{V_{mol}} = \frac{N_A \rho}{M}.$$

Dies in obige Beziehung eingesetzt, ergibt

$$(\varepsilon - 1)\frac{M}{\rho} = \frac{1}{\varepsilon_0}\alpha N_A. \tag{6.62}$$

Diese Beziehung hat sich bei Dielektrika mit kleiner Dichte (z. B. Gase) gut bewährt. Für Stoffe mit größerer Dichte muß die Wechselwirkung zwischen den atomaren Dipolen berücksichtigt werden. Dann tritt an die Stelle von (6.62) die *Clausius-Mosotti-Beziehung*. Die Vorstellung dabei ist folgende: Die einzelnen Dipole üben Kräfte aufeinander aus. Dabei richten sie sich so aus, daß die potentielle Gesamtenergie minimal wird (Abb. 6.43). Nun betrachtet man für einen einzelnen willkürlich herausgegriffenen Dipol die Verteilung, d. h. die Lage der Dipole in der Umgebung des Dipols. Aus Symmetriegründen stellen sich die Dipole in einer kleinen, den Dipol einschließenden Kugel so ein, daß die Wechselwirkung zwischen dem herausgegriffenen Dipol und den Dipolen in der Kugel insgesamt gesehen gleich Null ist. Am Ort des betrachteten Dipols wirkt also die Feldstärke E_{eff}, die im Innern einer Vakuumkugel eines sonst vollkommen ausgefüllten Kondensators vorhanden wäre: $E_{eff} = (1 + \chi/3)E$ (nach (6.59)).

Obige Rechnung mit dieser effektiven Feldstärke durchgeführt, ergibt:

$$\vec{p} = \alpha \cdot \vec{E}_{eff} = \alpha \left(1 + \frac{1}{3}(\varepsilon - 1) \right) \cdot \vec{E}$$

$$= \frac{\vec{P}}{n} = \varepsilon_0 \frac{\varepsilon - 1}{n} \vec{E} = \varepsilon_0 \frac{\varepsilon - 1}{\rho N_A} \cdot M \cdot \vec{E}.$$

Daraus erhält man die *Clausius-Mosotti-Beziehung*:

$$\boxed{\frac{\varepsilon - 1}{\varepsilon + 2} \frac{M}{\rho} = \frac{N_A}{3\varepsilon_0} \cdot \alpha.} \qquad (6.63)$$

Die Gleichungen (6.62) und (6.63) sagen aus, daß man durch die Messung der *ma-kroskopischen* Dielektrizitätskonstanten ε Aussagen über die *molekulare* Polari-sierbarkeit α machen kann. Stoffe, bei denen die Polarisation nur durch induzierte Dipole erzeugt wird, nennt man *dielektrische Stoffe*. Die Dielektrizitätskonstante ε dieser Stoffe liegt zwischen 1 und 10. Dabei ist ε temperaturunabhängig.

2. *Parelektrische Stoffe, Orientierungspolarisation.* Es gibt Moleküle, bei denen aufgrund ihres Aufbaus der positive und der negative Ladungsschwerpunkt nicht zusammenfallen. Diese Moleküle (z. B. das Wassermolekül) besitzen auch im feldfreien Raum ein permanentes elektrisches Dipolmoment, das mit $\vec{\mu}$ bezeichnet wird. Ohne äußeres Feld sorgt die vorhandene Wärmebewegung für eine stati-stische Richtungsverteilung, so daß das Gesamtdipolmoment und damit auch die Polarisation P gleich Null sind. Legt man ein elektrisches Feld an, so wirkt gemäß (6.5) ein Drehmoment auf die Dipole. Sie versuchen sich in Feldrichtung auszu-richten, daher der Name *Orientierungspolarisation*. Dieser Vorgang wird durch die Wärmebewegung gestört und ist daher temperaturabhängig. Beschrieben wird der Grad der Ausrichtung — wie immer, wenn es sich um die Besetzung von Zuständen unterschiedlicher potentieller Energie im thermischen Gleichge-wicht handelt — durch den Energieverteilungssatz von Boltzmann. Führt man mit diesem Satz die Rechnung durch, so erhält man als *mittleres Dipolmoment eines Atoms* in Feldrichtung (nach Langevin)

$$p = \frac{1}{3} \frac{\mu E}{kT} \mu \sim \frac{1}{T}. \qquad (6.64)$$

k ist hierbei die Boltzmannkonstante. Der Faktor $\frac{1}{3} \frac{\mu E}{kT}$ wird als *Ausrichtungsgrad* bezeichnet. Er gibt an, welcher Bruchteil des permanenten Dipolmomentes im Mittel in Feldrichtung steht und ist im allgemeinen sehr klein (z. B. 10^{-4} bei $E = 10^4$ kV/cm und Zimmertemperatur).

Da die im ersten Beispiel besprochene Verschiebungspolarisation bei *allen* Stof-fen auftritt, muß man (6.61) in (6.64) berücksichtigen und erhält als mittleres

Dipolmoment p pro Molekül in Feldrichtung:

$$p = \alpha E + \frac{1}{3}\frac{\mu^2}{kT} E = \left(\alpha + \frac{1}{3}\frac{\mu^2}{kT}\right) E. \qquad (6.65)$$

Wird dies in (6.63) berücksichtigt, so ergibt sich für Stoffe, die Orientierungs- und Verschiebungspolarisation zugleich aufweisen,

$$\boxed{\frac{\varepsilon - 1}{\varepsilon + 2}\frac{M}{\rho} = \frac{N_A}{3\varepsilon_0}\left(\alpha + \frac{1}{3}\frac{\mu^2}{kT}\right).} \qquad (6.66)$$

Trägt man $(\varepsilon - 1)/(\varepsilon + 2)$ über $1/T$ in einem Diagramm auf, so muß sich nach (6.66) eine Gerade ergeben (s. Abb. 6.44). Der Anteil der Verschiebungspolarisation (1) ergibt sich aus dem Schnittpunkt der Geraden mit der Ordinate $(1/T \to 0)$, es kann dann auf den Anteil der (temperaturabhängigen) Orientierungspolarisation (2) zurückgerechnet werden.

Aus dem Anstieg der Geraden kann das permanente Dipolmoment μ bestimmt werden. Mit dessen Kenntnis lassen sich Aussagen über den Molekülbau treffen.

Die Stoffe mit permanentem Dipolmoment nennt man *parelektrische Stoffe*. Die ε-Werte liegen etwa zwischen 10 und 100. Der Effekt der Orientierungspolarisation ist also wesentlich größer als der der Verschiebungspolarisation.

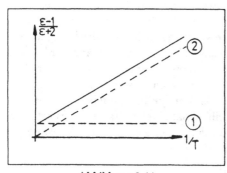

Abbildung 6.44

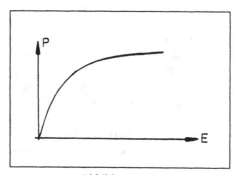

Abbildung 6.45

Aussagen über die Polarisation in parelektrischen Stoffen:

- Polarisation $P \sim$ molekulares Dipolmoment $p \sim$ Feldstärke E.
- Aus (6.60), (6.65) und (6.52) folgt:

$$\frac{\varepsilon_0 \chi E}{n} = \frac{P}{n} = p = \left(\alpha + \frac{1}{3}\frac{\mu^2}{kT}\right) E.$$

Aus $\alpha \ll \mu^2/3kT$ folgt das *Curie-Gesetz:*

$$\chi \sim \frac{1}{T}.$$

- Steigert man die Feldstärke E bei niedrigen Temperaturen immer weiter, so tritt eine Sättigung auf (vgl. Abb. 6.45): Ab einer bestimmten Feldstärke sind alle Dipole ausgerichtet; eine weitere Steigerung der Feldstärke erbringt keine merkliche Vergrößerung der Polarisation. Bei parelektrischen Stoffen spielt dieses Sättigungsverhalten nur eine kleine Rolle, da der Ausrichtungsgrad auch bei sehr tiefen Temperaturen nur für hohe Feldstärken gegen 1 geht.

3. *Ferroelektrische Stoffe.* Diese Stoffe sind durchweg kristalline Festkörper und zeichnen sich durch sehr große Dielektrizitätskonstanten aus (ε von 10^4 bis 10^5). Beispiele sind Seignette-Salz, Barium-Titanat, Blei-Zirkon-Titanat. Die Stoffe bestehen wie die parelektrischen Stoffe aus Molekülen mit permanentem Dipolmoment, nur sind in einem ferroelektrischen Stoff die Moleküle in „Domänen" geordnet (s. Abb. 6.46). Dies sind Gebiete, in denen die Dipolmomente aller Moleküle ausgerichtet sind. Im feldfreien Raum sind die Domänen so verteilt, daß der Stoff nach außen elektrisch neutral ist. Bringt man den ferroelektrischen Stoff in ein elektrisches Feld, so richten sich nicht einzelne Dipole aus, sondern es klappen die Dipolmomente ganzer Domänen auf einmal in Feldrichtung um. Dies ergibt eine sehr große Polarisation und damit auch die hohen ε-Werte.

Die Polarisation der ferroelektrischen Stoffe ist wie die der parelektrischen abhängig von der Feldstärke und der Temperatur. Außerdem kommt noch die in Abb. 6.47 dargestellte Besonderheit Besonderheit dazu:

Hysteresis. Wird in einem ferroelektrischen Stoff die Feldstärke erhöht, so steigt auch die Polarisation (1). Im Gegensatz zu parelektrischen Stoffen wird bei ferroelektrischen die Sättigung auch bei mittleren Temperaturen schon ziemlich rasch erreicht. Senkt man nach Erreichen der Sättigung die Feldstärke wieder, so wird zwar die Polarisation kleiner (2), aber die Werte liegen diesmal höher. Erreicht man den Wert $E = 0$, so bleibt der Stoff sogar teilweise polarisiert zurück. Um die Polarisation 0 zu erreichen, muß eine Feldstärke in Gegenrichtung erzeugt werden. Wird die Feldstärke in Gegenrichtung weiter gesteigert, so geht auch dabei die Polarisation über in die Sättigung. Jetzt kann der Vorgang in umgekehrter Richtung durchlaufen werden (3). Wird der ganze Ablauf in ein $\vec{P}$-$\vec{E}$-Diagramm eingezeichnet, so ergibt sich eine *Hysteresis-Kurve*.

Für einen Feldstärkewert können also mehrere Polarisationswerte in Frage kommen, je nachdem, in welchem Zustand sich der ferroelektrische Stoff vorher befunden hat. Die Polarisation hängt also von der „Vorgeschichte" ab.

Die Tatsache, daß bei der Feldstärke $E = 0$ eine Restpolarisation zurückbleibt, wird ausgenutzt, um permanent polarisierte Körper herzustellen, die dann ein

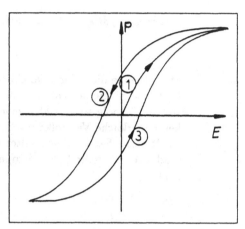

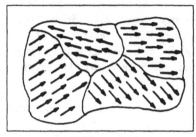

Abbildung 6.46   Abbildung 6.47

beständiges Dipolmoment aufweisen (z. B. durch Sintern von Seignette-Salz).
Einen solchen Körper nennt man *Elektret.*

Versuch: Bringt man einen Elektreten in ein elektrisches Feld, so dreht sich
der Elektret aufgrund des Drehmomentes, welches das Feld auf den permanenten
Dipol ausübt. Dieser Vorgang kann zum Nachweis eines Elektrets benutzt werden.

4. *Weitere Effekte — Elektrostriktion.* Wird ein Dielektrikum in ein elektrisches
Feld gebracht, so verkleinert sich sein Volumen: Die in Feldrichtung ausgerichteten Dipole ziehen sich an, denn hinter dem negativen Pol eines Moleküls liegt der
positive Pol des Nachbarmoleküls. Diese Erscheinung nennt man *Elektrostriktion.* Für die aus der Elektrostriktion folgende Längenänderung Δl eines Stabs,
an dem die Spannung U anliegt, gilt: $\Delta l \sim U^2$.

5. *Piezoelektrischer Effekt.* Bei gewissen Kristallen zeigen sich bei Druck und Deh-
nung positive und negative elektrische Ladungen auf bestimmten Kristallflächen.
Diese Erscheinung wird *piezoelektrischer Effekt* genannt. Beispiele von Kristallen,
die diesen Effekt aufweisen, sind Turmalin, Quarz, Seignette-Salz. Das gemein-
same Kennzeichen dieser Kristalle ist, daß alle eine oder mehrere polare Achsen
(polare Symmetrie) besitzen (vgl. Abb. 6.48). Eine polare Achse ist eine Achse,
bei der vorderes und hinteres Ende nicht vertauschbar sind; mit anderen Worten: Eine 180°-Drehung um eine zur polaren senkrecht stehenden Achse bringt
den Kristall nicht in die Ausgangsstellung zurück. Die Umkehrung des Piezo-
Effektes ist der Vorgang einer Längenänderung der Kristalle beim Anlegen einer
Spannung.

Versuch: Zwischen zwei Metallplatten liegt ein Kristall mit polarer Achse. Be-
schwert man die obere Platte mit einem Gewicht, so zeigt das mit den Platten

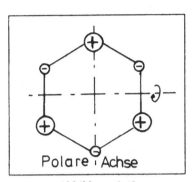

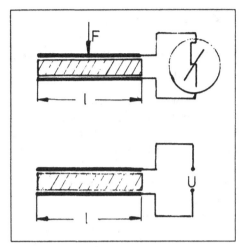

Abbildung 6.48   Abbildung 6.49

verbundene Elektrometer einen Ausschlag (Abb. 6.49).

Versuch: Werden bestimmte Flächen eines polaren Kristalls über eine Spannung U aufgeladen, so kann eine Längenänderung Δl beobachtet werden. Man stellt fest: $\Delta l \sim U$.

Die Längenausdehnung bei Kristallen mit polarer Achse ist viel größer als die Längenausdehnung, die aufgrund der Elektrostriktion bei allen Stoffen auftritt. Technisch ausgenutzt wird der Piezoeffekt beim Bau von Quarzuhren, Ultraschall-Sendern, Tonabnehmern, Lautsprechern usw.

6. *Pyroelektrischer Effekt.* Nimmt man an Stelle einer mechanischen Deformation eine Temperaturänderung an einem Kristall mit polarer Achse vor, die ja auch eine Volumenänderung zur Folge hat, so treten ebenfalls Oberflächenladungen auf dem Kristall auf. Dies wird als *pyroelektrischer Effekt* bezeichnet.

6.2   Ströme

6.2.1   Energie und Leistung bewegter Ladungen, Stromstärke

Transportiert man eine Ladung q gegen eine Spannung U, so muß dazu gemäß (6.22) die Arbeit $W = q \cdot U$ aufgebracht werden. Damit der Energiesatz erfüllt ist, muß beim Transport die potentielle Energie der Ladung q um den Betrag $W = q \cdot U$ anwachsen. Umgekehrt wird diese potentielle Energie wieder frei, wenn die Ladung q die Potentialdifferenz U durchfällt.

Gedankenexperiment (vgl. Abb. 6.50): Eine positive Ladung q der Masse m startet an der positiven Platte eines Kondensators. Das Feld des Plattenkondensators beschleunigt die Ladung und verrichtet dabei insgesamt die Arbeit $W = q \cdot U$. Beim Aufprall auf die negative Platte hat die Ladung die Geschwindigkeit v erreicht und damit die kinetische Energie $mv^2/2$. Diese kinetische Energie wird beim Aufschlag der Ladung auf die Platte in Wärmeenergie $W_{Wärme}$ umgewandelt.

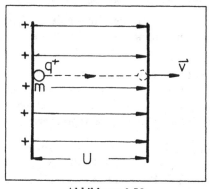

Abbildung 6.50

Aufgrund des Energieerhaltungssatzes muß gelten:

$$W = q \cdot U = \frac{1}{2} mv^2 = W_{Wärme}. \tag{6.67}$$

Benutzt man an Stelle des homogenen Feldes eines Plattenkondensators ein beliebiges elektrisches Feld, so bleiben die Überlegungen die gleichen. Die kinetische Energie bzw. die Geschwindigkeit einer Ladung ist von der durchlaufenen Spannung U abhängig, nicht von der Feldform. Die *Leistung* P, die zum Transport der Ladung q aufzubringen ist, berechnet sich wie folgt:

$$P = \frac{W}{t} = \frac{q \cdot U}{t} = \frac{q}{t} U. \tag{6.68}$$

Für die Leistung ist es also von Bedeutung, wieviel *Ladung pro Zeiteinheit* transportiert werden muß. Dies beschreibt die *Stromstärke I*. In einem Leiter mit der beliebig geformten Querschnittsfläche A ist die Stromstärke I definiert als die Ladung ΔQ, die in der Zeit Δt durch die Fläche A hindurchtritt:

$$I := \frac{\Delta Q}{\Delta t}. \tag{6.69}$$

Ist der Ladungsfluß durch die Fläche zeitlich variabel, so geht (6.69) über in:

$$\boxed{I := \frac{dQ}{dt}.} \tag{6.70}$$

Die Einheit der Stromstärke im SI-System wird *Ampere* (kurz A) genannt: 1 Coulomb / 1 Sekunde =: 1 Ampere. Benutzt man die Definition der Stromstärke (6.68), so ergibt sich für die *Leistung P*:

$$\boxed{P = I \cdot U.} \tag{6.71}$$

Dieser Zusammenhang kann in folgendem Versuch demonstriert werden.

Versuch: Der aus einer Glühkathode austretende Elektronenstrom I durchläuft vor dem Auftreffen auf eine Anode (positiv geladene Platte eines Kondensators) die Spannung U. Die kinetische Energie des Elektronenstroms wird beim Aufprall in Wärme umgewandelt; die Anode erhitzt sich. Die Endtemperatur der Anode ergibt sich aus der Gleichgewichtsbedingung, daß die durch den Elektronenstrom zugeführte Leistung gleich der abgeführten Wärmeleistung ist. Werden Elektronenstrom I und die Spannung U so geändert, daß das Produkt $U \cdot I$ konstant bleibt, so stellt man fest, daß die Anodentemperatur und damit die Leistung des Elektronenstroms gleichbleibt, ganz entsprechend zu (6.71). Die Leistung des Elektronenstroms, die in Wärme umgewandelt wird, nennt man die *Anodenverlustleistung*.

6.2.2 Ohmsches Gesetz, Joulesche Wärme

In diesem Abschnitt soll der Stromfluß in Leitern betrachtet werden. Bewegen sich Ladungsträger in einem Leiter, so werden diese aufgrund von Zusammenstößen mit anderen Teilchen ständig abgelenkt und abgebremst. Die Ladungsträger unterliegen in der Materie einer *Reibungskraft*. Diese Reibungskraft kann durch eine von einem elektrischen Feld herrührende Kraft überwunden werden. Ist dieses elektrische Feld konstant, so kann man ähnlich wie beim Stokesschen Gesetz erwarten, daß sich eine konstante Geschwindigkeit der Ladungsträger einstellen wird.

Damit in einem Leiter ein elektrischer Strom fließt, muß also im Gegensatz zur Elektrostatik die Feldstärke E im Leiter ungleich Null sein. *Daraus folgt insbesondere, daß in diesem Fall das elektrische Potential auf dem Leiter nicht mehr konstant ist, daß also zwischen den Enden des Leiters eine Potentialdifferenz (Spannung U) besteht.* Untersucht man (bei konstanter Temperatur) für verschiedene Leiter den Zusammenhang zwischen der Stromstärke I, die im Leiter herrscht, und der Spannung U, die zwischen den Enden des Leiters anliegt, so stellt man fest, daß bei sehr vielen Leitern Strom und Spannung proportional sind:

$$\boxed{I \sim U.}$$ \hfill (6.72)

Diese Beziehung heißt *Ohmsches Gesetz*. Die Proportionalitätskonstante zwischen Spannung und Strom wird als *elektrischer Widerstand R* bezeichnet:

$$\boxed{R := \frac{U}{I}.}$$ \hfill (6.73)

Die Einheit des Widerstandes R nennt man *Ohm* (kurz Ω): 1 Volt / 1 Ampere =: 1 Ohm. Für drahtförmige Leiter der Länge l und der konstanten Querschnittsfläche A findet man experimentell:

$$\boxed{R = \rho \frac{l}{A}.}$$ \hfill (6.74)

Dabei ist ρ eine Materialkonstante, die *spezifischer Widerstand* genannt wird.

Der Kehrwert von R wird als *Leitfähigkeit* des Materials bezeichnet, der Kehrwert von ρ als *spezifische Leitfähigkeit* κ:

$$\kappa := \frac{1}{\rho}.$$ \hfill (6.75)

Wie zu Beginn des Abschnitts erläutert, stellt der Leiter infolge der Zusammenstöße der Ladungsträger mit den Atomen des Leiters dem elektrischen Strom I einen Widerstand entgegen. Eine Folge dieser „Reibung" ist, daß sich ein stromdurchflossener Leiter erwärmt. Die Wärmeleistung P, die der Leiter mit dem Widerstand R dabei aufnimmt, nennt man *Joulesche Wärme*. Sie berechnet sich nach (6.71) mit (6.73):

$$\boxed{P = U \cdot I = R \cdot I^2 = \frac{U^2}{R}.}$$ \hfill (6.76)

Versuch: An ein drahtförmiges Leiterstück wird die Spannung U angelegt. Der Strom, der daraufhin durch den Draht fließt, erwärmt den Draht (Joulesche Wärme). Eine Folge davon, die Längenausdehnung des Drahtes, wird über ein geeignetes Meßgerät beobachtet.

Da die Längenausdehnung ein Maß für die Stromstärke I ist, kann die Versuchsanordnung nach geeigneter Eichung als Meßgerät für Stromstärken benutzt werden *(Hitzdrahtamperemeter)*.

6.2.3   Atomistisches Modell zum Ohmschen Gesetz

Es soll nun versucht werden, anhand eines einfachen atomistischen Modells das Ohmsche Gesetz plausibel zu machen. Grundlage des Modells ist der Ansatz, daß die Ladungsträger sich in der Materie wie Kugeln in einer zähen Flüssigkeit bewegen. Damit dieser Ansatz richtig ist, müssen die folgenden drei Bedingungen erfüllt sein:

1. Die Feldstärke E ist im ganzen Material konstant.

2. Die Reibungskraft F_R auf die Ladungsträger ist proportional zur Geschwindigkeit v der Ladungsträger ($F_R \sim v$); vgl. Stokessches Gesetz.

3. Die Ladungsträgerdichte n ist im gesamten Material konstant.

Analog zur Hydrodynamik ist die stationäre Gleichgewichtsgeschwindigkeit der Ladungsträger dann erreicht, wenn die antreibende elektrische Kraft $F = q \cdot E$ (q: Ladung der Ladungsträger) gleich der Reibungskraft F_R ist: $E \cdot q = F = F_R \sim v$, insbesondere $E \sim v$.

Die Proportionalitätskonstante zwischen E und v bezeichnet man als *Beweglichkeit* β:

$$\boxed{v = \beta \cdot E.} \qquad (6.77)$$

Nun betrachtet man den in Abb. 6.51 dargestellten drahtförmigen Leiter der Länge l und der Querschnittsfläche A, an dessen Enden die Spannung U anliegt. Nach der ersten Bedingung (s. o.) und (6.21) gilt für die Feldstärke E im Draht:

$$E = \frac{U}{l}. \qquad (6.78)$$

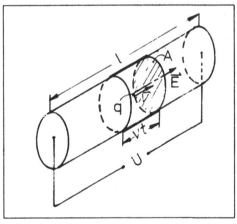

Abbildung 6.51

Die Stromstärke I im Draht ergibt sich nach Definition als Summe der Ladungen, die in der Zeit t durch eine Querschnittsfläche A fließen, geteilt durch die Zeit. In der Zeit

t fließen die Ladungsträger durch die Fläche A, deren Abstand zur Fläche kleiner als $v \cdot t$ ist, also gilt:

$$I = \frac{n \cdot A \cdot v \cdot t \cdot q}{t} = n \cdot A \cdot q \cdot v.$$

Mit (6.77) und und (6.78) folgt daraus die Aussage des Ohmschen Gesetzes:

$$\boxed{I = q \cdot n \cdot \beta \cdot \frac{A}{l} \cdot U = \frac{1}{R} U.} \tag{6.79}$$

Dies beinhaltet die Proportionalität von I und U.

Der Vergleich mit (6.73) und (6.74) liefert für den Widerstand R bzw. die spezifische Leitfähigkeit κ:

$$\boxed{R = \frac{1}{q \cdot n \cdot \beta} \cdot \frac{l}{A}, \quad \kappa = q \cdot n \cdot \beta.} \tag{6.80}$$

Da die Beweglichkeit β im allgemeinen temperaturabhängig ist, folgt aus den obigen Gleichungen die Temperaturabhängigkeit von Widerstand und spezifischem Widerstand.

Zum Abschluß dieses Abschnitts sollen noch Beispiele angeführt werden, für die die obigen drei Bedingungen nicht erfüllt sind, bei denen man also Abweichungen vom Ohmschen Gesetz erwarten kann:

- *Gasentladungen*. Dabei sind nur örtlich Ladungsträgerpaare vorhanden, die Ladungsträgerdichte n ist über den Gesamtraum nicht konstant: Die dritte Bedingung ist nicht erfüllt.

- *Vakuumröhren*. Hier wird der Elektronenstrom I nicht gebremst, Geschwindigkeit und Reibungskraft sind nicht proportional: Die zweite Bedingung ist nicht erfüllt.

- *Hochfrequenzströme*. Sie fließen nur auf der Leiteroberfläche *(Skin-Effekt)*; die Feldstärke im Innern ist gleich Null. Die erste Bedingung ist nicht erfüllt.

Bei den angeführten Beispielen wird tatsächlich eine Abweichung vom Ohmschen Gesetz beobachtet.

6.2.4 Spannungsabfall, Spannungsquellen, Innenwiderstände

Den *Spannungsabfall* erhält man aus der Umkehrung des Ohmschen Gesetzes. Es besagt: Besteht zwischen zwei Punkten eines Leiterkreises eine Potentialdifferenz (Spannung U), so fließt zwischen den Punkten ein Strom I, der durch den Widerstand R

zwischen den beiden Punkten begrenzt ist ($I = U/R$). Fließt andererseits ein Strom I durch einen Widerstand R, so erzeugt dieser gemäß $U = R \cdot I$ an den Enden des Widerstandes die Spannung U. Man sagt: *Die Spannung fällt am Widerstand ab.*

Spannungsteiler (Potentiometer): An einem Draht der Länge l mit dem spezifischen Widerstand ρ und dem konstanten Querschnitt A wird die Spannung U angelegt (vgl. Abb. 6.52). Für den Spannungsabfall U bzw. für den Spannungsabfall U_x zwischen dem Endpunkt des Drahtes und einem Punkt im Abstand x gilt nach (6.74) und (6.73):

$$U_x \;=\; R_x \cdot I \;=\; \rho \frac{x}{A} \cdot I$$

$$U \;=\; R \cdot I \;=\; \rho \frac{l}{A} \cdot I.$$

R_x ist dabei der Widerstand des Drahtstückes der Länge x und R der Widerstand des ganzes Drahtes. Dividiert man beide Gleichungen und formt nach U_x um, so ergibt sich:

$$U_x \;=\; \frac{x}{l} U. \tag{6.81}$$

In der Praxis nennt man eine solche Anordnung (linearen) *Spannungsteiler* oder *Potentiometer*. Sie ermöglicht, die Spannung U_x zwischen Null und U zu variieren.

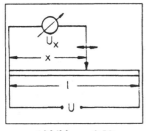

Abbildung 6.52

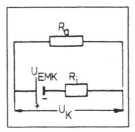

Abbildung 6.53

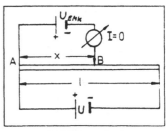

Abbildung 6.54

Spannungsquellen, Innenwiderstände: Unter einer Spannungsquelle versteht man eine Anordnung, bei der zwischen zwei Polen (Plus- und Minuspol) eine Potentialdifferenz U auch dann vorhanden ist, wenn aus der Anordnung ein elektrischer Strom gezogen wird. Um dies zu gewährleisten, muß innerhalb der Anordnung eine Ladungstrennung bzw. ein Ladungstransport stattfinden.

Die Mechanismen, die dazu ausgenutzt werden, können verschiedener Natur sein:

- Mechanisch (z. B. Van-de-Graaff-Generator)

- Chemisch (z. B. Batterie)

- Biochemisch (z. B. Zellpotentiale).

Ist die Spannungsquelle unbelastet, wird also der Quelle kein elektrischer Strom entnommen, so nennt man die dann an den Polen anliegende Spannung (aus historischen Gründen) *elektromotorische Kraft* (EMK) oder *eingeprägte Spannung*.

Wird der Spannungsquelle über einen äußeren Stromkreis ein Strom I entzogen, so wird die Stromrichtung im Außenteil *vom Plus- zum Minuspol* weisend festgelegt, unabhängig, welche Ladungen sich tatsächlich bewegen (technische Stromrichtung). Damit sich am Minuspol die Ladungen nicht ansammeln bzw. die Ladungen am Pluspol nicht verarmen, muß auch im Innern der Quelle der Strom I fließen, hier allerdings vom Minus- zum Pluspol. In der Quelle fließt der Strom auch nicht widerstandslos, sondern er muß den sogenannten *Innenwiderstand R_i* der Spannungsquelle überwinden, der für die Quelle spezifisch ist (Abb. 6.53). Die Folge ist, daß in der Quelle die Spannung $R_i \cdot I$ abfällt, und damit die Spannung an den Polen (auch Klemmen genannt) um diesen Betrag kleiner wird:

$$\boxed{U_K \; = \; U_{EMK} - R_i \cdot I.} \tag{6.82}$$

U_K ist die Spannung an den Klemmen. Man betrachtet zwei Extremfälle:

- *Leerlauf.* Fließt kein Strom im äußeren Stromkreis ($I = 0$), so fällt im Innern der Quelle keine Spannung ab. Die Klemmenspannung U_K ist dann gleich der elektromotorischen Kraft: $U_K = U_{EMK}$.

  Messung der EMK durch Kompensation: Die zu bestimmende EMK wird gemäß Abb. 6.54 an ein Potentiometer angeschlossen. Nun verschiebt man den Schleifkontakt B so lange, bis das zur EMK in Reihe geschaltete Strommeßgerät keinen Ausschlag mehr anzeigt, der zu untersuchenden Spannungsquelle also kein Strom mehr entzogen wird. Dies garantiert, daß an den Klemmen der Quelle tatsächlich die EMK anliegt. Eine Folge des linearen Spannungsabfalls ist, daß die Spannung am Drahtstück gleich der EMK ist. Mit (6.81) erhält man

$$U_{EMK} \; = \; \frac{x}{l} U. \tag{6.83}$$

- *Kurzschluß.* Wächst der Strom I so weit an, daß der Spannungsabfall am Innenwiderstand $R_i I$ gleich der elektromotorischen Kraft U_{EMK} ist, so verschwindet die Klemmspannung ($U_K = 0$). Der Strom hat seinen Maximalwert erreicht. Dieser Fall kann realisiert werden, indem man die beiden Pole kurzschließt (leitend verbindet). Deshalb nennt man den dabei fließenden Strom *Kurzschlußstrom* I_{kurz}:

$$I_{kurz} \cdot R_i \; = \; U_{EMK}. \tag{6.84}$$

Mißt man den Kurzschlußstrom und die EMK, so kann daraus der Innenwiderstand bestimmt werden.

Versuch: Zuerst wird mit einer „Kompensationsschaltung" die EMK eines Akkumulators und einer Batterie gemessen. Dann werden beide Spannungsquellen kurzgeschlossen und jeweils der Kurzschlußstrom bestimmt. Mit (6.82) ergeben sich daraus folgende Innenwiderstände: R_i (Batterie) $\approx 1\,\Omega$, R_i (Akku) $\approx 0,1\,\Omega$.

Versuch: Verändert man den Plattenabstand des Akkumulators und mißt dann wieder die EMK und I_{kurz}, so sieht man, daß die elektromotorische Kraft gleich bleibt, der Kurzschlußstrom aber ansteigt. Das ist verständlich, da der Innenwiderstand umso kleiner wird, je geringer der Abstand zwischen den Platten ist.

6.2.5   Kirchhoffsche Regeln

Die Kirchhoffschen Regeln dienen zur Berechung von Strömen und Spannungen in elektrischen Netzwerken, d. h. in Schaltungen, die aus Spannungsquellen und Widerständen bestehen.

Die **1. Kirchhoffsche Regel (Knotenregel)** bezieht sich auf die Verzweigungspunkte (Knoten) in Netzwerken. Da die elektrische Ladung weder zu- noch abnehmen kann *(Ladungserhaltung)*, muß in jedem Verzweigungspunkt die Summe der ankommenden gleich der Summe der abfließenden Ströme sein (vgl. Abb. 6.55): $I_0 = I_1 + I_2$, allgemein

$$\boxed{\sum_i I_i = 0.} \tag{6.85}$$

Dies ist die erste Kirchhoffsche Regel. Bei dieser allgemeinen Formulierung werden die ankommenden Ströme positiv, die abfließenden negativ gezählt.

Die **2. Kirchhoffsche Regel (Maschenregel)** bezieht sich auf geschlossene Schleifen (Maschen) eines Netzwerkes. Greift man zwei Punkte eines Netzwerkes heraus (in Abb. 6.56 z. B. A und B), so besteht zwischen beiden eine feste Potentialdifferenz. Summiert man die Spannungsabfälle und elektromotorischen Kräfte auf den beiden Wegen, die zwischen den Punkten möglich sind, so muß die Summe jeweils gleich sein. In Abb. 6.56 gilt: $I_1 R_1 = I_2 R_2 \Leftrightarrow I_1 R_1 - I_2 R_2 = 0$.

Für die in Abb. 6.57 dargestellte Anordnung ergibt sich zum Beispiel: $U_1 + U_2 + U_{EMK,2} - U_{EMK,1} = 0$. Der Spannungsabfall an einem Widerstand wird dann positiv (bzw. negativ) gezählt, wenn der Strom gleichsinnig (bzw. ungleichsinnig) zu einem gewählten Umlaufsinn durch den Widerstand fließt. Das Vorzeichen der einzelnen EMK ist dagegen von der Polung der Spannungsquelle abhängig. Ist in der Quelle die Richtung vom Plus- zum Minuspol gleichsinnig (bzw. ungleichsinnig) zum gewählten Umlaufsinn, so wird die EMK positiv (bzw. negativ) gezählt. Damit ergibt sich allgemein

$$\boxed{\sum_i U_i + \sum_j U_{EMK_j} = 0.} \tag{6.86}$$

Dies stellt die zweite Kirchhoffsche Regel dar.

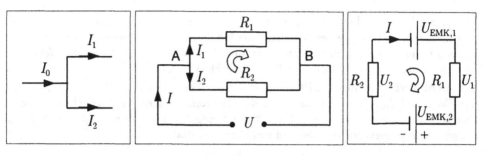

Abbildung 6.55   Abbildung 6.56   Abbildung 6.57

Anwendungen:

- *Reihenschaltung von Widerständen.* Für die skizzierte Anordnung (Abb. 6.58) liefert die Maschenregel: $U_1 + U_2 - U = 0 \Leftrightarrow I \cdot R_1 + I \cdot R_2 = U$. Mit der Definition des Gesamtwiderstandes folgt: $R = R_1 + R_2$, allgemein

$$R = R_1 + R_2 + \ldots + R_n. \tag{6.87}$$

- *Parallelschaltung von Widerständen.* Die Knotenregel auf den Punkt A in Abb. 6.59 angewandt liefert $I = I_1 + I_2$. Zweimal die Maschenregel benutzt, ergibt: $U = I_1R_1 = I_2R_2 \Leftrightarrow I_1 = U/R_1$ und $I_2 = U/R_2$. Berücksichtigt man wieder die Definition des Gesamtwiderstandes, so gilt $1/R = 1/R_1 + 1/R_2$, allgemein

$$\frac{1}{R} = \frac{1}{R_1} + \frac{1}{R_2} + \ldots + \frac{1}{R_n}. \tag{6.88}$$

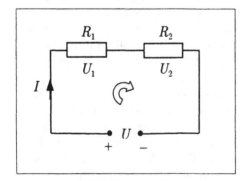

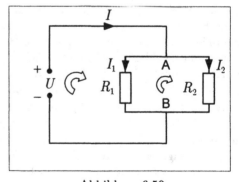

Abbildung 6.58   Abbildung 6.59

- *Wheatstonesche Brückenschaltung.* Diese Schaltung dient der Bestimmung von Widerständen. An einem Spannungsteiler AB wird gemäß Abb. 6.60 eine Spannung U angelegt. In der Brücke zwischen C und S liegt ein Strommeßgerät. Verschiebt man den Schleifkontakt so lange, bis der Brückenstrom I verschwindet, so läßt sich der gesuchte Widerstand R_x bei bekanntem Widerstand R folgendermaßen berechnen:

– Maschenregel für ACS: $I_0 R = I_U R_1$,

– Maschenregel für SCB: $I_0 R_x = I_U R_2$.

Die Division beider Gleichungen ergibt $R/R_x = R_1/R_2$. Mit (6.74) folgt damit

$$\frac{R}{R_x} = \frac{R_1}{R_2} = \frac{l_1}{l_2} \qquad \Rightarrow \qquad R_x = \frac{l_2}{l_1} R. \qquad (6.89)$$

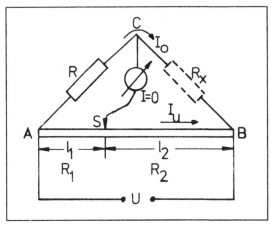

Abbildung 6.60

6.3   Das Magnetfeld von Strömen

6.3.1   Qualitatives

Historisch wurde der Begriff *Magnetismus* geprägt, um damit Kräfte zu beschreiben, die nicht auf die damals allein bekannten Gravitations- und elektrostatischen Kräfte zurückzuführen waren. Zuerst wurde die Kraftwirkung zwischen zwei Permanentmagneten und schließlich die Kraftwirkung zwischen zwei Strömen beobachtet.

Versuch: Stellt man einen frei drehbaren Permanentmagneten (Kompaßnadel) auf einen Tisch, so stellt sich dieser in Nord-Süd-Richtung ein. Den nach Norden bzw. Süden weisenden Teil des Magneten nennt man Nord- bzw. Südpol.

Versuch: Werden zwei drehbar gelagerte Permanentmagnete auf verschiedene Weise zusammengeführt, so beobachtet man analog zur Elektrostatik, daß sich *gleichnamige Pole abstoßen* und *ungleichnamige anziehen.*

Die Einstellung der Kompaßnadel auf der Erdoberfläche läßt sich daher so interpretieren, daß die Erde selbst einen Permanentmagneten darstellt. Dabei fällt der geographische Nordpol ungefähr mit dem magnetischen Südpol zusammen und umgekehrt.

Entsprechend zur Elektrostatik faßt man auch die magnetische Wechselwirkung als *Nahwirkung* auf, d. h. man ordnet jedem Raumpunkt in der Umgebung eines Magneten eine *Feldstärke* zu und beschreibt die Wechselwirkung zwischen zwei Magneten als Wechselwirkung zwischen Magnet und Feld („Magnetfeld"). Die Feldrichtung wird willkürlich vom Nord- zum Südpol weisend festgelegt.

Zum Sichtbarmachen eines Magnetfeldes wird der Effekt der *Magnetisierung* ausgenutzt, die der elektrischen Polarisation entspricht: Bringt man ein Stück Eisen in ein Magnetfeld, so wird das Eisen magnetisiert, es wird also selbst zum Magneten.

Versuch: Verschiedene Permanentmagnete werden mit einer dünnen Glasplatte bedeckt. Streut man nun Eisenfeilspäne auf die Platte, so richten sich die magnetisierten Späne in Richtung der Feldlinien aus und das Feldlinienbild wird sichtbar. Als Beispiele sind in Abb. 6.61 die Feldlinienbilder eines Stab- und eines Hufeisenmagneten dargestellt.

Versuch: Der Nordpol eines stabförmigen Permanentmagneten wird vom Magneten abgetrennt. Betrachtet man nun das Feld des abgetrennten Pols, so stellt man fest, daß das Feld wieder dipolförmig ist. Es gelingt nicht, einen Einzelpol (magnetischen Monopol) herzustellen. Nach unserem heutigen Wissen gilt allgemein: *Es gibt keine magnetischen Monopole.*

Versuch: Bringt man eine Eisenabschirmung in ein magnetisches Feld, so beobachtet man, daß das Innere weitgehend feldfrei ist. Benutzt man dagegen eine Messingabschirmung, so stört diese das Feld kaum.

Ein Magnetfeld läßt sich also ähnlich wie ein elektrisches Feld abschirmen. Jedoch schirmen nicht alle Leiter das Magnetfeld ab, wie es beim elektrischen Feld der Fall ist.

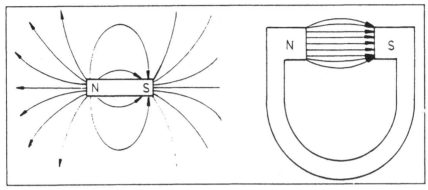

Abbildung 6.61

Außerdem ist die Abschirmung abhängig von der Dicke des Materials.

Im Jahre 1809 entdeckte Oerstedt, daß auch elektrische Ströme von einem Magnetfeld umgeben sind.

Versuch: Betrachtet man das Feldlinienbild eines geraden, stromdurchflossenen Drahtes, so stellt man fest, daß die Feldlinien geschlossene konzentrische Kreise sind, deren Mittelpunkt die Drahtachse bildet. Umlaufsinn des Feldes und Stromrichtung bilden eine *Rechtsschraube* (vgl. Abb. 6.62). Während im Falle der Elektrostatik geschlossene Feldlinien ausgeschlossen sind ($\oint \vec{E} \, d\vec{s} = 0$), ist ein elektrischer Strom von geschlossenen magnetischen Feldlinien umgeben.

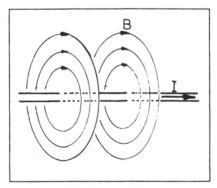

Abbildung 6.62

Besonders kräftige homogene Magnetfelder existieren im Innern einer stromdurchflossenen Spule (Abb. 6.63). Das wesentlich schwächere Außenfeld der Spule hat Dipolform, so daß man den Spulenenden je nach Stromrichtung (Wicklungssinn!) Nord- oder Südpol zuordnen kann.

Bei Spulen, die auf einen Toroid (Ring) aufgewickelt sind, verläuft das magnetische Feld *ganz* im Innenraum der Spule (Abb. 6.64). Eine toroidförmige Spule kann als magnetisches Gegenstück zum Kondensator betrachtet werden. Die Feldlinien bilden im Toroid geschlossene Kreise.

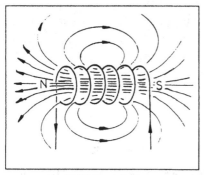

Abbildung 6.63

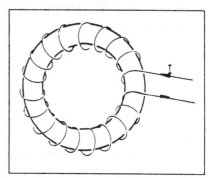

Abbildung 6.64

Die Kraftwirkung zwischen Strömen.
Versuch: Durch zwei parallel liegende Kupferbänder fließen in gleicher Richtung Ströme. Man beobachtet, daß sich die Bänder gegenseitig anziehen. Ist die Stromrichtung antiparallel, so stoßen sich die Drähte ab.

Versuch: Werden die Enden zweier stromdurchflossener Spulen zusammengeführt, so beobachtet man bei gleichem Wicklungssinn eine Abstoßung. Dieses Verhalten ist konsistent damit, daß man einem Spulenende Nord- oder Südpol zuordnen kann, wobei sich ungleichnamige Pole anziehen bzw. gleichnamige abstoßen.

Die Ursache für das elektrische Feld sind die ruhenden, die Ursache für das magnetische Feld die bewegten Ladungen.

6.3.2 Das magnetische Feld

Das Coulomb-Gesetz beschreibt in der Elektrostatik die Kraftwirkung zwischen den ruhenden Ladungen. Sucht man ein entsprechendes Gesetz zwischen den bewegten Ladungen, so stellt sich zunächst die Nicht-Punktförmigkeit der elektrischen Ströme als Schwierigkeit dar. Aus diesem Grund wird die Kraftwirkung zwischen Strömen auf die Wechselwirkung zwischen *Stromelementen* zurückgeführt.

Bei einem beliebigen Leiter, durch den ein Strom der Stärke I fließt, betrachtet man ein Leiterstück mit der infinitesimalen Länge $d\vec{l}$ und definiert das Produkt $I\,d\vec{l}$ als *Stromelement* (Abb. 6.66). Die Richtung des Leiterstückes $d\vec{l}$ ist dabei durch die Stromrichtung gegeben. Ist $\vec{v}$ die Geschwindigkeit der Ladungsträger und dq die Ladung, die in der

Zeit $dt = dl/v$ durch die Fläche A tritt, dann gilt nach Definition der Stromstärke $I = dq/dt = dq \cdot v/dl$. Damit ergibt sich $I\,dl = dq\,v$ oder vektoriell

$$I\,d\vec{l} = \vec{v}\,dq. \tag{6.90}$$

Das Stromelement ist ein Maß für die bewegte Ladung.

Das Kraftgesetz: Für die magnetische Kraft $d^2\vec{F_2}$, die ein Stromelement $I_1\,d\vec{l_1}$ auf ein Stromelement $I_2\,d\vec{l_2}$ ausübt (vgl. Abb. 6.67), wird angesetzt:

$$\boxed{d^2\vec{F_2} = \frac{\mu_0}{4\pi}\,\frac{I_2\,d\vec{l_2} \times (I_1\,d\vec{l_1} \times \hat{\vec{r}}_{21})}{r^2}.} \tag{6.91}$$

Da das Produkt $dl_1 dl_2$ auftritt, schreibt man $d^2\vec{F_2}$ anstelle $\vec{F_2}$, um anzudeuten, daß die Kraft klein und von zweiter Ordnung ist. Der Vorfaktor $\mu_0/4\pi$ ist die Maßsystemskonstante im SI-System.

- Da es keine einzelnen Stromelemente gibt, ist das Kraftgesetz nicht direkt, sondern nur in ausintegrierter Form für vorgegebene Leiteranordnungen nachprüfbar.

- Sind zwei Stromelemente *kollinear*, so üben sie keine Kraft aufeinander aus $(I_1\,d\vec{l_1}\|\hat{\vec{r}}_{21} \Rightarrow I_1\,d\vec{l_1} \times \hat{\vec{r}}_{21} = 0)$.

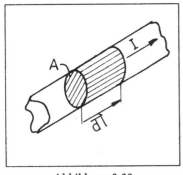

Abbildung 6.66

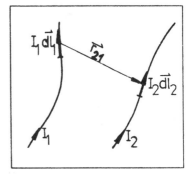

Abbildung 6.67

Wie das in Abb. 6.68 dargestellte Beispiel zeigt, ist das dritte Newtonsche Axiom für einzelne Paare von Strom*elementen* nicht immer erfüllt. Betrachtet man jedoch die Gesamtkraft, die zwei Strom*leiter* aufeinander ausüben, so gilt dafür actio = reactio.

Wie das Coulombgesetz und das Gravitationsgesetz, so zeigt auch das magnetische Grundgesetz eine $1/r^2$-Abhängigkeit. Um die Ähnlichkeit zwischen elektrischem und magnetischem Grundgesetz noch deutlicher darzustellen, betrachtet man die Kraft, die zwei parallel liegende Stromelemente aufeinander ausüben. Nach der Definition des Kreuzproduktes gilt:

$$|I_1 \, d\vec{l}_1 \times \hat{\vec{r}}_{21}| = |I_1 \, d\vec{l}_1||\hat{\vec{r}}_{21}| \sin \alpha$$
$$= I_1 \, dl_1 \sin \alpha,$$

wobei der Vektor $I_1 \, d\vec{l}_1 \times \hat{\vec{r}}_{21}$ senkrecht steht auf $I \, d\vec{l}_1$ und $\hat{\vec{r}}_{21}$. Er weist also senkrecht in die Zeichenebene hinein (vgl. Abb. 6.69).

Da die Stromelemente parallel sind, steht der Vektor $I_1 \, d\vec{l}_1 \times \hat{\vec{r}}_{21}$ auch senkrecht auf $I_2 \, d\vec{l}_2$, so daß gemäß (6.91) für den Betrag der Kraft zwischen den Stromelementen gilt:

$$d^2 F = \frac{\mu_0}{4\pi} \frac{I_2 \, dl_2 \cdot I_1 \, dl_1}{r_{21}^2} \sin \alpha. \tag{6.92}$$

Die Beziehung ist bis auf die Winkelabhängigkeit $\sin \alpha$ formal äquivalent zum Coulombgesetz.

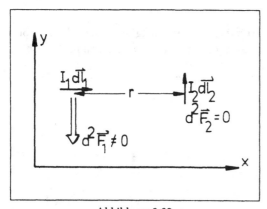
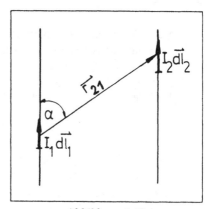

Abbildung 6.68   Abbildung 6.69

Das Gesetz von Biot-Savart. Wie schon erwähnt, geht man beim Magnetismus genau wie bei der Elektrostatik von einer Vermittlung der Kraftwirkung zwischen zwei Stromelementen über ein magnetisches Feld aus (Nahwirkungstheorie). In der Elektrostatik gewinnt man den Feldbeitrag E einer Ladung Q zum Gesamtfeld aus dem Coulombgesetz:

$$F = \frac{1}{4\pi\varepsilon_0} \frac{Q \cdot q}{r^2} = E \cdot q \quad \Rightarrow \quad E = \frac{1}{4\pi\varepsilon_0} \frac{Q}{r^2}.$$

Analog faßt man das magnetische Grundgesetz anders zusammen und schreibt

$$d^2 \vec{F}_2 = I_2 \, d\vec{l}_2 \times \left(\frac{\mu_0}{4\pi} \frac{I_1 \, d\vec{l}_1 \times \hat{\vec{r}}_{21}}{r_{21}^2} \right) = I_2 \, d\vec{l}_2 \times d\vec{B}.$$

Daraus ergibt sich die Definition des Feldbeitrags $d\vec{B}$ eines Stromelementes $I\,d\vec{l}$ zum gesamten magnetischen Feld $\vec{B}$ am Ort P:

$$d\vec{B} = \frac{\mu_0}{4\pi}\frac{I\,d\vec{l}\times\hat{\vec{r}}}{r^2} \qquad (6.93)$$

$$|d\vec{B}| = \frac{\mu_0}{4\pi}\frac{I\,dl}{r^2}\sin\alpha.$$

Dies ist das *Biot-Savartsche Gesetz*; $\vec{r}$ ist dabei der Abstandsvektor zwischen $I\,d\vec{l}$ und P, und α ist der Winkel zwischen $d\vec{l}$ und $\vec{r}$ (vgl. Abb. 6.70).

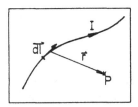

Abbildung 6.70

Das Gesamtfeld $\vec{B}$ am Ort P erhält man also gemäß dem Superpositionsprinzip durch Integration über die Feldbeiträge $d\vec{B}$ aller Stromelemente. Vergleicht man das $d\vec{B}$-Feld eines Stromelementes $I\,d\vec{l}$ und das $\vec{E}$-Feld einer Punktladung, so stellt man fest, daß das $d\vec{B}$-Feld konzentrische Feldlinien um das Stromelement als Achse bildet. Außerdem ist der Betrag des Feldes noch vom Winkel zwischen Stromelement und Abstandsvektor abhängig. Insbesondere ist in Richtung des Stromelementes das Feld gleich Null. Im Gegensatz dazu ist das $\vec{E}$-Feld einer Ladung radial gerichtet und auf der Oberfläche einer Hüllkugel konstant. Das $\vec{B}$-Feld ist ein *Wirbelfeld*, während das $\vec{E}$-Feld ein *Quellenfeld* ist (vgl. Abb. 6.71).

Berechnung von Magnetfeldern:

- *Feld eines unendlich langen, geraden Drahtes.* Bei der Berechnung des B-Feldes, das ein Strom durch einen unendlich langen Draht an einem Ort im Abstand R hervorruft, stellt man sich den Draht als Hintereinanderschaltung von Stromelementen $I\,d\vec{l}$ vor (s. Abb. 6.72). Trigonometrische Überlegungen führen zu folgenden Beziehungen:

$$\sin\alpha = \sin\beta \qquad r = \frac{R}{\sin\beta} \qquad l = \frac{R}{\tan\beta}.$$

Mit Hilfe der Kettenregel folgt daraus:

$$\frac{dl}{d\beta} = -\frac{R}{\tan^2\beta}\frac{d\tan\beta}{d\beta} = -\frac{R}{\tan^2\beta}\frac{1}{\cos^2\beta} = -\frac{R}{\sin^2\beta} \Rightarrow dl = -\frac{R}{\sin^2\beta}\,d\beta.$$

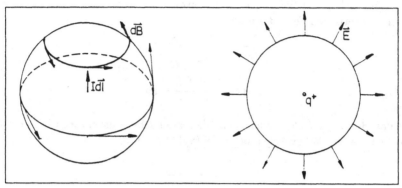

Abbildung 6.71

Da die Feldbeiträge $d\vec{B}$ aller Stromelemente im Punkt P senkrecht in die Zeichenebene hineinweisen, berechnet sich der Betrag des Gesamtfeldes gemäß (6.92) wie folgt:

$$B = \frac{\mu_0}{4\pi} \int\limits_{-\infty}^{-\infty} \frac{\sin\alpha}{r^2} I\, dl = 2\frac{\mu_0}{4\pi} I \int\limits_{0}^{+\infty} \frac{\sin\alpha}{r^2}\, dl.$$

Ersetzt man dl durch $d\beta$ mit Hilfe obiger Beziehungen, dann folgt durch Einsetzen

$$B = \frac{\mu_0}{2\pi} I \int\limits_{\beta=\pi/2}^{\beta=0} \frac{\sin\beta}{R^2/\sin^2\beta}\left(-\frac{R}{\sin^2\beta}\, d\beta\right) = \frac{\mu_0}{2\pi} I \int\limits_{\beta=\pi/2}^{\beta=0} -\frac{\sin\beta}{R}\, d\beta$$

$$\boxed{B = \frac{\mu_0}{2\pi}\frac{I}{R}.} \qquad (6.94)$$

- *Amperesches Durchflutungsgesetz.* Betrachtet wird wieder ein unendlich langer, gerader Draht, durch den ein Strom der Stärke I fließt (Abb. 6. 73). Bildet man nun das Wegintegral $\oint \vec{B}\, d\vec{s}$ längs eines Kreises mit I als Achse (d. h. längs einer Feldlinie), so ergibt sich mit (6.94)

$$\oint \vec{B}\, d\vec{s} = \oint B\, ds = B\oint ds = \frac{\mu_0}{2\pi}\frac{I}{R} 2\pi R$$

$$\boxed{\oint \vec{B}\, d\vec{s} = \mu_0 I.} \qquad (6.95)$$

Diese Beziehung wird als *Amperesches Durchflutungsgesetz* bezeichnet und ist nicht nur für die spezielle Leiteranordnung „unendlich langer Draht", sondern für beliebige $\vec{B}$-Felder gültig, wobei dann I den Gesamtstrom innerhalb des geschlossenen Weges darstellt. Physikalisch übernimmt das Durchflutungsgesetz in der Theorie des Magnetismus den Platz, den der Gaußsche Satz in der Elektrostatik einnimmt. Auch ist es wie der Gaußsche Satz nützlich bei der Berechnung von Feldern, deren Symmetrie man intuitiv erkennt.

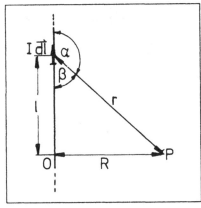

Abbildung 6.72

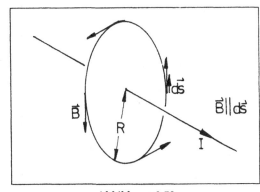

Abbildung 6.73

Entsprechend zum elektrischen Fluß Φ_{el} definiert man für die Feldgröße B den *Induktionsfluß* Φ:

$$\Phi := \int_A \vec{B}\,d\vec{A} = \int_A B_n\,dA,$$

vgl. dazu Abb. 6.74.

Da es nach heutigem Wissen keine magnetischen Monopole gibt, ist der Induktionsfluß durch eine geschlossene Fläche immer gleich Null:

$$\boxed{\oint \vec{B}\,d\vec{A} = 0.} \tag{6.96}$$

Dem verschwindendem Oberflächenintegral entspricht in der Elektrostatik ein verschwindendes Wegintegral: $\oint \vec{E}\,d\vec{s} = 0$.

- *Feld eines Kreisstroms.* Betrachtet wird das Feld im Mittelpunkt eines ebenen, geschlossenen Kreisstroms vom Radius R (Abb. 6.75). Da jedes Stromelement $I\,d\vec{l}$ senkrecht auf dem entsprechenden Radiusvektor $\vec{R}$ steht, folgt mit dem Biot-Savartschen Gesetz

$$B = \frac{\mu_0}{4\pi} \oint \frac{I\,dl}{R^2} = \frac{\mu_0 I}{4\pi R^2}\, 2\pi R$$

$$B = \frac{\mu_0 I}{2R}.$$

(6.97)

Das Feldlinienbild eines Kreisstroms zeigt große Ähnlichkeit mit dem Feld eines elektrischen Dipols. Dies gibt Anlaß zur Einführung des magnetischen Dipolmomentes für einen Kreisstrom (s. Abschnitt 6.3.4).

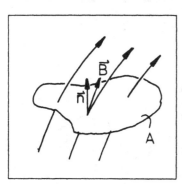

Abbildung 6.74

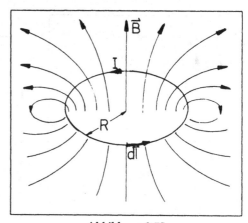

Abbildung 6.75

- *Lange Spule.* Betrachtet wird das Magnetfeld im Innern einer langen ($d \ll l$) Spule mit n Windungen, durch die der Spulenstrom i fließt (Abb. 6.76). Wie in Abschnitt 6.3.1 erwähnt, beobachtet man im Innern der Spule ein starkes homogenes Feld, das parallel zur Spulenachse verläuft, wogegen das Außenfeld vernachlässigbar klein ist. Wendet man das Amperesche Durchflutungsgesetz auf den Integrationsweg 1-2-3-4-1 an, so wird das $\vec{B}$-Feld im Wegteil 1-2 konstant angenommen, in den Wegteilen 2-3, 3-4, und 4-1 jedoch gleich Null gesetzt:

$$\mu_0 I = \oint \vec{B}\, d\vec{s} = \int_1^2 B\, ds = B \cdot l.$$

Der Integrationsweg umfaßt n-mal den Spulenstrom i, so daß für den Gesamtstrom I gilt: $I = n \cdot i$.

Damit erhält man für das *Feld im Innern einer langen Spule*

$$B = \mu_0 \frac{n}{l} i.$$

(6.98)

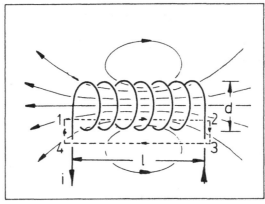

Abbildung 6.76

6.3.3 Kräfte im magnetischen Feld

Mit Hilfe des Biot-Savartschen Gesetzes läßt sich die Kraft, die ein Stromelement $I_1\, d\vec{l}_1$ auf ein Stromelement $I\, d\vec{l}$ ausübt, schreiben als $d^2\vec{F} = I\, d\vec{l} \times d\vec{B}$. Dabei ist $d\vec{B}$ der Feldbeitrag des Stromelementes $I_1\, d\vec{l}_1$ am Ort von $I\, d\vec{l}$. Mit dem Superpositionsprinzip für Kräfte ergibt sich damit als Gesamtkraft $d\vec{F}$, die auf das Stromelement wirkt,

$$\boxed{d\vec{F} = I\, d\vec{l} \times \vec{B}.}$$
$$(6.99)$$

Dabei ist $\vec{B} = \int d\vec{B}$ das Gesamtfeld am Ort des Stromelementes. Die Gesamtkraft auf einen stromdurchflossenen Leiter erhält man, indem die Kräfte, die auf die einzelnen Stromelemente des Leiters wirken, vektoriell aufsummiert werden. Diese Gesamtkräfte sind experimentell nachprüfbar, wodurch rückwirkend auf die Richtigkeit des magnetischen Grundgesetzes (6.90) geschlossen werden kann.

- *Die Leiterschleife im homogenen Feld.* Eine Leiterschleife, durch die ein Strom der Stärke I fließt, befindet sich in einem homogenen Magnetfeld (Abb. 6.77). Die Kräfte $\vec{F}_1$ und $\vec{F}_2$ auf die parallelen, vertikalen Teile der Leiterschleife sind gleich groß und entgegengerichtet, können also nur zu einer Deformation der Leiterschleife führen. Die Kraft F ergibt sich mit (6.99) als Integral über die Kräfte, die auf die einzelnen Stromelemente des horizontalen Leiterstückes 1-2 wirken:

$$\vec{F} = \int_1^2 d\vec{F} = \int_1^2 I\, d\vec{l} \times \vec{B} = I \left(\int_1^2 d\vec{l} \right) \times \vec{B}$$

$$\boxed{\vec{F} \;=\; I \cdot (\vec{l} \times \vec{B}).}$$ (6.100)

$\vec{l}$ ist dabei der Vektor von 1 nach 2. Da der Winkel α zwischen Drahtstück 1-2 und B-Feld 90° beträgt, gilt:

$$F \;=\; I \cdot l \cdot B.$$ (6.101)

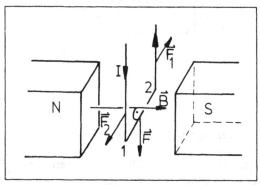

Abbildung 6.77

Versuch: Mit Hilfe der in Abb. 6.78 dargestellten Anordnung wird für verschiedene Ströme I, die durch die Spule Sp fließen, die Kraft F gemessen, die man aufbringen muß, um die Spule in Ruhe zu halten. Als Ergebnis erhält man die Proportionalität: $F \sim I$.

Benutzt man an Stelle des Hufeisenmagneten eine stromdurchflossene Spule, so kann über den Spulenstrom das B-Feld variiert werden. Auch bei dieser Messung bestätigt sich (6.101).

- *Zwei parallele Drähte.* Zwei unendlich lange, gerade Drähte 1 und 2, durch die die Ströme I_1 und I_2 fließen, sind parallel im Abstand R aufgestellt (Abb. 6.79). Das B-Feld, das der Strom I_1 im Abstand R verursacht, weist gemäß Abschnitt 6.3.2 senkrecht in die Zeichenebene hinein, steht also senkrecht auf dem Draht 2 und hat den Betrag $B = \frac{\mu_0}{2\pi}\frac{I_1}{R}$. Für die Kraft F_2 auf ein Leiterstück der Länge l des Drahtes 2 gilt daher:

$$F_2 \;=\; I_2 \cdot l \cdot B \;=\; \frac{\mu_0}{2\pi}\frac{I_1 I_2}{R}\, l.$$

Genauso ergibt sich:

$$F_1 \;=\; \frac{\mu_0}{2\pi}\frac{I_1 I_2}{R}\, l.$$

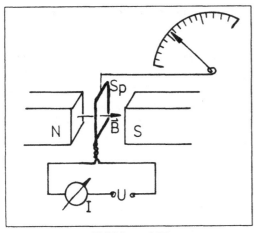

Abbildung 6.78

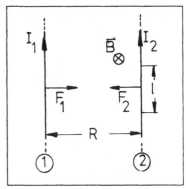

Abbildung 6.79

Die Kraft pro Längeneinheit des Leiters ergibt sich damit zu

$$\frac{F}{l} = \frac{\mu_0}{2\pi} \frac{I_1 I_2}{R}. \tag{6.102}$$

Die Kräfte F_1 und F_2 wirken gemäß (6.91) bei paralleler Stromrichtung anziehend, bei antiparalleler Stromrichtung abstoßend.

Über die Kraft, die zwei parallele Drähte aufeinander ausüben, wird die *vierte Basisgröße* des Internationalen Einheitensystems, die Einheit der *Stromstärke*, das *Ampere*, definiert:

„Sind zwei unendlich lange, gerade Stromleiter von vernachlässigbar kleinem Querschnitt parallel zueinander im Abstand 1 m angebracht und fließen durch beide Ströme der gleichen Stärke I, so beträgt die Stromstärke I genau dann 1 Ampere, wenn die Ströme, bezogen auf die Längeneinheit 1 m, die Kraft $F = 2 \cdot 10^{-7}$ N aufeinander ausüben."

Durch die Definition des Ampere als vierte Basisgröße sind die Einheiten der bis jetzt eingeführten Größen, wie Spannung und Ladung, festgelegt (z. B. 1 Coulomb = 1 Ampere · 1 Sekunde). Auch die Maßsystemskonstante $\mu_0/4\pi$ ist damit bestimmt:

$$\frac{\mu_0}{4\pi} = 10^{-7} \frac{N}{A^2} \qquad \mu_0 = 1,2566 \cdot 10^{-6} \frac{N}{A^2}$$

$$1 \frac{N}{A^2} = 1 \frac{Ws}{A^2 m} = 1 \frac{AVs}{A^2 m} = 1 \frac{Vs}{Am}. \tag{6.103}$$

Zwischen μ_0 und ε_0 besteht ein enger Zusammenhang, auf den im Abschnitt 6.3.6 eingegangen wird.

- *Lorentzkraft.* Setzt man in die Gleichung (6.99) $d\vec{F} = I\,d\vec{l} \times \vec{B}$ die bereits abgeleitete Beziehung (6.90) $I\,d\vec{l} = \vec{v}\,dq$ ein, so erhält man $d\vec{F} = dq\,\vec{v} \times \vec{B}$. Dabei ist dq die bewegte Ladung im Stromelement $I\,d\vec{l}$. Im Fall, daß das Stromelement nur aus einer einzigen Ladung q besteht, die sich mit der Geschwindigkeit v bewegt, gilt also für die Kraft, die auf das Stromelement, d. h. die Ladung, wirkt:

$$\boxed{\vec{F} = q\vec{v} \times \vec{B}.}\qquad\qquad(6.104)$$

Die Kraft auf das Stromelement heißt *Lorentzkraft.* Sie ist die Kraft, die eine bewegte Ladung in einem magnetischen Feld erfährt.

Gemäß (6.104) ist die Lorentzkraft immer senkrecht zur momentanen Bewegungsrichtung bzw. zur Geschwindigkeit gerichtet. Sie bewirkt also keine Änderung des Geschwindigkeitsbetrags, sondern nur eine Änderung der Bewegungsrichtung. In einem homogenen Magnetfeld ergibt sich als Bahnkurve einer Ladung eine Spirale, die im Fall $\vec{v} \perp \vec{B}$ zu einem Kreis entartet.

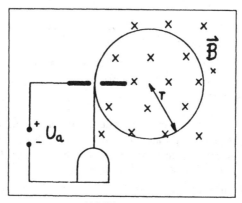

Abbildung 6.80

Versuch: Es soll mit Hilfe eines *Fadenstrahlrohres* (Abb. 6.80) die Bahnkurve eines Elektronenstrahls sichtbar gemacht werden. Das Fadenstrahlrohr ist ein evakuiertes Glasgefäß, in dem sich eine Elektronenkanone befindet. Die aus einer Glühkathode austretenden Elektronen e bewegen sich beschleunigt auf die Anode zu. Die Geschwindigkeit v der Elektronen beim Erreichen der Anode ist gemäß (6.67) abhängig von der Spannung U zwischen Kathode und Anode: $mv^2/2 = eU_a$. Durch ein Loch in der Anode treten die Elektronen in einen Raum mit

homogenem Magnetfeld $\vec{B}$, das senkrecht zur Geschwindigkeit $\vec{v}$ der Elektronen
steht, ein. Die Bahn der Elektronen kann als Leuchtspur beobachtet werden,
wobei das Leuchten dadurch zustandekommt, daß die Elektronen das Restgas
durch Stöße anregen und damit zum Leuchten bringen. Es stellt sich heraus,
daß die Bahn der Elektronen wie erwartet kreisförmig ist. Den Radius der Bahn
erhält man durch Gleichsetzen von Lorentz- und Zentrifugalkraft:

$$e \cdot v \cdot B \;=\; \frac{mv^2}{R}$$

$$\Rightarrow \qquad R \;=\; \frac{m}{e}\,\frac{v}{B}$$

$$R \;=\; \frac{\sqrt{2U_a}}{B\sqrt{e/m}}. \tag{6.105}$$

Durch Messung von R, U und B kann die *spezifische Ladung* e/m ermittelt werden.

- Da Elektronen negativ geladen sind, ist die Stromrichtung antiparallel zur
  Bewegungsrichtung.

- Aus $\vec{F} \perp \vec{v}$ folgt $\vec{F} \perp d\vec{s}$. *Die Lorentzkraft kann also an der Ladung keine
  Arbeit verrichten.*

- Das $\vec{B}$-Feld, das auch *magnetische Induktion* oder *magnetische Flußdichte*
  heißt, wird im SI-System in *Tesla* gemessen. Aus (6.94) und (6.103) folgt:

$$\boxed{\,[B] \;=\; \left[\mu_0 \frac{I}{R}\right] \;=\; \frac{\mathrm{Vs}}{\mathrm{Am}}\frac{\mathrm{A}}{\mathrm{m}} \;=:\; 1\ \mathrm{Tesla} \;=\; 1\ \mathrm{T}.\,}$$

- Die *magnetische Feldstärke* $\vec{H}$ wird im Vakuum wie folgt definiert:

$$\boxed{\,\vec{H} \;:=\; \frac{\vec{B}}{\mu_0}.\,} \tag{6.106}$$

Es gilt also $[H] = [I/R] = 1\ \mathrm{A/m}$ (vgl. $[E] = 1\ \mathrm{V/m}$).

6.3.4 Drehmoment im Magnetfeld — Anwendungen

In der Elektrostatik wurde für die Anordnung, bestehend aus zwei sich im Abstand
l befindenden, gleich großen, ungleichnamigen Ladungen q^+ und q^- das elektrische
Dipolmoment definiert: $\vec{p} = q \cdot \vec{l}$ ($\vec{l}$ = Vektor von q^- nach q^+). Bringt man einen
Dipol in ein elektrisches Feld, so wirkt auf ihn das Drehmoment $\vec{T} = \vec{p} \times \vec{E}$ bzw.
$T = p \cdot E \cdot \sin(\vec{p}, \vec{E})$.

Vergleicht man nun das Feld eines elektrischen Dipols mit dem eines ebenen Kreisstroms, so stellt man eine große Ähnlichkeit fest. Es liegt also nahe, auch einem
Kreisstrom ein Dipolmoment zuzuordnen. Dazu betrachtet man das Verhalten eines
geschlossenen Stromkreises im homogenen Feld: Der geschlossene Stromkreis wird realisiert durch eine viereckige, stromdurchflossene Leiterschleife mit den Seiten a und
b. Die Flächennormale der Fläche $A = a \cdot b$ stehe unter einem Winkel α gegen die
Richtung der $\vec{B}$-Feldlinien (vgl. Abbildungen 6.81 und 6.82).

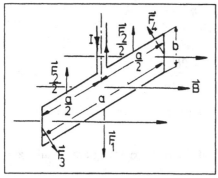
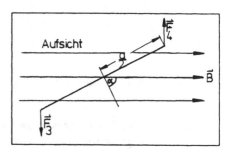

Abbildung 6.81   Abbildung 6.82

Berechnet man gemäß $\vec{F} = I\,\vec{l} \times \vec{B}$ die Kräfte auf die Seiten, so ergibt sich $\vec{F}_1 = -\vec{F}_2$
und $\vec{F}_3 = -\vec{F}_4$, die Nettokraft ist also gleich Null. Aus der Aufsicht erkennt man,
daß die Kräfte $\vec{F}_3$ und $\vec{F}_4$ ein Drehmoment auf die Schleife ausüben, das vom Winkel
zwischen der Flächennormalen und dem B-Feld abhängt. Es gilt:

$$T = \frac{a}{2} F_3 \sin\alpha + \frac{a}{2} F_4 \sin\alpha = \frac{a}{2} I \cdot b \cdot B \cdot \sin\alpha + \frac{a}{2} I \cdot b \cdot B \cdot \sin\alpha$$
$$= I \cdot a \cdot b \cdot B \cdot \sin\alpha.$$

Da $a \cdot b$ die Fläche A der Stromschleife ist, folgt

$$T = I \cdot A \cdot B \cdot \sin\alpha. \tag{6.107}$$

Der Vergleich mit dem Drehmoment, das auf einen elektrischen Dipol im homogenen Feld wirkt, legt nahe, das *magnetische Dipolmoment* eines ebenen Kreisstroms
(Abb. 6.83) folgendermaßen zu definieren:

$$\vec{m} := I \cdot \vec{A}. \tag{6.108}$$

A ist dabei die vom Kreisstrom I umschlossene Fläche. Mit $\vec{n}$ als Normalenvektor der
Fläche, der mit dem Umlaufsinn des Stroms eine Rechtsschraube bildet, läßt sich $\vec{A}$
durch $\vec{n}A$ darstellen.

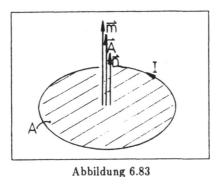

Abbildung 6.83

Damit gilt für das Drehmoment $\vec{T}$, das in einem homogenen Feld $\vec{B}$ auf einen ebenen Kreisstrom I mit dem magnetischen Dipolmoment $\vec{m}$ wirkt,

$$T = m \cdot B \cdot \sin \alpha \quad \text{oder vektoriell} \quad \boxed{\vec{T} = \vec{m} \times \vec{B}.} \tag{6.109}$$

Wie im elektrischen Fall zeigt auch ein magnetisches Dipolmoment die Tendenz, sich parallel zum Feld einzustellen ($\vec{m} \| \vec{B}$, d. h. Stromschleife senkrecht zum Feld).

Anwendungen:

- *Der Elektromotor.* Das Prinzip des Elektromotors ist in Abb. 6.84 dargestellt. Eine um die Achse D drehbar gelagerte Leiterschleife befindet sich in einem $\vec{B}$-Feld. Fließt durch die Schleife der Strom I, so wirkt auf diese gemäß (6.109) so lange ein Drehmoment, bis die Schleife senkrecht zum $\vec{B}$-Feld bzw. das magnetische Moment $\vec{m}$ der Schleife parallel zum $\vec{B}$-Feld steht. Aufgrund der Trägheit dreht sich die Spule ein Stück weiter. In diesem Augenblick wird die Stromrichtung in der Spule durch einen *Kollektor* (Polwender) umgedreht, woraufhin sich das Moment der Schleife schlagartig um 180° dreht. Nun versucht das Moment sich wieder parallel zum B-Feld einzustellen, was die Fortsetzung der Drehung zur Folge hat. Auf diese Weise entsteht eine kontinuierliche Drehung der Schleife. In der Praxis wird der Effekt durch die Verwendung einer flachen Spule mit großer Windungszahl anstelle einer Stromschleife verstärkt.

- *Das Drehspulgalvanometer.* Im $\vec{B}$-Feld eines Permanentmagneten befindet sich eine Leiterschleife, die auf der Achse D drehbar gelagert ist (s. Abb. 6.85). Der zu messende Strom I fließt durch die Schleife, woraufhin gemäß (6.109) ein Drehmoment $\vec{T}$ auf die Schleife wirkt. Da die Achse der Schleife fest mit einer Torsionsfeder verbunden ist, dreht sich die Schleife so lange, bis das Drehmoment

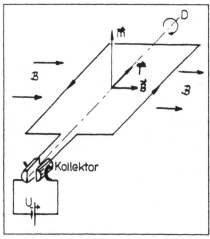

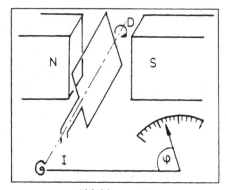

Abbildung 6.84   Abbildung 6.85

der Torsionsfeder gleich dem Drehmoment $\vec{T}$ ist, das das B-Feld auf die Schleife
ausübt. Der Winkel φ, um den sich die Achse gedreht hat, wird über einen Zeiger
sichtbar gemacht. Der Strom I ist nach (6.107) proportional zum Drehmoment
$\vec{T}$, und das Drehmoment $\vec{T}$ ist proportional zum Winkel φ; es gilt also $\varphi \sim I$ für
kleine Winkel. Der Auslenkwinkel ist ein Maß für die Stromstärke.

- *Das Dynamometer.* Anstelle des Permanentmagneten kann auch eine Spule verwendet werden, durch die der zu messende Strom I fließt. Damit ist es möglich,
  effektive Stromstärken von Strömen zu messen, die schnell ihre Richtung ändern
  (Wechselströme). Dreht der Strom in der Schleife seine Richtung, so wechselt
  auch die Richtung des $\vec{B}$-Feldes.

  Das $\vec{B}$-Feld, das von der Spule erzeugt wird, ist proportional zum Strom I. Also
  gilt nach (6.109) $T \sim I^2$. Daraus folgt: $\varphi \sim I^2$.

  Der Vollständigkeit halber soll an dieser Stelle noch das Weicheiseninstrument
  angeführt werden.

- *Das Weicheiseninstrument.* Am Ende einer Spule ist ein Weicheisenkörper angebracht. Fließt der zu messende Strom I durch die Spule, so wird der Eisenkörper
  in die Spule hineingezogen. Da der Eisenkörper an einer Feder befestigt ist, wird
  sich ein Gleichgewicht einstellen zwischen der Federkraft und der Kraft, die den
  Körper in die Spule zieht. Die Auslenkung aus der Ruhelage ist ein Maß für die
  Stromstärke und wird über einen Zeiger sichtbar gemacht.

- *Das Wattmeter.* Zur Messung der elektrischen Leistung $P = U \cdot I$ benutzt man
  das Wattmeter. Im Feld eines ortsfesten Spulenpaars ist eine Stromschleife dreh-

bar gelagert angebracht (Abb. 6.86). Durch das Spulenpaar 1-2 fließt der Verbraucherstrom I, also ist das $\vec{B}$-Feld proportional zum Strom I ($B \sim I$). Die Leiterschleife 3-4 ist parallel zum Verbraucher geschaltet. Damit ist der Strom i, der durch die Schleife fließt, gemäß dem Ohmschen Gesetz proportional zur Spannung U am Verbraucher. Nach (6.108) ist demnach auch das magnetische Moment der Schleife proportional zur Spannung U ($m \sim U$). Insgesamt folgt mit (6.109):

$$T \sim B \cdot m \sim I \cdot i \sim I \cdot U = P.$$

Ähnlich wie beim Drehspulgalvanometer kann also die Leistung über eine Auslenkung der Stromschleife aus der Ruhelage gemessen werden.

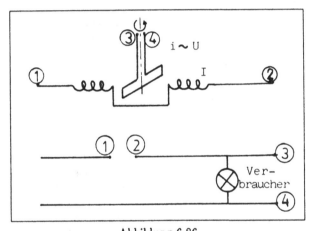

Abbildung 6.86

6.3.5 Zusammenhang zwischen elektrischen und magnetischen Feldern

Im elektrischen und magnetischen Grundgesetz (6.1) und (6.91) stehen die Maßsystemsfaktoren $f = 1/(4\pi\varepsilon_0)$ und $f' = \mu_0/(4\pi)$. Ein Dimensionsvergleich beider Faktoren ergibt

$$\left[\frac{f}{f'}\right] = \left[\frac{1}{\varepsilon_0\mu_0}\right] = \frac{A^2 V^2}{N^2} = \frac{W^2}{N^2} = \frac{N^2 m^2}{N^2 s^2} = \left(\frac{m}{s}\right)^2.$$

Dies ist das Quadrat der Einheit einer Geschwindigkeit. Der Zahlenwert für diese Geschwindigkeit wurde von *Weber und Kohlrausch* experimentell bestimmt. Der Versuchsaufbau ist schematisch in Abb. 6.87 dargestellt. Sie verglichen im Versuch die

elektrostatische Kraft zwischen den Platten eines geladenen Kondensators mit der magnetischen Kraft, die bei der Entladung eines Kondensators bewegte Ladungen aufeinander ausüben. Es stellte sich heraus:

$$\frac{f}{f'} = \frac{1}{\varepsilon_0 \mu_0} = c^2. \tag{6.110}$$

c ist dabei die Vakuumlichtgeschwindigkeit ($= 2,99792458 \cdot 10^8$ m/s).

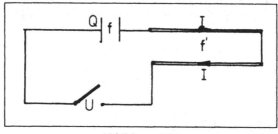

Abbildung 6.87

In Abschnitt 6.6.4 wird gezeigt werden, daß man aus den Grundgleichungen der Elektrodynamik — den Maxwellschen Gleichungen — eine Wellengleichung ableiten kann,
die die Ausbreitung freier elektromagnetischer Wellen im Raum beschreibt. Die Ausbreitungsgeschwindigkeit beträgt im Vakuum $c = \sqrt{1/(\varepsilon_0 \mu_0)}$. Dies wird verständlich,
wenn man bedenkt, daß auch die Lichtwellen elektromagnetische Wellen sind und sich
alle elektromagnetischen Wellen im Vakuum mit gleicher Geschwindigkeit ausbreiten.
Damit wird das Auftreten von Konstanten in den elektrischen und magnetischen Kraft-
gesetzen, die über die Lichtgeschwindigkeit miteinander verknüpft sind, plausibel.
Einen tieferen Einblick in die Zusammenhänge erhält man beim Betrachten der elektromagnetischen Vorgänge beim Wechsel von einem Inertialsystem zu einem anderen:
Zwischen zwei in einem Inertialsystem IS ruhenden Ladungen bemerkt ein in diesem
System ruhender Beobachter nur elektrostatische Kräfte, während ein in einem zu IS
bewegten System IS' ruhender Beobachter bewegte Ladungen und damit zusätzlich
eine magnetische Wechselwirkung beobachtet. Der Charakter der Kraft hängt offenbar
vom Bezugssystem ab, in dem die Kraft beschrieben wird. Da nun die Transformation von physikalischen Größen (z. B. Kräften) beim Wechsel von einem Inertialsystem
in ein anderes erst durch die Lorentztransformation der speziellen Relativitätstheorie
(und nicht durch die klassische Galileitransformation) richtig beschrieben wird, und die
Lichtgeschwindigkeit in dieser Theorie eine besondere Rolle spielt, läßt sich verstehen,
daß die Lichtgeschwindigkeit in (6.110) auftaucht.

6.3.6 Grundgedanken der speziellen Relativitätstheorie

Im ersten Band wurde gezeigt, daß die Newtonsche Mechanik invariant gegenüber Galileitransformationen ist. Diese Invarianz bewirkt eine Gleichwertigkeit aller Inertialsysteme untereinander in bezug auf die Mechanik. Kein Inertialsystem ist vor einem anderen ausgezeichnet.

Die allgemeine Aussage der Gleichwertigkeit aller Inertialsysteme wäre aber nicht haltbar, wenn die Lichtwellen — allgemeiner: die elektromagnetischen Wellen — ähnlich wie die Schallwellen an ein Medium gebunden wären (Lichtätherhypothese). Das Inertialsystem, in dem der Äther ruhte, wäre ausgezeichnet (vgl. unterschiedlicher Dopplereffekt für bewegte Quelle bzw. bewegten Beobachter). Außerdem müßte — bei Gültigkeit der Galileiinvarianz — die Ausbreitungsgeschwindigkeit des Lichtes von der Relativgeschwindigkeit v der Lichtquelle gegen den Äther abhängen: $c' = c - v$.

Im Interferenz-Experiment von Michelson und Morley (1881) wurde diese Abhängigkeit aber nicht gefunden; vielmehr zeigte sich, daß die Lichtgeschwindigkeit in gleichförmig bewegten Systemen immer denselben Wert c besitzt. Damit war die Nichtexistenz des Äthers und die Gleichwertigkeit aller Inertialsysteme bewiesen. Allerdings ist die beobachtete Invarianz der Lichtgeschwindigkeit in allen Inertialsystemen mit der Galileitransformation unvereinbar. Für die Ausbreitung einer Lichtwelle (Kugelwelle), die zur Zeit $t = 0$ im Ursprung des Koordinatensystems IS ausgelöst wird muß gelten:

$$x^2 + y^2 + z^2 = c^2 \cdot t^2$$
$$x'^2 + y'^2 + z'^2 = c^2 \cdot t'^2, \text{ also}$$
$$x^2 + y^2 + z^2 - c^2 t^2 \equiv x'^2 + y'^2 + z'^2 - c^2 t'^2. \tag{6.111}$$

Dabei ist vorausgesetzt, daß zur Zeit $t = 0$ die y- und y'-Achse zusammenfallen. Aus der Bedingung (6.111) lassen sich neue Transformationsbeziehungen, die von H. A. Lorentz zur Erklärung des Befundes des Michelson-Morley-Experimentes angebenen *Lorentz-Transformationen*, gewinnen:

$$x' = \frac{x - v_0 t}{\sqrt{1 - \beta^2}} \qquad\qquad x = \frac{x' + v_0 t'}{\sqrt{1 - \beta^2}}$$
$$y' = y \qquad\qquad y = y'$$
$$z' = z \qquad\qquad z = z'$$
$$t' = \frac{t - x \cdot v_0/c^2}{\sqrt{1 - \beta^2}} \qquad\qquad t = \frac{t' + x' \cdot v_0/c^2}{\sqrt{1 - \beta^2}}$$

Dabei ist

$$\beta := \frac{v_0}{c}. \tag{6.112}$$

Man kann allgemein zeigen, daß beim Wechsel von einem Bezugssystem zum anderen gilt:

- Die Elektrodynamik ist invariant gegenüber den Lorentztransformationen (Lorentz-Invarianz).

- Die Lichtgeschwindigkeit ändert sich bei diesem Wechsel nicht.

Mit den Lorentztransformationen kann also bei *elektromagnetischen Erscheinungen* der Wechsel von einem Bezugssystem in das andere richtig beschrieben werden. Andererseits werden die *Grundgesetze der Newtonschen Mechanik* beim Bezugssystemswechsel durch die Galileitransformation richtig beschrieben.

Die Lösung dieses scheinbaren Widerspruchs gelang A. Einstein im Jahre 1905 mit der Entwicklung der *speziellen Relativitätstheorie*, indem er durch die Revision des klassischen Raum-Zeit-Begriffs die Allgemeingültigkeit der Lorentztransformationen beim Übergang von einem Inertialsystem zum anderen für das gesamte Gebiet der Physik postulierte. Da die Lorentztransformation für Geschwindigkeiten $v_0 \ll c$ (d. h. $\beta \to 0$) in die Galileitransformation übergeht, machen sich auf dem Gebiet der Mechanik relativistische Abweichungen von der Newtonschen Mechanik nur bei hohen Geschwindigkeiten bemerkbar. Alle Forderungen aus der speziellen Relativitätstheorie wurden seither experimentell bestätigt.

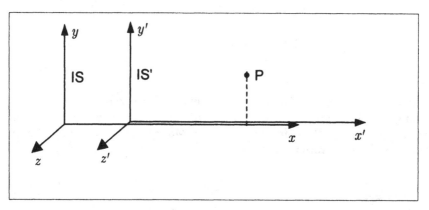

Abbildung 6.88

Folgerungen aus den Lorentztransformationen: Vorgegeben sei ein Bezugssystem IS (ungestrichene Koordinaten) und ein Bezugssystem IS' (gestrichene Koordinaten), das sich in x-Richtung vom System IS mit der Geschwindigkeit v_0 gleichmäßig fortbewegt. Dann gilt:

- *Die Relativität der Gleichzeitigkeit.* Im System IS sollen zum Zeitpunkt t_0 an den Orten x_1 und x_2 gleichzeitig zwei Ereignisse stattfinden. Betrachtet man diese

Ereignisse vom System IS' aus, so finden diese nicht mehr gleichzeitig statt. Für die Zeitdifferenz $\Delta t'$ zwischen beiden Ereignissen folgt:

$$\Delta t' = t_2' - t_1' = \frac{t_0 - \dfrac{v_0 x_2}{c^2}}{\sqrt{1-\beta^2}} - \frac{t_0 - \dfrac{v_0 x_1}{c^2}}{\sqrt{1-\beta^2}} = \frac{v_0(x_1 - x_2)/c^2}{\sqrt{1-\beta^2}}. \qquad (6.113)$$

- *Die Zeitdilatation.* Im System IS befindet sich am Ort x_0 ein Signalgeber, der nacheinander zwei Signale aussendet: eines zur System-Eigenzeit t_1, das zweite zur System-Eigenzeit $t_2 = t_1 + t$. Im System IS' werden sie mit dessen Eigenzeituhr im zeitlichen Abstand $\Delta t'$ registriert:

$$\Delta t' = t_2' - t_1' = \frac{t_2 - \dfrac{v_0 \cdot x_0}{c^2} - t_1 + \dfrac{v_0 \cdot x_0}{c^2}}{\sqrt{1-\beta^2}}$$

$$= \frac{t_2 - t_1}{\sqrt{1-\beta^2}} = \frac{\Delta t}{\sqrt{1-\beta^2}}. \qquad (6.114)$$

Das Zeitintervall erscheint vom bewegten System aus um den Faktor $1/\sqrt{1-\beta^2}$ verlängert. *Bewegte Uhren gehen langsamer.*

- *Die Längenkontraktion.* Im System IS habe der Abstand zwischen zwei Punkten die Länge l. Betrachtet man den Abstand vom System IS' aus, so beobachtet man die Länge L', denn es gilt

$$L' = L \cdot \sqrt{1-\beta^2}. \qquad (6.115)$$

Das analoge Resultat $L = L' \cdot \sqrt{1-\beta^2}$ erhält man, wenn der Gegenstand im System IS' ruht und vom dagegen bewegten System IS betrachtet wird. Ein anderes Ergebnis wäre ein Verstoß gegen die Gleichwertigkeit aller Inertialsysteme!

- *Die Massenveränderlichkeit.* Aus der Forderung Einsteins nach der Allgemeingültigkeit der Lorentztransformation folgt die Abhängigkeit der trägen Masse vom Bewegungszustand:

$$\boxed{m_v = \frac{m_0}{\sqrt{1-\beta^2}}.} \qquad (6.116)$$

m_v ist die träge Masse im bewegten System und m_0 die träge Masse im System, in dem die Masse ruht (Ruhemasse).

- *Kräfte und Impulse senkrecht zur Relativbewegung der Systeme.* Unter Berücksichtigung der Massenveränderlichkeit ergeben sich in der relativistischen Mechanik Impuls und Kraft genau wie der klassischen Mechanik:

$$\text{Impuls:} \ \vec{p} = m(v) \cdot \vec{v} \qquad \text{Kraft:} \ \vec{F} = \frac{d}{dt}\left(m(v) \cdot \vec{v} \right).$$

Nun kann gezeigt werden, daß die Impulse senkrecht zur Relativbewegung der Systeme $p_\perp$ bei der Transformation vom System IS in das System IS' gleich bleiben:

$$p_\perp = p'_\perp. \tag{6.117}$$

Mit den Beziehungen $\Delta p_\perp = F_\perp \cdot \Delta t$ und $\Delta p'_\perp = F'_\perp \cdot \Delta t'$ sowie der Zeitdilatation (6.114) folgt für die Kräfte senkrecht zur Relativbewegung

$$F'_\perp = F_\perp \cdot \sqrt{1 - \beta^2}. \tag{6.118}$$

- *Ladungen.* Die Frage, ob sich die Größe der Ladung q bei der Transformation ändert, kann mit den Lorentztransformationen nicht beantwortet werden. Experimentell ist jedoch gut gesichert, daß die Ladung Lorentz-invariant ist, d. h. es gilt

$$q = q'. \tag{6.119}$$

Die Experimente, die zu diesem Thema durchgeführt wurden, beruhen auf dem Nachweis der Neutralität der Materie.

6.3.7   Zusammenhang zwischen elektrischen und magnetischen Feldern (Fortsetzung)

Mit den Lorentztransformationen bzw. deren Folgerungen soll nun der Gedanke vom Ende von Abschnitt 6.3.5 wieder aufgenommen und das Beispiel „Ladung vor geladenem drahtförmigen Leiter" behandelt werden. Als Ergebnis wird sich die Beziehung (6.110) ergeben.

Auf einem ruhenden, unendlich langen Draht sollen Ladungen q mit dem mittleren Abstand d_0 angebracht sein. Im Abstand r befindet sich eine relativ zum Leiter ruhende Ladung Q (s. Abb. 6.89). Das System wird von zwei verschiedenen Personen beobachtet, vom Beobachter 0_0, der relativ zum System ruht, und vom Beobachter 0_v, der sich parallel zum Draht mit der konstanten Geschwindigkeit v bewegt.

- *Beobachter 0_0* sieht im Draht die *lineare Ladungsdichte* $\rho_0 = q/d_0$. Gemäß (6.12) gilt für die Feldstärke im Abstand r vom Draht $E_0 = \frac{1}{2\pi\varepsilon_0} \frac{\rho_0}{r}$. Für den Beobachter 0_0 wirkt auf die Ladung Q als Gesamtkraft F_0^{ges} die elektrostatische Kraft F_0^{el}:

$$F_0^{ges} = F_0^{el} = Q \cdot E_0 = \frac{1}{2\pi\varepsilon_0} \frac{\rho_0 \cdot Q}{r}.$$

- *Beobachter 0_v* befindet sich in einem System, das sich mit der Geschwindigkeit v gegenüber dem Ruhesystem bewegt, also gilt nach (6.115) für den von ihm beobachteten mittleren Abstand d_v zwischen zwei Ladungen im Draht

$$d_v = d_0 \cdot \sqrt{1 - \beta^2}.$$

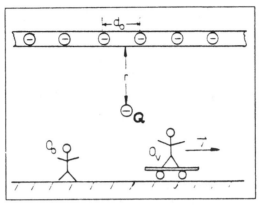

Abbildung 6.89

Aufgrund der Ladungsinvarianz ergibt sich demnach als *lineare Ladungsdichte* des Drahtes im bewegten System $\rho_v = \rho_0/\sqrt{1-\beta^2}$ ($\rho_v > \rho_0$). Damit erhält man als elektrische Feldstärke E_v im Abstand r vom Draht $E_v = E_0/\sqrt{1-\beta^2}$ ($E_v > E_0$). Also ist die elektrostatische Kraft F_v^{el}, die für den Beobachter 0_v auf die Ladung Q wirkt, größer als die elektrostatische Kraft F_0^{el}, die für den Beobachter 0_0 auf die Ladung q wirkt:

$$F_v^{el} = Q \cdot E_v = F_0^{el} \frac{1}{\sqrt{1-\beta^2}} > F_0^{el}.$$

Transformiert man andererseits gemäß (6.118) die Gesamtkraft $F^{ges} = F_0^{el}$, die ja senkrecht zur Relativbewegung des Beobachters 0_v wirkt, ins bewegte System, so ergibt sich

$$F_v^{ges} = F_0^{ges}\sqrt{1-\beta^2} < F_0^{ges} = F_0^{el}.$$

Die letzten beiden Beziehungen stehen scheinbar im Widerspruch zueinander. Dieser Widerspruch wird jedoch durch die Berücksichtigung der magnetischen Wechselwirkung (Lorentzkraft) gelöst, die der bewegte Beobachter 0_v neben der elektrostatischen Wechselwirkung sieht. Für 0_v setzt sich die Gesamtkraft aus elektrostatischer und magnetischer Kraft F_v^{mag} zusammen:

$$F_v^{ges} = F_v^{el} - F_v^{mag}.$$

Damit erhält man die Möglichkeit, die magnetische Kraft aus den elektrostatischen Kräften zu berechnen:

$$F_v^{mag} = F_v^{el} - F_v^{ges} = \frac{F_0^{el}}{\sqrt{1-\beta^2}} - F_0^{ges} \cdot \sqrt{1-\beta^2}$$

$$= \frac{F_0^{el}}{\sqrt{1-\beta^2}} \left(1 - (1-\beta^2)\right) = F_v^{el} \cdot \beta^2.$$

Mit (6.112):

$$F_v^{mag} = F_v^{el} \frac{v^2}{c^2}.$$

Mit $F_v^{el} = Q \cdot E_v = Q \cdot \frac{1}{2\pi\varepsilon_0} \frac{\rho_v}{r}$ und unter Berücksichtigung, daß für 0_v die Ladungen im Draht einen Strom darstellen, für dessen Stromstärke $I = \rho_v \cdot v$ gilt, erhält man

$$F_v^{mag} = Q \cdot v \frac{1}{4\pi\varepsilon_0 c^2} \frac{2I}{r}.$$

Diese magnetische Kraft (Lorentzkraft), die die Ladung Q im bewegten System erfährt, kann aber auch mit (6.94) und (6.104) ausgerechnet werden:

$$F_v^{mag} = F_L = Q \cdot v \cdot B = Q \cdot v \frac{\mu_0}{4\pi} \frac{2I}{r}.$$

Der Vergleich beider Gleichungen liefert die gesuchte Beziehung:

$$\boxed{\frac{1}{\varepsilon_0 \mu_0} = c^2.} \qquad\qquad (6.120)$$

Die Wahl der Proportionalitätskonstanten im elektrostatischen und magnetischen Kraftgesetz ist also nicht völlig frei. Durch die Festlegung eines der Faktoren ist der andere über (6.120) bestimmt. Neben dem gesetzlich vorgeschriebenen SI-System mit den Faktoren $\mu_0/(4\pi)$ und $1/(4\pi\varepsilon_0)$ wird oft noch das *Gaußsche Maßsystem* (cgs-System) benutzt. Im Gaußschen System ist der elektrostatische Proportionalitätsfaktor gleich eins gesetzt, wogegen im magnetischen Kraftgesetz der nach (6.120) übrig bleibende Faktor $1/c^2$ folgendermaßen aufgeteilt wird:

$$d^2\vec{F}_2 = \frac{1}{c} I_2 \, \vec{dl_2} \times d\vec{B} \qquad \text{mit } d\vec{B} = \frac{1}{c} \frac{I \, \vec{dl_1} \times \hat{\vec{r}}_{12}}{r^2}.$$

6.4 Induktion, Wechselstrom

Zu Beginn dieses Kapitels sollen zunächst die Beziehungen zusammengestellt werden, die unter den bisherigen Voraussetzungen (zeitlich konstante Felder) die Berechnung von E- und B-Feldern ermöglichen:

$$\oint \vec{E}\, d\vec{A} \;=\; \oint E_n\, dA \;=\; \frac{Q}{\varepsilon_0} \quad \text{(M1)} \qquad \oint \vec{E}\, d\vec{s} \;=\; 0 \quad \text{(M2)}$$

$$\oint \vec{B}\, d\vec{s} \;=\; \mu_0 I \quad \text{(M3)} \qquad\qquad \oint \vec{B}\, d\vec{A} \;=\; 0 \quad \text{(M4)}$$

Diese Gleichungen M1–M4 nennt man die *Maxwell-Gleichungen* für zeitlich konstante Felder. Physikalisch kann man sie folgendermaßen interpretieren:

(M1) $\,\hat{=}\,$ Das elektrostatische Feld ist ein *Quellenfeld*.

(M2) $\,\hat{=}\,$ Das elektrostatische Feld ist *wirbelfrei*.

(M3) $\,\hat{=}\,$ Das Magnetfeld ist ein *Wirbelfeld*.

(M4) $\,\hat{=}\,$ Das Magnetfeld besitzt *keine Quellen* (Monopole).

Hat man die E- und B-Felder aus den Maxwell-Gleichungen berechnet, so kann man die Kraft angeben, die auf eine mit der Geschwindigkeit $\vec{v}$ bewegte Ladung q in diesen Feldern wirkt:

$$\vec{F} \;=\; q\vec{E} + (q\vec{v} \times \vec{B}).$$

6.4.1 Faradaysches Induktionsgesetz

Versuch: In einem homogenen Magnetfeld $\vec{B}$ befindet sich eine U-förmige Leiterschleife mit einem beweglichen Metallbügel. Die Schleife steht senkrecht zum $\vec{B}$-Feld (s. Abb. 6.90). Zieht man den Bügel mit der Geschwindigkeit $\vec{v}$ über die Leiterschleife durch das $\vec{B}$-Feld, so stellt man an einem in den Leiterkreis geschalteten Spannungsmeßgerät einen Ausschlag fest. Dieser Ausschlag ist abhängig von der Geschwindigkeit des Bügels. Man nennt diesen Vorgang *Induktion* und die induzierte Spannung *Induktionsspannung* U_{ind}. **Interpretation:** Durch die Bewegung des Bügels werden die freien Ladungsträger im Metall, die Elektronen, mit der Geschwindigkeit $\vec{v}$ senkrecht durch das $\vec{B}$-Feld transportiert. Gemäß (6.104) erfahren die bewegten Elektronen im Magnetfeld die Lorentzkraft $\vec{F}_L = -e(\vec{v} \times \vec{B})$, betragsmäßig $F_L = evB$, die quer zur Elektronenbewegung, d. h. längs des Bügels, gerichtet ist. Als Folge dieser Kraft resultiert eine Ladungsverteilung, daraus eine Spannung U_{ind}, deren elektrisches Feld die

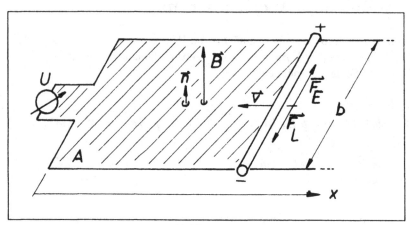

Abbildung 6.90

Elektronenbewegung hemmt. Das Gleichgewicht ist dann erreicht, wenn die bremsende Coulombkraft $\vec{F}_E$ gleich der antreibenden Lorentzkraft ist: $F_E = F_L \;\Rightarrow\; eE = evB$. $E = U_{ind}/b$ ist dabei die elektrische Feldstärke im Metall. Daraus folgt sofort

$$U_{ind} \;=\; bvB. \tag{6.121}$$

Benutzt man außerdem $v = dx/dt$, so ergibt sich

$$U_{ind} \;=\; bvB \;=\; b\frac{dx}{dt}B \;=\; \frac{d(bx)}{dt}B$$
$$=\; \frac{dA}{dt}B. \tag{6.122}$$

A ist die vom Bügel und der U-förmigen Schleife eingeschlossene Fläche. Sie steht im obigen Versuch senkrecht zum $\vec{B}$-Feld ($\vec{n}\|\vec{B}$). *Die induzierte Spannung ist proportional zur Änderung der zum $\vec{B}$-Feld senkrecht stehenden Projektion der Leiterschleife.*

Dies kann folgendermaßen nachgeprüft werden: Eine Leiterschleife der Fläche A befindet sich in einem homogenen B-Feld. Dabei soll die Achse der Schleife senkrecht zum Feld stehen (s. Abb. 6.91). Für die Projektion $A_\perp$ der Fläche A senkrecht zum Feld gilt dann $A_\perp = A \cdot \cos\alpha$. Läßt man die Schleife mit konstanter Winkelgeschwindigkeit ω um ihre Achse kreisen, so ändert sich die senkrechte Projektion $A_\perp$ in Abhängigkeit von der Zeit: $A_\perp = A \cdot \cos\omega t$. Nach (6.122) müßte daraufhin an den Enden der Schleife folgende Spannung induziert werden:

$$U_{ind} \;=\; \frac{d(A \cdot \cos\omega t)}{dt}B \;=\; -A\omega B \cdot \sin\omega t$$
$$=\; U_0 \sin\omega t. \tag{6.123}$$

Dabei gilt $U_0 = -A\omega B =$ const. Im Experiment bestätigt sich diese Beziehung: Man

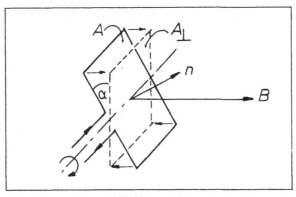

Abbildung 6.91

beobachtet eine sinusförmige Induktionsspannung. Technisch ausgenutzt wird dieses Verfahren zur Erzeugung von Wechselspannungen mit Generatoren (s. Abschnitt 6.4.2). Eine weitere Anwendung ist die Ausmessung von statischen B-Feldern, z. B. dem Erdfeld. Dieses Verfahren beruht darauf, daß man aus der Messung der induzierten Spannung unter Vorgabe der Fläche A und der Winkelgeschwindigkeit ω aus (6.123) den senkrecht zur Schleifenachse stehenden Teil eines B-Feldes berechnen kann.

Bisher wurde die Induktion in bewegten Leitern betrachtet, die durch die Lorentzkraft erklärt werden konnte. Faraday entdeckte, daß auch in ruhenden Leitern eine Induktion stattfinden kann. Er erkannte: *Die Induktionsspannung ist proportional zur zeitlichen Änderung des Induktionsflusses* $\Phi_m = \vec{A} \cdot \vec{B}$:

$$U_{ind} \sim \frac{d}{dt}\Phi_m = \frac{d}{dt}(\vec{A} \cdot \vec{B}) = \underbrace{\left(\frac{d\vec{A}}{dt}\right)\vec{B}}_{1.} + \underbrace{\vec{A}\left(\frac{d\vec{B}}{dt}\right)}_{2.}.$$

Der Teil 1. dieser Beziehung konnte bereits mit der Lorentzkraft erklärt werden. Für den Teil 2. kann jedoch mit dem bisher zur Verfügung stehenden Wissen keine Erklärung gefunden werden. Die Richtigkeit dieses Ansatzes zeigt der folgende

Versuch: Über eine lange Spule (Primärspule) ist eine weitere Spule (Sekundärspule) gewickelt (Abb. 6.92). Letztere wird an ein Spannungsmeßgerät angeschlossen. Läßt man durch die Primärspule einen zeitlich variablen Strom I_{pr} fließen, was ein zeitlich variables B-Feld in der Spule zur Folge hat ($I_{pr} \sim B$), stellt man fest:

- In der Sekundärspule wird eine Spannung induziert, die proportional zur zeitlichen Änderung des Primärstroms bzw. des B-Feldes ist (Abb. 6.93).

- Ist die zeitliche Änderung des B-Feldes positiv (negativ), so ist die induzierte Spannung negativ (positiv).

- Variiert man im weiteren auch die Windungszahl der Sekundärspule n_{se}, beobachtet man eine Proportionalität zwischen n_{se} und der induzierten Spannung.

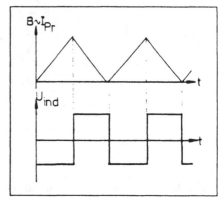

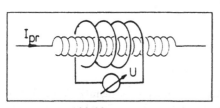

Abbildung 6.92   Abbildung 6.93

Das experimentell beobachtete Naturgesetz lautet:

$$U_{ind} \ = \ -n_{se} \frac{d\Phi_m}{dt}.$$

(6.124)

Dies ist das *Faradaysche Induktionsgesetz*. Für $n_{se} = 1$ läßt es sich folgendermaßen umschreiben:

$$\oint \vec{E}\, d\vec{s} \ = \ U_{ind} \ = \ -\frac{d\Phi_m}{dt} \ = \ -\frac{d}{dt} \oint_A \vec{B}\, d\vec{A}$$

$$\oint \vec{E}\, d\vec{s} \ = \ -\frac{d}{dt} \oint_A B_n \, dA.$$

(6.125)

Die wesentliche Aussage des Induktionsgesetzes ist, daß ein sich änderndes B-Feld von einem *quellenfreien elektrischen Wirbelfeld* umgeben ist (s. Abb. 6.94). Die Beziehung (6.125) tritt nun an die Stelle der bisherigen zweiten Maxwell-Gleichung (M2).

Das Minuszeichen im Induktionsgesetz resultiert aus der *Lenzschen Regel*:

„Der aufgrund einer Induktionsspannung fließende Induktionsstrom ist so gerichtet, daß sein $\vec{B}$-Feld der Änderung des Primärfeldes bzw. des primären Induktionsflusses entgegenwirkt.“

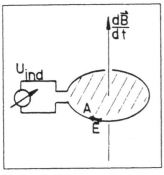

Abbildung 6.94

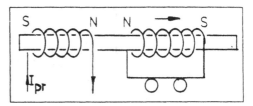

Abbildung 6.95

Die Lenzsche Regel ist eine Folge des Energieerhaltungssatzes und kann durch die folgenden Experimente demonstriert werden.

Versuch: Auf einen langen Eisenstab sind eine Primärspule und eine kurzgeschlossene Sekundärspule gewickelt (Abb. 6.95). Die Sekundärspule ist auf Rollen frei beweglich gelagert. Läßt man nun durch die Primärspule einen Strom fließen, so stoßen sich die Spulen ab: Die Sekundärspule bewegt sich von der Primärspule fort. Wird der Strom abgeschaltet, so ziehen sich die Spulen an.

Interpretation: Beim Einschalten des Stroms wirkt aufgrund der Lenzschen Regel das in der Sekundärspule induzierte B-Feld der Änderung des Primärfeldes entgegen, es ist demnach zum Primärfeld entgegengerichtet. Gemäß Abschnitt 6.3.1 kann den Spulenenden Nord- und Südpol zugeordnet werden. Die Antiparallelität von Primär- und Induktionsfeld hat ein Abstoßen der Spulen zur Folge, denn gleichnamige Pole stehen sich jetzt gegenüber. Beim Abschalten des Stroms tritt der umgekehrte Vorgang auf.

Versuch: Anstelle der Sekundärspule wird nun ein Metallring verwendet. Die im Ring fließenden Ströme, sogenannte *Wirbelströme*, sind so gerichtet, daß beim Einschaltvorgang eine Abstoßung und beim Abschaltvorgang eine Anziehung des Ringes erfolgt. Um die Existenz von Wirbelströmen als Ursache für die Kraftwirkung zu beweisen, kann man den Ring aufschlitzen und damit das Fließen von Strömen verhindern. Es treten dann in der Tat keine Kräfte auf; der Ring bleibt ruhig liegen.

Technisch werden die Wirbelströme bei der *Wirbelstrombremse* ausgenutzt, die im folgenden Experiment demonstriert wird.

Versuch: Eine Metallscheibe schwingt an einem Pendel zwischen den Enden zweier in Reihe geschalteter Spulen (Abb. 6.96). Fließt ein Strom durch die Spulen, wird die Schwingung des Pendels stark gedämpft, das Pendel kommt nach kurzer Zeit zur Ruhe. Bei Verwendung einer vielfach geschlitzten Scheibe tritt dagegen keine Dämpfung auf.

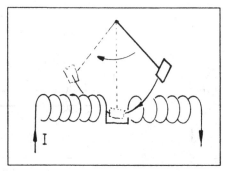

Abbildung 6.96

Interpretation: Im Spulenzwischenraum herrscht ein homogenes Magnetfeld. Beim Ein- bzw. Austritt der Scheibe ändert sich der Induktionsfluß in ihrem Inneren. Die Folge ist die Entstehung von Induktionsströmen (Wirbelströmen) in der Scheibe, die entsprechend der Lenzschen Regel so gerichtet sind, daß sie der Änderung des Induktionsflusses entgegenwirken. Da die Flußänderung eine Folge der Scheibenbewegung ist, wird diese Bewegung durch die auf die Wirbelströme wirkenden Kräfte gebremst. Man spricht von *Wirbelstrombremsung.*

Gemäß (6.124) gilt für die Einheit des magnetischen Flusses

$$[\Phi_m] \; = \; [\text{Spannung} \cdot \text{Zeit}] \; = \; 1\,\text{Volt} \cdot \text{Sekunde} \; = \; 1\,\text{Vs}.$$

Berücksichtigt man $\Phi_m = B \cdot A$, dann folgt für die Einheit des B-Feldes:

$$[B] \; = \; \frac{[\Phi_m]}{[A]} \; = \; \frac{1\,\text{Vs}}{1\,\text{m}^2} \; = \; 1\,\text{Tesla}.$$

Man nennt deshalb das B-Feld auch *magnetische Flußdichte* oder *magnetische Induktion.*

6.4.2   Wechselspannung, Wechselstrom, Drehstrom

Läßt man eine Leiterschleife in einem homogenen Magnetfeld rotieren, so wird — wie im Abschnitt 6.4.1 beschrieben — an den Enden der Schleife eine Spannung induziert. Rotiert die Spule mit einer konstanten Winkelgeschwindigkeit ω, so ist die zeitliche Änderung der induzierten Spannung sinusförmig: $U(t) = U_0 \sin \omega t$ mit der Kreisfrequenz $\omega = 2\pi\nu = 2\pi/T$ (T = Periodenlänge, ν = Frequenz). Man spricht in diesem Fall von einer *sinusförmigen Wechselspannung.* Wird diese Spannung an einen Verbraucher angelegt, so fließt durch diesen ein *Wechselstrom,* ein Strom, der im Laufe der Zeit periodisch seine Richtung und Größe ändert.

In der Praxis benutzt man anstelle einer einzelnen Schleife rotierende Spulen. Eine solche Anordnung heißt *Wechselstromgenerator*. Für eine Spule mit n Windungen gilt für die induzierte Spannung

$$U_{\text{ind}} \;=\; -n\frac{d\Phi}{dt} \;=\; -nB\frac{dA_\perp}{dt} \;=\; -nBA\frac{d(\cos\omega t)}{dt} \;=\; \underbrace{nBA\omega}_{U_0}\sin\omega t$$

$$=\; U_0\sin\omega t.$$

A ist hierbei die Fläche der Spule. Die Amplitude der technischen Wechselspannung unseres Versorgungsnetzes beträgt $U_0 \approx 311$ Volt ($= 220$ V$\cdot\sqrt{2}$). Die Frequenz ν dieser Spannung ist 50 Hz bzw. besitzt die Kreisfrequenz $\omega = 2\pi\nu = 314$ 1/s. Will man mit einem Wechselstromgenerator einen Gleichstrom erzeugen, so muß ähnlich wie beim Elektromotor ein Kollektor (Polwender) benutzt werden. Der Kollektor vertauscht im richtigen Augenblick die Polung der Spannung, so daß man auf diese Weise eine pulsierende Gleichspannung erhält (Abb. 6.97).

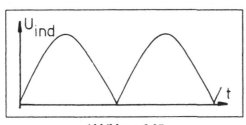

Abbildung 6.97

Als Wechselspannung bezeichnet man nicht nur sinusförmige Spannungen, sondern allgemeine Spannungen, die im Verlauf der Zeit periodisch ihre Richtung bzw. ihre Polung ändern. Das gleiche gilt für Wechselströme.

Drehstrom. Ein Drehstromgenerator besteht aus drei gleichen Spulen, die auf einer gemeinsamen Drehachse jeweils um 120° versetzt montiert sind (s. Abb. 6.98). Werden die Spulen (R-, S- und T-Spule) in einem homogenen B-Feld mit konstanter Winkelgeschwindigkeit gedreht, so wird in jeder Spule eine sinusförmige Wechselspannung induziert, die gegenüber den anderen Spulen eine Phasendifferenz von 120° bzw. 240° besitzt:

$$
\begin{aligned}
U_R &= U_0\sin\omega t \\
U_S &= U_0\sin(\omega t - 120°) \\
U_T &= U_0\sin(\omega t - 240°) = U_0\sin(\omega t + 120°)
\end{aligned}
\tag{6.126}
$$

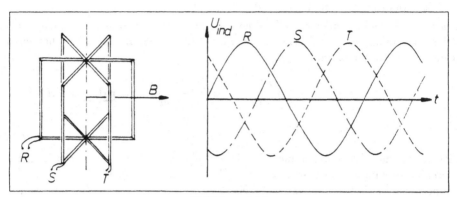

Abbildung 6.98

Zum Transportieren des Drehstroms (auch 3-Phasenstrom genannt) werden drei Leitungen benötigt.

Eine wichtige Anwendung des Drehstroms ist der
Drehstrommotor. Drei Spulen sind gemäß Abb. 6.99 im Winkel von 120° versetzt um ein Zentrum aufgestellt. Je eine Spule wird an die R-, S- und T-Phase angeschlossen. Jede der Spulen erzeugt im Zentrum ein B-Feld, für das gilt:

$$\vec{B}_R = \vec{B}_0 \sin \omega t$$
$$\vec{B}_S = \vec{B}_0 \sin(\omega t - 120°)$$
$$\vec{B}_T = \vec{B}_0 \sin(\omega t + 120°)$$

Dabei ist $\vec{B}_0$ die Amplitude des Feldes einer Spule im Zentrum. Für die x-Komponente des Gesamtfeldes im Zentrum folgt

$$
\begin{aligned}
B_x &= B_0 \sin(\omega t - 120°) \cos 30° - B_0 \sin(\omega t + 120°) \cos 30° \\
&= B_0(\sin \omega t \cos 120° - \sin 120° \cos \omega t) \cos 30° \\
&\quad - B_0(\sin \omega t \cos 120° + \sin 120° \cos \omega t) \cos 30° \\
&= -2B_0 \cos \omega t \sin 120° \cos 30° \\
&= -2B_0 \cos \omega t \frac{1}{2}\sqrt{3} \frac{1}{2}\sqrt{3} \\
&= -\frac{3}{2} B_0 \cos \omega t.
\end{aligned}
$$

Genauso zeigt man, daß für die y-Komponente des Gesamtfeldes

$$B_y = -\frac{3}{2} B_0 \sin \omega t$$

gilt. Setzt man beide Komponenten zum Gesamtfeld zusammen, so ergibt sich im Zentrum ein Feld, das mit konstanter Amplitude $3B_0/2$ und konstanter Winkelgeschwindigkeit ω im Zentrum rotiert (Drehfeld). Befindet sich eine drehbar gelagerte Kompaßnadel im Zentrum, so bewegt sich die Nadel mit dem Feld mit, sie rotiert also ebenfalls mit konstanter Winkelgeschwindigkeit. Dies ist das Prinzip des *Synchronmotors*.

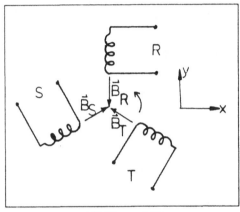

Abbildung 6.99

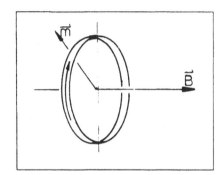

Abbildung 6.100

In der Praxis verwendet man jedoch meist anstelle einer Kompaßnadel (Permanentmagnet) eine kurzgeschlossene Spule oder einen einzelnen Leiterring (Kurzschlußläufer, s. Abb. 6.100). Das rotierende B-Feld induziert im Ring einen Induktionsstrom, der zu einem magnetischen Moment $\vec{m}$ des Ringes führt. Auf dieses magnetische Moment übt das B-Feld ein Drehmoment aus, so daß der Ring vom Feld mitgenommen wird. Liefe der Ring mit gleicher Winkelgeschwindigkeit wie das Drehfeld, so verschwände die Induktion. Deshalb rotiert der Kurzschlußläufer mit einer im Vergleich zur Felddrehfrequenz kleineren Frequenz. Es tritt ein *Frequenzschlupf* auf; man nennt solche Motoren auch *Asynchronmotoren*.

6.4.3   Einschaltvorgänge, Selbstinduktion

Versuch: In den Schaltungen a) (Widerstand R), b) (Widerstand R und Kapazität C in Reihe und c) (Widerstand R und Spule L in Reihe) soll das Verhalten des Stroms beim Ein- und Ausschalten einer Spannung U_B untersucht werden (vgl. Abb. 6.101). Dazu legt man eine *Rechteckspannung* — eine Spannung, deren Betrag periodisch zwischen dem Wert Null und einem konstanten Wert U_B wechselt — an die Schaltungen an. Die Rechteckspannung läßt sich durch das periodische Ein- und Ausschalten einer Batteriespannung U_B in den Stromkreis realisieren.

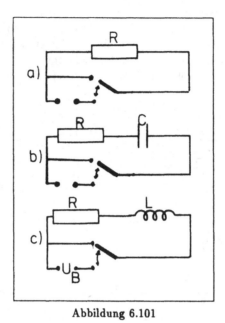

Abbildung 6.101

Der Stromverlauf in den Schaltungen wird mit Hilfe eines Oszilloskops sichtbar gemacht. Man erhält die in Abb. 6.102 gezeichneten Bilder.

a) Daß Strom und Spannung hier den gleichen zeitlichen Verlauf zeigen, folgt aus
   dem Ohmschen Gesetz (6.72). Vergrößert man den Widerstand R, so sinkt bei
   gleicher Spannung die Amplitude des Stroms.

b) Schaltet man die Spannung U_B ein, so beginnt sich der Kondensator aufzula-
   den. Sobald aber die Ladung auf den Kondensatorplatten ansteigt, baut sich am
   Kondensator eine Spannung auf, die der äußeren Spannung entgegenwirkt. Der
   Kondensator lädt sich auf, der Strom in der Schaltung geht auf Null zurück.

   Schaltet man nun die äußere Spannung wieder aus, so entlädt sich der Kondensator über den kurzgeschlossenen Stromkreis. Der Strom fließt in die andere Richtung. Die Amplitude I_0 bei Beginn des Ent- und Aufladens des Kondensators ist
   durch $I_0 = U_B/R$ gegeben. Vergrößert man den Widerstand R in der Schaltung,
   so verkleinert sich die Amplitude des Stroms und umgekehrt. Verändert man die
   Kapazität C, so wird dadurch die Kurvenform beeinflußt. Eine Rechnung liefert
   für den Stromverlauf

$$ I(t) \;=\; \frac{U_B}{R} \exp\left(-\frac{1}{RC}t\right) \qquad \text{beim Aufladen und} $$

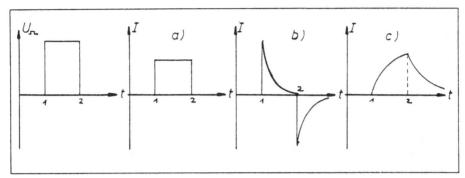

Abbildung 6.102

$$I(t) = -\frac{U_B}{R} \exp\left(-\frac{1}{RC}t\right) \quad \text{beim Entladen.}$$

c) Nach dem Einschalten der Spannung U_B beginnt in der Schaltung ein Strom zu fließen. Dies hat zur Folge, daß in der Spule eine Spannung induziert wird, die gemäß Lenzscher Regel der Spannung U_B entgegengerichtet ist. Der Strom wächst also nur langsam an und erreicht nach einer hinreichend langen Zeit einen Sättigungswert, der nur vom Widerstand R der Schaltung abhängt. Dagegen beobachtet man, daß der Anfangsanstieg des Stroms unabhängig vom Widerstand ist.

Schaltet man nun die Spannung U_B wieder aus, so versucht die induzierte Spannung dieser Änderung erneut entgegenzuwirken. Die Folge ist ein langsames Absinken des Stroms auf Null.

Die zeitliche Abhängigkeit des Stroms in den Schaltungen a) bis c), über die bisher nur qualitative Aussagen gemacht wurden, kann mit Hilfe der Kirchhoffschen Regeln quantitativ behandelt werden. Dies soll im folgenden am Beispiel der Schaltung c) geschehen. Vor dem Anwenden der Kirchhoffschen Regeln muß man überlegen, ob die Induktionsspannung U_{ind} an der Spule als elektromotorische Kraft (EMK) oder als Spannungsabfall aufzufassen ist. Aus der Definition der Induktionsspannung $U_{ind} = -n\, d\Phi/dt$ wird klar, daß die Induktionsspannung den elektromotorischen, den stromtreibenden Kräften, zuzurechnen ist.

Für den Einschaltvorgang bei Schaltung c) lautet die Maschenregel

$$U_B + U_{ind} = R \cdot I \qquad \text{bzw.} \qquad U_B - n\frac{d\Phi}{dt} = R \cdot I.$$

Die in der Schaltung betrachtete Spule ist ortsfest, damit hängt die in ihr induzierte Spannung nur von der Änderung des B-Feldes ab. Dieses ist wiederum gemäß dem Biot-

Savartschen Gesetz proportional zum Strom I, der durch die Spule fließt ($\Phi \sim B \sim I$); insgesamt gilt $U_{ind} \sim dI/dt$. Dies rechtfertigt die Definition eines *Selbstinduktionskoeffizienten* L:

$$U_{ind} = -L \cdot \frac{dI}{dt}.$$

(6.127)

Daraus folgt insbesondere

$$\Phi = \frac{L}{n} \cdot I.$$

(6.128)

Der Selbstinduktionskoeffizient ist wie die Kapazität beim Kondensator nur von den geometrischen Größen der Spule und vom Material innerhalb der Spule abhängig. Im SI-System wird der Selbstinduktionskoeffizient in *Henry* (H) gemessen: $[L] = 1$ Volt·Sekunde/Ampere =: 1 Henry. Für eine lange Spule folgt mit (6.98)

$$U_{ind} = -n \cdot \frac{d\Phi}{dt} = -n \cdot A \cdot \frac{dB}{dt} = -n \cdot A \cdot \frac{d\left(\mu_0 \cdot \frac{n}{l} I\right)}{dt} = \underbrace{-\mu_0 \cdot n^2 \cdot \frac{A}{l}}_{L} \frac{dI}{dt}.$$

(6.129)

L ist also gegeben durch $\mu_0 \cdot n^2 \cdot A/l$, wobei n die Windungszahl, A die Spulenfläche und l deren Länge ist. Setzt man (6.127) in die Maschenregel für Schaltung c) ein, ergibt sich eine Differentialgleichung:

$$U_B - L \cdot \frac{dI}{dt} = R \cdot I.$$

Wie man durch Einsetzen erkennt, wird sie durch folgenden Ansatz gelöst:

$$I(t) = \frac{U_B}{R}\left(1 - \exp\left(-\frac{R}{L}t\right)\right).$$

(6.130)

Zur Diskussion dieser Beziehung untersucht man zwei Extremfälle:

- *Die Zeit t ist sehr klein.* In diesem Fall kann die Exponentialfunktion nach Taylor entwickelt werden:

$$\exp\left(-\frac{R}{L}t\right) \approx 1 - \frac{R}{L}t.$$

Dies in (6.130) eingesetzt, ergibt $I(t) = \frac{U_B}{L}t$. Demnach ist die zeitliche Änderung des Stroms kurz nach dem Einschalten der Spannung unabhängig vom Widerstand der Schaltung.

- *Die Zeit t ist sehr groß.* Für große Zeiten nähert sich die Exponentialfunktion Null, so daß $I(t) = \frac{U_B}{R}$ gilt. Nach hinreichend langer Zeit ist der Strom konstant (Sättigung). Der Ausschaltvorgang kann ähnlich wie der Einschaltvorgang behandelt werden. Anwenden der Maschenregel ergibt

$$-L \cdot \frac{dI}{dt} = R \cdot I.$$

Durch Trennung der Variablen und anschließender Integration erhält man

$$\frac{dI(t)}{I} = -\frac{R}{L} dt$$

$$\Rightarrow \int \frac{dI(t)}{I} = \int -\frac{R}{L} dt$$

$$\Rightarrow \ln I(t) = -\frac{R}{L} t + \text{const.}$$

Setzt man die Anfangsbedingung $I(t=0) = U_B/R$ (= Sättigungsstrom) ein, so folgt

$$\ln \frac{U_B}{R} = \text{const.} \quad \Rightarrow \quad \ln I(t) = -\frac{R}{L} t + \ln \frac{U_B}{R}.$$

Damit erhält man als zeitlichen Verlauf der Stromstärke $I(t)$ beim Ausschalten der Spannung U_B

$$I(t) = \frac{U_B}{R} \exp\left(-\frac{R}{L} t\right). \tag{6.131}$$

Wiederum kann die Unabhängigkeit des Stromverlaufs vom Widerstand R kurz nach Ausschalten der Spannung gezeigt werden. Für große Zeiten geht der Strom gegen Null.

6.4.4   Wechselstromwiderstand, Wechselstromleistung

Ohmscher Widerstand im Wechselstromkreis: An einen Widerstand R legt man eine sinusförmige Wechselspannung $U_\sim = U_0 \sin \omega t$ (U_0 ist die Amplitude der Spannung) an (Abb. 6.103). Zu jedem Zeitpunkt gilt für den durch den Widerstand fließenden Strom das Ohmsche Gesetz (6.72). Also ist auch die Stromstärke $I(t)$ sinusförmig: $I(t) = I_0 \sin \omega t$, I_0 ist die Amplitude des Stroms. Insbesondere sind Strom und Spannung nicht phasenverschoben, und für die Amplitude gilt

$$\boxed{U_0 = R \cdot I_0.} \tag{6.132}$$

Induktivität (Spule) im Wechselstromkreis: Eine Spule der Induktivität L wird an eine sinusförmige Wechselspannung $U_\sim = U_0 \sin \omega t$ angeschlossen (Abb. 6.104). Anwendung der Maschenregel ergibt $U_\sim + U_{ind} = 0 \quad \Rightarrow \quad U - L \cdot dI/dt = 0$. Nach Umformung und anschließender Integration erhält man

$$\frac{dI}{dt} = \frac{1}{L} U(t)$$

$$\Rightarrow \int dI(t) = \int \frac{1}{L} U(t) dt$$

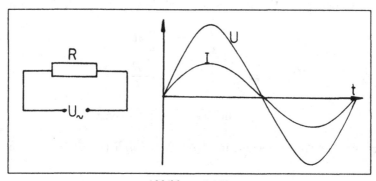

Abbildung 6.103

$$\Rightarrow I(t) \;=\; \frac{U_0}{L} \int \sin\omega t\, dt$$

$$\Rightarrow I(t) \;=\; -\frac{U_0}{\omega L} \cos\omega t.$$

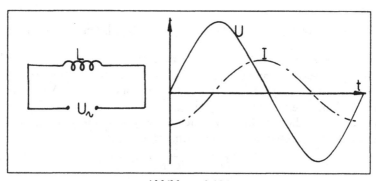

Abbildung 6.104

Auch die Stromstärke im Stromkreis ist sinusförmig. Insbesondere sind Strom und Spannung phasenverschoben: *Die Spannung eilt dem Strom um $\varphi = \pi/2$ voraus.* Für die Amplitude gilt

$$\boxed{U_0 \;=\; \omega L \cdot I_0.}$$
(6.133)

Wegen der formalen Ähnlichkeit zum Ohmschen Gesetz definiert man

$$Z_L \;:=\; \omega L$$
(6.134)

als *induktiven Wechselstromwiderstand.*

Kapazität im Wechselstromkreis: Ein Kondensator der Kapazität C wird an eine sinusförmige Wechselspannung (s. o.) angeschlossen (Abb. 6.105). Beim Anwenden der Maschenregel tritt wie bei der Spule das Problem auf, ob die Spannung am Kondensator U_C als elektromotorische Kraft oder als Spannungsabfall aufzufassen ist. Da die Kondensatorspannung, wie in Abschnitt 6.4.3 beschrieben, nach Abschalten der äußeren Spannung selbst stromtreibend ist, wird sie als EMK betrachtet. Es gilt also $U_\sim + U_C = 0$, oder mit (6.32) $U_\sim + Q/C = 0$.

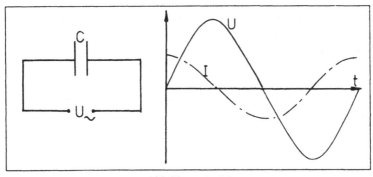

Abbildung 6.105

Die Ladung Q der Platten hängt gemäß (6.70) wie folgt mit der Stromstärke I zusammen:

$$I(t) = -\frac{dQ(t)}{dt}. \tag{6.135}$$

Das Minuszeichen resultiert aus der Überlegung, daß die Spannung am Kondensator als EMK, der Kondensator also als aktives, stromtreibendes Element betrachtet wird. Dann ist ein Strom mit einer *Abnahme* der Ladungen auf den Kondensatorplatten verknüpft.

Differenziert man $U_\sim + Q/C = 0$ und setzt (6.135) ein, so ergibt sich

$$\frac{dU(t)}{dt} + \frac{dQ}{dt}\frac{1}{C} = 0$$

$$\Rightarrow \frac{dU}{dt} - \frac{I(t)}{C} = 0$$

$$\Rightarrow I(t) = C \cdot \frac{dU(t)}{dt}$$

$$\Rightarrow I(t) = \omega C U_0 \cos\omega t. \tag{6.136}$$

Auch in diesem Fall ist der Strom sinusförmig; wiederum sind Strom und Spannung phasenverschoben, in diesem Fall *eilt die Stromstärke der Spannung um $\pi/2$ voraus.* Für die Amplituden erhält man

$$\boxed{U_0 \;=\; \frac{1}{\omega C}\, I_0.}\tag{6.137}$$

Analog zur Spule führt man den *kapazitiven Wechselstromwiderstand* Z_C eines Kondensators ein:

$$Z_C \;:=\; \frac{1}{\omega C}.\tag{6.138}$$

Darstellung von harmonischen Funktionen im Zeigerdiagramm: In komplizierten Wechselstromschaltungen müssen häufig sinusförmige Spannungen oder Ströme addiert werden, die gegenseitig phasenverschoben sind, z. B. $U_r(t) = U_{01}\sin\omega t + U_{02}\sin(\omega t + \varphi)$. Dabei fragt man nach der Amplitude und Phase der Gesamtspannung U_r. Eine Möglichkeit, dieses Problem zu lösen, ist das Aufstellen eines Zeigerdiagrammes (Abb. 6.106). Der Ausgangspunkt für dieses Diagramm ist die Parameterdarstellung des Kreises.

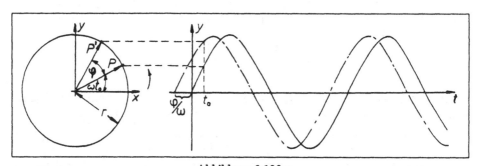

Abbildung 6.106

Betrachtet wird ein Punkt P, der mit konstanter Winkelgeschwindigkeit ω auf einem Kreis mit dem Radius r um den Koordinatenursprung kreist. Dann ist die Projektion des vom Ursprung zum Punkt P zeigenden Radiusstrahls, auch *Zeiger* genannt, auf die y- bzw. x-Achse sinusförmig:

$$y \;=\; r\sin\omega t \qquad x \;=\; r\cos\omega t.$$

Für die Projektion eines Punktes P', der auf dem gleichen Kreis mit der gleichen Winkelgeschwindigkeit umläuft, dessen Zeiger aber um den Winkel φ gegenüber dem Zeiger des Punktes P gedreht ist, gilt

$$y' \;=\; r\sin(\omega t + \varphi) \qquad x' \;=\; r\cos(\omega t + \varphi).$$

Harmonische Funktionen gleicher Kreisfrequenz ω, aber unterschiedlicher Phase, lassen sich also als Projektion von Zeigern darstellen, die relativ zueinander starr sind und mit ω rotieren. Aus diesem Grund ordnet man zu:

Harmonische Funktion $U(t) = U_0 \sin(\omega t + \varphi)$	$\longleftrightarrow$	Zeiger der Länge U_0, der um den Ursprung mit konstanter Winkelgeschwindigkeit ω kreist und zum Zeitpunkt 0 mit der x-Achse den Winkel φ einschließt.

Ein entscheidender Vorteil der Zeigerdarstellung ist, daß die Addition von harmonischen Funktionen gleicher Winkelgeschwindigkeit der Vektoraddition der zugeordneten Zeiger entspricht. Nach Abb. 6.107 gilt

$$U_r(t) \;=\; U_{r0}\sin(\omega t + \varphi_r) \;=\; U_{01}\sin\omega t + U_{02}\sin(\omega t + \varphi).$$

Die Amplitude U_{r0} bzw. die Phase φ_r der resultierenden harmonischen Funktion lassen sich also aus rein geometrischen Überlegungen gewinnen.

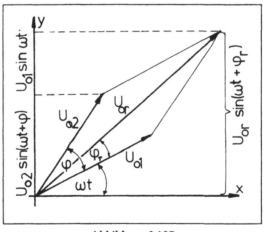

Abbildung 6.107

Da der wesentliche Informationsgehalt, die Amplitudenverhältnisse und die relative Phase, bereits aus einer Momentaufnahme der rotierenden Zeiger abzulesen ist, verzichtet man meist auf das Koordinatensystem.

Widerstand, Induktivität und Kapazität in Reihe: Wendet man auf die in Abb. 6.108 gezeichnete Schaltung die Maschenregel an, so folgt

$$U_\sim + U_L + U_C \;=\; U_R$$

$$\Rightarrow U_\sim - L\frac{dI}{dt} + \frac{Q}{C} = I \cdot R.$$

Differentiation nach t, Einsetzen von (6.135) und Umstellen der Terme ergibt

$$\frac{dU_\sim}{dt} = L\frac{d^2I}{dt^2} + R\frac{dI}{dt} + \frac{1}{C}I.$$

In dieser Form bedeutet $U_\sim$ die Summe der Spannungsabfälle an R, L und C. Diese Differentialgleichung 2. Ordnung läßt sich bei vorgegebener Spannung $U_\sim = U_0\sin\omega t$ durch einen harmonischen Ansatz $I = I_0\sin(\omega t + \varphi)$ lösen. Allerdings ist dies sehr mühsam. Einfacher kommt man mit der Zeigerdarstellung zum Ziel: Die Elemente der Schaltung sind in Reihe geschaltet, also fließt durch sie der gleiche Strom, den man sinusförmig ansetzt: $I(t) = I_0\sin\omega t$. Die Spannung U_R am Widerstand ist phasengleich zum Strom: $U_R = U_{0R}\sin\omega t$. Dagegen sind die Spannungen an der Spule um $+\pi/2$ und am Kondensator um $-\pi/2$ relativ zum Strom phasenverschoben:

$$U_L = U_{0L}\sin(\omega t + \pi/2)$$
$$U_C = U_{0C}\sin(\omega t - \pi/2).$$

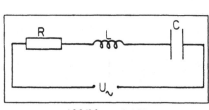

Abbildung 6.108

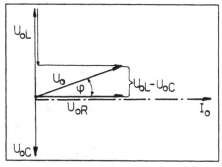

Abbildung 6.109

Insgesamt erhält man für die Schaltung das in Abb. 6.109 dargestellte Zeigerdiagramm, dem man den Zusammenhang zwischen Strom- und Spannungsamplitude entnehmen kann:

$$U_0 = \sqrt{(U_{0L} - U_{0C})^2 + U_{0R}^2}.$$

Einsetzen von (6.132), (6.133) und (6.137) liefert

$$U_0 = \sqrt{\left(\omega L - \frac{1}{\omega C}\right)^2 + R^2}\, I_0.$$

Wieder definiert man analog zum Ohmschen Widerstand den *Wechselstrom-* bzw. *Scheinwiderstand* Z der Schaltung:

$$Z := \frac{U_0}{I_0} = \sqrt{\left(\omega L - \frac{1}{\omega C}\right)^2 + R^2}. \tag{6.139}$$

Für den Phasenwinkel φ zwischen Gesamtspannung $U_\sim = U_0 \sin(\omega t + \varphi)$ und Stromstärke $I_\sim = I_0 \sin \omega t$ gilt nach dem Diagramm

$$\tan \varphi = \frac{\omega L - \dfrac{1}{\omega C}}{R}. \tag{6.140}$$

Diskussion:

- Läßt man die Spannungsamplitude U_0 konstant, variiert aber die Kreisfrequenz ω der Spannung, so gilt nach (6.139) für die Stromamplitude

$$I_0 = \frac{U_0}{\sqrt{\left(\omega L - \dfrac{1}{\omega C}\right)^2 + R^2}}.$$

Der Strom hat dann sein Maximum $I_0 = U_0/R$, wenn $\omega L - 1/(\omega C) = 0$ ist, wenn also gilt

$$\omega = \frac{1}{\sqrt{LC}}. \tag{6.141}$$

In diesem Fall liegt am Widerstand R maximale Spannung an, nämlich die Gesamtspannung $U_\sim$. Der Strom wird also genau dann maximal, wenn die Spannung am Widerstand maximal ist. Man spricht von *Spannungsresonanz*.

Im Resonanzfall gilt für die Spannungsamplituden am Kondensator und an der Spule

$$U_{0C} = \frac{I_0}{\omega C} = \frac{U_0}{R}\frac{1}{\omega C} = \frac{U_0}{R}\frac{\sqrt{LC}}{C} = \frac{U_0}{R}\sqrt{\frac{L}{C}},$$

$$U_{0L} = \omega L I_0 = \frac{U_0}{R} L \frac{1}{\sqrt{LC}} = \frac{U_0}{R}\sqrt{\frac{L}{C}}.$$

Bei geeigneter Wahl von R, L und C kann also die Spannung am Kondensator bzw. an der Spule im Resonanzfall sehr groß werden *(Spannungsüberhöhung)*.

- Für ein reines LC-Glied, d. h. $R \to 0$, beträgt der Scheinwiderstand $Z = \omega L -$ $1/(\omega C)$. Wählt man in diesem Fall $\omega = 1/\sqrt{LC}$, so ist der Widerstand $Z = 0$, d. h. schon beim Anlegen einer kleinen Spannung dieser Frequenz fließt ein beliebig großer Strom.

Parallelschaltungen — Kapazität und Induktivität parallel geschaltet: In der Schaltung in Abb. 6.110 liegt am Kondensator und an der Spule die gleiche Spannung $U_\sim = U_0 \sin \omega t$ an. Der Strom im Kondensator ist um $+\pi/2$, der in der Spule um $-\pi/2$ relativ zur Spannung phasenverschoben. Es ergibt sich das in Abb. 6.111 skizzierte Zeigerdiagramm. Mit (6.133) und (6.137) folgt sofort

$$I_0 = \left| \omega C - \frac{1}{\omega L} \right| U_0.$$

Als Wechselstrom- bzw. Scheinwiderstand der Schaltung erhält man

$$Z = \frac{U_0}{I_0} = \frac{1}{\left| \omega C - \dfrac{1}{\omega L} \right|}. \qquad (6.142)$$

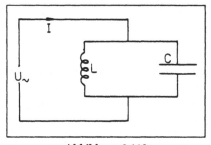

Abbildung 6.110

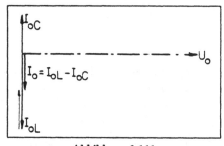

Abbildung 6.111

Der Phasenwinkel φ zwischen Strom und Spannung ergibt sich je nachdem, ob $\omega C > 1/(\omega L)$ oder $\omega C < 1/(\omega L)$ zu $\varphi = +\pi/2$ oder $\varphi = -\pi/2$. Für $\omega = 1/\sqrt{LC}$ ist der Widerstand Z der Schaltung unendlich groß; es kann dann durch die Schaltung kein Gesamtstrom fließen, obwohl der Strom in der Spule bzw. im Kondensator in diesem Fall sehr groß sein kann:

$$I_{0C} = \omega C U_0 = U_0 \sqrt{\frac{C}{L}} = \frac{U_0}{\omega L} = I_{0L}.$$

Man spricht von *Stromresonanz* und *Stromüberhöhung*.

Kapazität parallel zu Induktivität und Widerstand: Wie bei allen Parallel-schaltungen geht man von der Spannung $U_\sim = U_0 \sin \omega t$ aus. Diese Spannung liegt am

Kondensator und an der Reihenschaltung von Spule und Widerstand an (Abb. 6.112). Der Gesamtstrom setzt sich aus einem Anteil $I_P = I_{0P}\sin(\omega t + \varphi_P)$, der durch R und L fließt, und einem Anteil I_C, der durch den Kondensator fließt, zusammen. Aus (6.139) und (6.140) erhält man für die Amplitude I_{0P} und den Phasenwinkel φ_P zwischen I_P und U_0:

$$I_{0P} = \frac{U_0}{\sqrt{(\omega L)^2 + R^2}} \qquad \tan\varphi_P = \frac{\omega L}{R}.$$

Es ergibt sich das in Abb. 6.113 skizzierte Zeigerdiagramm. Aus dem Diagramm läßt sich I_0 mit Hilfe des Kosinussatzes berechnen:

$$I_0^2 = I_{0P}^2 + I_{0C}^2 - 2I_{0P}I_{0C}\cos(90° - \varphi_P).$$

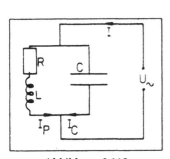

Abbildung 6.112

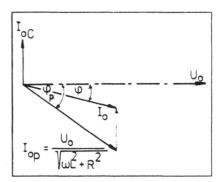

Abbildung 6.113

Mit

$$\cos(90° - \varphi_P) = \sin\varphi_P$$
$$= \frac{\tan\varphi_P}{\sqrt{1 + \tan^2\varphi_P}}$$

folgt nach Einsetzen

$$I_0^2 = U_0^2\left(\frac{1 + \omega^2 C^2 R^2 + \omega^4 C^2 L^2 - 2\omega^2 C L}{R^2 + \omega^2 L^2}\right)$$
$$= U_0^2\frac{\omega^2 C^2\left(R^2 + (\omega L - \frac{1}{\omega C})^2\right)}{R^2 + \omega^2 L^2}.$$

Für den Wechselstromwiderstand Z der Schaltung gilt also:

$$Z = \frac{U_0}{I_0} = \frac{\sqrt{R^2 + \omega^2 L^2}}{\omega C\sqrt{R^2 + (\omega L - \frac{1}{\omega C})^2}}. \tag{6.143}$$

Komplexe Wechselstromrechnung: Dieses Verfahren schließt sich eng an die Zeigerdiagramme an, denn man kann die Zeichenebene der Diagramme als komplexe Zahlenebene (Gaußsche Ebene) auffassen (x-Achse bildet die reelle und y-Achse die imaginäre Achse; s. Abb. 6.114). Für eine komplexe Zahl z gelten folgende Beziehungen:

$$|z| = \sqrt{x^2 + y^2} \tag{6.144}$$

$$z = x + iy = |z|\exp(i\varphi) \tag{6.145}$$

$$\tan\varphi = \frac{y}{x}. \tag{6.146}$$

x bezeichnet dabei den Real- und y den Imaginärteil der Zahl, φ den Winkel zwischen der Verbindungslinie vom Ursprung der Zahl und der reellen Achse.

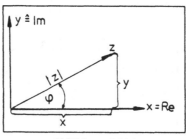

Abbildung 6.114

Die Beziehung (6.145) erhält man durch Anwenden der wichtigen *Euleridentität*:

$$\cos\varphi + i\sin\varphi = \exp(i\varphi). \tag{6.147}$$

Betrachtet man eine harmonische Funktion $U = U_0\cos(\omega t + \varphi)$, so erhält man über die folgenden Schritte die *zugeordnete komplexe Größe:*

$$U = U_0\cos(\omega t + \varphi) \xrightarrow{1.} U = U_0\big(\cos(\omega t + \varphi) + i\sin(\omega t + \varphi)\big)$$

$$= U_0\exp\big(i(\omega t + \varphi)\big)$$

$$= \big(U_0\exp(i\varphi)\big)\cdot\exp(i\omega t)$$

$$\xrightarrow{2.} \tilde{U}_0 = U_0\exp(i\varphi).$$

1. Man erweitert so, daß man die komplexe Funktion $U_0\exp\big(i(\omega t + \varphi)\big)$ erhält. Diese kann man sich als einen Punkt vorstellen, der im Abstand U_0 mit der Kreisfrequenz ω um den Ursprung der Gaußschen Ebene kreist (vgl. Zeiger im Zeigerdiagramm).

2. Wie beim Zeigerdiagramm, bei dem es genügt, eine Momentaufnahme zu betrachten, erhält man die interessanten Informationen (Phase und Amplitude) schon aus dem zeitunabhängigen Teil $U_0 \exp(i\varphi)$. Man bezeichnet $U_0 \exp(i\varphi) = \tilde{U}_0$ als *komplexe Amplitude*.

Hat andererseits eine Rechnung die komplexe Amplitude $\tilde{U} = x + iy = U_0 \exp(i\varphi)$ geliefert, so erhält man die zugeordnete harmonische Funktion durch Umkehrung der Schritte 1. und 2., d. h. durch Betrachtung des Realteils der mit $\exp(i\omega)$ erweiterten, komplexen Amplitude:

$$\tilde{U}_0 = x + iy = U \exp(i\varphi) \quad \longrightarrow \quad \tilde{U} = U_0 \exp(i\varphi)\exp(i\omega t) = U_0 \exp\left(i(\omega t + \varphi)\right)$$

$$\longrightarrow \quad U = \Re(\tilde{U}) = U_0 \cos(\omega t + \varphi)$$

Dabei gilt $\tan\varphi = y/x$ und $U_0 = \sqrt{x^2 + y^2}$ (siehe (6.144) und (6.146)); $\Re(\tilde{U})$ bezeichnet den Realteil von $\tilde{U}$. Entscheidend bei der komplexen Darstellung ist, daß die Addition von harmonischen Funktionen gleicher Winkelgeschwindigkeit im komplexen Fall genau der Addition der zugeordneten komplexen Amplituden entspricht:

$$U_1 + U_2 = U_{01} \cos(\omega t + \varphi_1) + U_{02} \cos(\omega t + \varphi_2)$$

$$\tilde{U}_{01} + \tilde{U}_{02} = U_{01} \exp(i\varphi_1) + U_{02} \exp(i\varphi_2).$$

Die Exponentialfunktion ist jedoch meist einfacher zu handhaben als die Kreisfunktion. Dies ist der Grund für die Überlegenheit der komplexen Darstellung gegenüber der Darstellung mit Kreisfunktionen. Die Schreibweise mit hochgestelltem Tildezeichen (˜) soll auf den komplexen Charakter der Größen hindeuten.

Komplexer Wechselstromwiderstand: Der komplexe Wechselstromwiderstand $\tilde{Z}$ einer Schaltung wird in Analogie zum Ohmschen Gesetz als Proportionalitätsfaktor zwischen komplexer Spannungs- und Stromamplitude der Schaltung definiert:

$$\tilde{U}_0 := \tilde{Z} \cdot \tilde{I}_0. \tag{6.148}$$

Wie der Name schon sagt, ist dieser Widerstand im allgemeinen eine komplexe Größe. Bei einem Ohmschen Widerstand sind Strom und Spannung in Phase.
Mit (6.73) folgt $\tilde{U} = R \cdot \tilde{I} \;\Rightarrow\; \tilde{U}_0 = R \cdot \tilde{I}_0 \;\Rightarrow\; \tilde{Z}_R = R$. In diesem Fall ist der Wechselstromwiderstand reell.
Bei einer Induktivität L ergibt sich Z_L wie zu Beginn dieses Abschnitts gezeigt. Liegt danach an einer Induktivität die Spannung $U = U_0 \cos\omega t$ an, so fließt durch sie der Strom

$$I = I_0 \cos\left(\omega t - \frac{\pi}{2}\right) = \frac{U_0}{\omega L} \cos\left(\omega t - \frac{\pi}{2}\right).$$

Für die komplexen Amplituden gilt demnach

$$U_0 = \tilde{Z}_L I_0 \exp\left(-i\frac{\pi}{2}\right) = \tilde{Z}_L \frac{U_0}{\omega L} \exp\left(-i\frac{\pi}{2}\right).$$

Mit $\exp(-i\pi/2) = -i = 1/i$ erhält man

$$\tilde{Z}_L = i\omega L. \tag{6.149}$$

Genauso ergibt sich als komplexer Wechselstromwiderstand $\tilde{Z}_C$ einer Kapazität C

$$\tilde{Z}_C = -\frac{i}{\omega C}. \tag{6.150}$$

Die komplexen Wechselstromwiderstände sind sehr nützlich bei der Berechnung von *linearen Netzwerken*. Das sind Schaltungen, bei deren zugehörigen Differentialgleichungen Strom, Spannung und deren zeitliche Ableitungen nur *linear* vorkommen (z. B. nicht $(dI/dt)^2$). Bei Schaltungen, in denen ausschließlich R-, C- und L-Glieder auftreten, ist diese Bedingung erfüllt. Im Fall eines lineare Netzwerkes gelten für die komplexen Wechselstromwiderstände die Regeln (6.87) und (6.88):

- Sind verschiedene Wechselstromwiderstände hintereinandergeschaltet, so addieren sich die einzelnen Widerstände zum Gesamtwiderstand:

$$\tilde{Z} = \tilde{Z}_1 + \tilde{Z}_2 + \ldots + \tilde{Z}_n. \tag{6.151}$$

- Sind verschiedene Wechselstromwiderstände parallelgeschaltet, so addieren sich deren Kehrwerte $\tilde{Y} = 1/\tilde{Z}$, d. h. deren *Leitwerte*, zum Gesamtkehrwert (Leitwert):

$$\tilde{Y} = \tilde{Y}_1 + \tilde{Y}_2 + \ldots + \tilde{Y}_n. \tag{6.152}$$

Mit diesen Regeln lassen sich auch komplizierte Netzwerke oft leicht berechnen.
Beispiel: Gemäß (6.152) gilt für das in Abb. 6.115 dargestellte Netzwerk

$$\tilde{Y} = \tilde{Y}_C + \tilde{Y}_L + \tilde{Y}_R.$$

Einsetzen liefert

$$\tilde{Y} = -\frac{\omega C}{i} + \frac{1}{i\omega L} + \frac{1}{R}.$$

Mit der Definition des Wechselstromwiderstandes ergibt dies

$$\tilde{I}_0 = \left(i \left(\omega C - \frac{1}{\omega L} \right) + \frac{1}{R} \right) \tilde{U}_0.$$

Dabei wurde $1/i = i/i^2 = -i$ verwandt. Setzt man für die Spanung $\tilde{U} = U_0 \exp(i\omega t)$ ($\leftrightarrow U_0 \cos\omega t$) an, so erhält man

$$\tilde{I}_0 = i \left(\omega C - \frac{1}{\omega L} \right) U_0 + \frac{U_0}{R} = i\,\Im(\tilde{I}_0) + \Re(\tilde{I}_0).$$

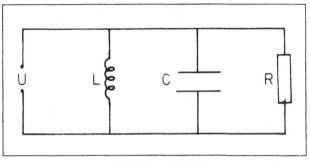

Abbildung 6.115

Nach (6.144) und (6.146) folgt damit für die Amplituden und den Phasenwinkel zwischen Strom und Spannung

$$I_0 = \sqrt{\left(\omega C - \frac{1}{\omega L}\right)^2 + \frac{1}{R^2}} \cdot U_0$$

$$\tan\varphi = \left(\omega C - \frac{1}{\omega L}\right) R.$$

Wechselstromleistung: In Stromkreisen, in denen die Spannung und die Stromstärke zeitlich variieren, ist auch die elektrische Leistung P (vgl. 6.76) eine Funktion der Zeit: $P(t) = U(t) \cdot I(t)$. Für Wechselströme und -spannungen sowie für periodische Ströme und Spannungen ist der zeitliche Mittelwert $\overline{P(t)}$ der Leistung von Interesse. Betrachtet man einen Ohmschen Verbraucher R, dann sind Strom und Spannung in Phase. In diesem Fall gilt

$$\overline{P(t)} = \frac{1}{T}\int_0^T U(t) \cdot I(t)\, dt = \frac{R}{T}\int_0^T I^2(t)\, dt = \frac{1}{RT}\int_0^T U^2(t)\, dt.$$

T ist die jeweilige Periodenlänge von Strom und Spannung. Darüberhinaus definiert man die *effektive Stromstärke* und die *effektive Spannung*:

$$I_{eff} := \sqrt{\overline{I^2(t)}} = \sqrt{\frac{1}{T}\int_0^T I^2(t)\, dt} \tag{6.153}$$

$$U_{eff} := \sqrt{\overline{U^2(t)}} = \sqrt{\frac{1}{T} \int_0^T U^2(t)\, dt} \qquad (6.154)$$

und erhält damit $P = I_{eff} U_{eff} = I_{eff}^2 R = U_{eff}^2 / R$.

„Die effektive Stromstärke (Spannung) ist diejenige Gleichstromstärke (Gleichspannung), die einem Ohmschen Verbraucher die gleiche mittlere Leistung wie die tatsächliche Stromstärke (Spannung) zuführt."

Für sinusförmige Stromstärken bzw. Spannungen erhält man aus (6.153) und (6.154):

$$I_{eff} = \frac{I_0}{\sqrt{2}} \qquad U_{eff} = \frac{U_0}{\sqrt{2}}. \qquad (6.155)$$

In einem Stromkreis, in den neben Ohmschen Widerständen noch Induktivitäten und Kapazitäten geschaltet sind, werden Strom und Spannung im allgemeinen phasenverschoben sein. Setzt man sinusförmige Ströme und Spannung voraus, so gilt

$$\overline{P(t)} = \overline{U(t) \cdot I(t)} = \overline{U_0 \sin(\omega t) \cdot I_0 \sin(\omega t + \varphi)} = U_0 I_0 \overline{\sin(\omega t) \cdot \sin(\omega t + \varphi)}$$

$$= \frac{1}{2} U_0 I_0 \overline{(\cos\varphi - \cos(2\omega t + \varphi))}.$$

In diesem mit Hilfe der Additionstheoreme für trigonometrische Funktionen berechneten Ausdruck verschwindet der zeitliche Mittelwert von $\cos(2\omega t + \varphi)$, damit folgt

$$\overline{P(t)} = \frac{1}{2} U_0 I_0 \cos\varphi = \frac{U_0}{\sqrt{2}} \frac{I_0}{\sqrt{2}} \cos\varphi.$$

Setzt man (6.155) ein, erhält man

$$\overline{P(t)} = U_{eff} \cdot I_{eff} \cdot \cos\varphi. \qquad (6.156)$$

Ist der Phasenwinkel zwischen Strom und Spannung $\pi/2 = 90°$, was zum Beispiel bei rein kapazitiven und rein induktiven Schaltungen der Fall ist, so wird im Zeitmittel keine Leistung verbraucht.

In der Wechselstromlehre werden häufig noch folgende Definitionen benutzt:

$$
\begin{aligned}
\text{Wirkleistung:} \quad & P_W &=& \ I_{eff} U_{eff} \cos\varphi \ = \ \overline{P(t)} \\
\text{Scheinleistung:} \quad & P_S &=& \ I_{eff} U_{eff} \\
\text{Blindleistung:} \quad & P_B &=& \ I_{eff} U_{eff} \sin\varphi \ = \ \sqrt{P_S^2 - P_W^2}
\end{aligned}
$$

In Analogie zu $P = I^2 R$ werden dazu noch folgende Widerstände eingeführt:

Wirkwiderstand:

$$Z_W = \frac{P_W}{I_{eff}^2} = \frac{U_{eff}}{I_{eff}} \cos\varphi = \frac{U_0}{I_0} \cos\varphi$$

Scheinwiderstand (Impedanz) bzw. Wechselstromwiderstand:

$$Z = \frac{P_S}{I_{eff}^2} = \frac{U_{eff}}{I_{eff}} = \frac{U_0}{I_0}$$

Blindwiderstand:

$$Z_B = \frac{P_B}{I_{eff}^2} = U_{eff} I_{eff} \sin\varphi = \frac{U_0}{I_0} \sin\varphi.$$

6.4.5 Der Transformator

Ein Transformator besteht im einfachsten Fall aus zwei Spulen, die auf ein Weicheisenjoch aufgewickelt sind (s. Abb. 6.116). Zur Vermeidung von Wirbelströmen ist das Eisenjoch nicht massiv, sondern besteht aus dünnen Eisenblechen, die gegeneinander isoliert sind. Läßt man durch eine der Spulen einen elektrischen Wechselstrom fließen, so bildet sich im Eisen ein zeitlich veränderliches B-Feld und damit ein sich ändernder Induktionsfluß aus. Dadurch wird die andere Spule ebenfalls vom gleichen Fluß durchsetzt, so daß in ihr eine Wechselspannung induziert wird, deren Amplitude von der Windungszahl der Spule abhängt. Durch Variation der Windungszahl kann so bei einer Wechselspannung die Amplitude verändert (transformiert) werden. Dies ist für die Technik von großer Bedeutung.

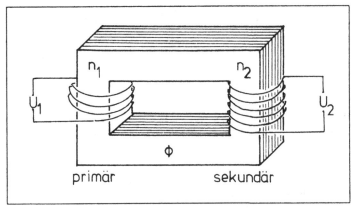

Abbildung 6.116

Qualitative Beschreibung eines idealen Transformators: Man nennt einen Transformator, bestehend aus Primär- und Sekundärspule sowie einem Eisenjoch, *ideal*, wenn er die folgenden Voraussetzungen erfüllt:

1. Primär- und Sekundärspule sind haben keinen Ohmschen, sondern einen rein induktiven Widerstand

2. Es tritt kein Streufluß auf, sondern beide Spulen werden vom selben Induktionsfluß durchsetzt

3. Die Permeabilität μ ist im Eisenjoch konstant

4. Es treten keine Energieverluste durch Hysteresis und Wirbelströme auf.

Im folgenden sollen der Einfachheit halber ausschließlich ideale Transformatoren betrachtet werden. Die Größen der Primärspule werden mit „1", die der Sekundärspule mit „2" indiziert.

- *Leerlauf ($I_2 = 0$)*. An der Primärspule liege die Spannung $U_1 = U_{01} \sin \omega t$ an. Da nach Voraussetzung 1. die Spule verlustfrei sein soll, fließt durch den Primärkreis nur ein Blindstrom $I_{1,Blind} = -I_{01} \cos \omega t$ (siehe (6.133)), der der Spannung um 90° nacheilt. Der Strom im Sekundärkreis soll gleich Null sein, so daß der Induktionsfluß Φ_m im Eisen nur vom Strom I_1 herrührt. Mit (6.128) folgt

$$\Phi_m = \frac{L_1}{n_1} I_1 = -\frac{L_1}{n_1} I_{01} \cos \omega t = -\Phi_0 \cos \omega t.$$

Für die Spannungen, die in der Primär- und der Sekundärspule induziert werden, gilt damit

$$U_{1,ind} = -n_1 \frac{d\Phi_m}{dt} = -n_1 \Phi_0 \omega \sin \omega t$$

$$U_{2,ind} = -n_2 \frac{d\Phi_m}{dt} = -n_2 \Phi_0 \omega \sin \omega t$$

Die induzierten Spannungen sind in Phase und gegenüber U_1 um 180° bzw. gegenüber $I_{1,Blind}$ um 90° phasenverschoben. Es ergibt sich das in Abb. 6.117 dargestellte Zeigerdiagramm.

Aufgrund der Kirchhoffschen Maschenregel gilt im Primärkreis

$$U_1 + U_{1,ind} = 0 \quad \Rightarrow \quad U_1 = -U_{1,ind}.$$

Damit erhält man als Amplitudenverhältnis

$$\left| \frac{U_1}{U_{2,ind}} \right| = \frac{n_1 \Phi_0 \omega \sin \omega t}{n_2 \Phi_0 \omega \sin \omega t} = \frac{n_1}{n_2}. \tag{6.157}$$

Die Spannungen im Primär- und Sekundärkreis verhalten sich wie die Windungszahlen.

- *Belasteter Transformator.* In den Sekundärkreis wird nun ein rein Ohmscher Widerstand geschaltet. Im Primärkreis müssen aufgrund der Maschenregel die Spannungen U_1 und $U_{1,ind}$ wie beim unbelasteten Transformator gleichgroß und

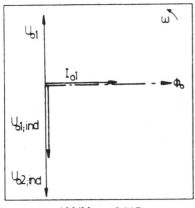

Abbildung 6.117

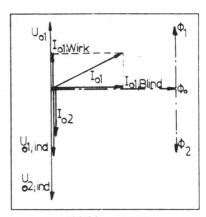

Abbildung 6.118

um 180° phasenverschoben sein. Dies erzwingt unter der gemachten Voraussetzung 1., daß auch beim belasteten Transformator der Gesamtfluß bezüglich Phasenlage und Größe gleich dem Fluß Φ_0 im unbelasteten Fall sein muß. Damit gilt die Beziehung (6.157) auch für den belasteten Transformator.

Ist der Sekundärkreis geschlossen, so fließt in ihm wegen des Ohmschen Widerstandes ein Wirkstrom I_2. Nimmt man zur Vereinfachung an, daß der Blindstrom der Sekundärspule vernachlässigbar klein ist, so sind Sekundärstrom I_2 und Sekundärspannung $U_{2,ind}$ in Phase. I_2 bewirkt im Eisen einen Induktionsfluß Φ_2. Dieser wird durch den im Primärkreis fließenden Wirkstrom $I_{1,Wirk}$ kompensiert. Dieser Wirkstrom muß gerade so groß sein, daß der von ihm bewirkte Fluß Φ_1 gleich dem Fluß Φ_2 ist. Insgesamt erhält man das in Abb. 6.118 dargestellte Diagramm.

Der Energieerhaltungssatz fodet die Gleichheit der Leistungen im Primär- und im Sekundärkreis:

$$I_{1,Wirk} \cdot U_1 \ = \ I_2 \cdot U_{2,ind}.$$

Mit (6.157) folgt dann

$$\left| \frac{I_{1,Wirk}}{I_2} \right| \ = \ \frac{n_2}{n_1}. \tag{6.158}$$

Die Wirkströme im Primär- und Sekundärkreis verhalten sich umgekehrt wie die Windungszahlen. Ist der primäre Blindstrom gegenüber dem primären Wirkstrom vernachlässigbar klein, so gilt

$$\left| \frac{I_1}{I_2} \right| \ = \ \frac{n_2}{n_1} \quad \text{wenn } I_{01,Wirk} \approx I_{01} \gg I_{01,Blind}.$$

6.5 Magnetische Eigenschaften von Materie

6.5.1 Permeabilität

Führt man ein Dielektrikum in ein elektrisches Feld ein, so wird es polarisiert; es werden entweder induzierte Dipole erzeugt oder permanente Dipole richten sich im Feld aus (Par-, Ferroelektrizität). Daß Materie auch im B-Feld eine Reaktion zeigt, wurde schon beim Sichtbarmachen der Feldlinien mit Eisenfeilspänen ausgenutzt. Die der elektrischen Polarisation entsprechende magnetische Erscheinung nennt man *Magnetisierung*.

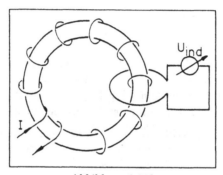

Abbildung 6.119

Versuch: Durch zwei geometrisch gleiche, toroidförmige Spulen gleicher Windungszahl aber mit verschiedenen Spulenkörpern, bei der einen aus Gummi, bei der anderen aus Eisen bestehend, schickt man den gleichen Wechselstrom $I(t)$ (s. Abb. 6.119). Gemessen wird die in Sekundärspulen induzierte Spannung. Man stellt Folgendes fest:

- Obwohl die Sekundärspule 1, die um die Spule mit Eisenkörper gewickelt ist, nur aus einer Windung besteht, ist die in ihr maximal induzierte Spannung um den Faktor 4 größer als die der Sekundärspule 2, die über die Spule mit Gummikörper gewickelt ist und die aus 1000 Windungen besteht.

- Die induzierte Spannung der Sekundärspule 2 zeigt einen linearen Verlauf, die der Sekundärspule 1 einen nichtlinearen.

Für die induzierten Spannungen gilt gemäß (6.127) $U_{ind} = -L\,dI/dt$, wobei L die Induktivität der jeweiligen Sekundärspule bedeutet. Da der Strom I und damit auch die zeitliche Ableitung dI/dt bei beiden Spulen gleich ist, muß aus dem obigen Versuch geschlossen werden, daß die Induktivität der Sekundärspule 1 (eine Windung) *größer* ist als die der Sekundärspule 2 (1000 Windungen). *Die Induktivität einer Spule ist also abhängig vom Material, das sich in ihrem Innern befindet.* Man definiert die folgende Materialkonstante:

$$\text{Permeabilität } \mu := \frac{\text{Induktivität einer Ringspule mit Material}}{\text{Induktivität einer Ringspule im Vakuum}} = \frac{L}{L_0}.$$

$$L = \mu \cdot L_0 \qquad \qquad (6.159)$$

Zu beachten ist, daß das Spuleninnere vollständig mit Material ausgefüllt ist. Mit (6.128) folgt daraus

$$\Phi_m = \mu \cdot \Phi_0, \qquad \qquad (6.160)$$

wobei Φ_m den Induktionsfluß in der Ringspule mit Material, Φ_0 den Fluß in der Spule im Vakuum bedeutet. *Der Faktor μ gibt an, um wieviel sich der Induktionsfluß Φ_m im Material vom Induktionsfluß Φ_0 im Vakuum unterscheidet.*

Berücksichtigt man die Beziehung $\Phi = B \cdot A$, so folgt für das B-Feld in Materie

$$B = \mu \cdot B_0. \qquad \qquad (6.161)$$

B_0 bezeichnet das entsprechende Vakuum-Feld. Im Gegensatz zum elektrischen Feld, bei dem die Feldstärke in Materie immer kleiner ist als im Vakuum ($E = E_0/\varepsilon$), ist das B-Feld in Materie meist größer als im Vakuum ($\mu_{Vak} = 1$). Mißt man die Permeabilitäten μ für verschiedene Stoffe, so lassen sich ähnlich wie im elektrischen Fall die Stoffe bezüglich μ in drei Klassen einteilen:

- Diamagnetische Stoffe $\mu \approx 1 - 10^{-4} < 1$, z. B. Wasser

- Paramagnetische Stoffe $\mu \approx 1 + 10^{-5} > 1$, z. B. Platin

- Ferromagnetische Stoffe μ von 10^3 bis 10^4, z. B. Eisen

Es gibt also auch Stoffe, bei denen die Permeabilität μ kleiner als eins sein kann (Diamagnetismus).

Die Magnetisierung: In der Materie ändert sich das B-Feld. B-Felder werden durch elektrische Ströme erzeugt, also muß die Änderung des B-Feldes auf Ströme zurückgeführt werden, die in der Materie fließen: Entweder werden durch ein äußeres B-Feld im Innern der Materie atomare Ringströme induziert (Diamagnetismus), oder es werden permanent vorhandene, atomare magnetische Dipolmomente (die ihre Ursache in atomaren Ringströmen haben) im äußeren B-Feld ausgerichtet (Para- und Ferromagnetismus).

Analog zum elektrischen Fall, wo sich die Ladungen im Innern der Materie gegenseitig kompensieren und folglich nur Oberflächenladungen σ_p übrigbleiben, kompensieren sich hier die Ringströme im Innern, und es bleiben nur Oberflächenströme übrig (s.

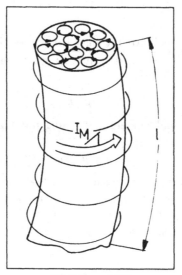

Abbildung 6.120

Abb. 6.120). Das *effektive B-Feld* im Innern der Toroidspule setzt sich dann aus ei-
nem Teil B_0, der vom Spulenstrom I_0 herrührt, und einem Teil B_M, der durch den
Oberflächenstrom I_M erzeugt wird, zusammen. Dabei ist I_0 die gesamte, den Toro-
idkörper in der Spule umfließende Ladungsmenge pro Zeiteinheit und ($I_0 = n \cdot i$ mit n
= Windungszahl und i = Spulenstrom) und I_M der gesamte, den Toroid umfließende
Oberflächenstrom. Dann gilt

$$B_0 \;=\; \mu_0 \cdot \frac{I_0}{l} \tag{6.162}$$

$$B_M \;=\; \mu_0 \cdot \frac{I_M}{l}. \tag{6.163}$$

Dabei ist l die Länge der Spule, gleichbedeutend mit dem Umfang des Toroidkörpers.
I_0/l bzw. I_M/l sind also die auf die Längeneinheit des Toroidkörpers bezogenen Ströme,
die die Materie umfließen. Für das effektive B-Feld ergibt sich

$$B \;=\; B_0 + B_M \;=\; \mu_0 \left(\frac{I_0}{l} + \frac{I_M}{l} \right). \tag{6.164}$$

Entsprechend zur elektrischen Polarisation definiert man zur Beschreibung des vom
Oberflächenstrom erzeugten B-Feldes die *Magnetisierung* $\vec{M}$:

$$M \;:=\; \frac{I_m}{l}. \tag{6.165}$$

Nach (6.163) gilt dann $M = B_M/\mu_0$, oder vektoriell

$$\vec{M} = \frac{\vec{B}_M}{\mu_0}.$$

(6.165) in (6.164) eingesetzt, ergibt mit $B_0 = B/\mu =$ Vakuumfeld in der Spule:

$$\vec{B} = \vec{B}_0 + \vec{B}_M = \vec{B}_0 + \mu_0\vec{M} \quad \Rightarrow \quad \vec{M} = \frac{1}{\mu_0}(\vec{B} - \vec{B}_0) = \frac{1}{\mu_0}\left(\vec{B} - \frac{\vec{B}}{\mu}\right).$$

Daraus folgt

$$\boxed{\vec{M} = \frac{1}{\mu_0}\left(\frac{\mu - 1}{\mu}\right)\vec{B},} \tag{6.166}$$

Magnetisierung und effektives B-Feld sind proportional.

Anstatt den Faktor $(\mu - 1)/\mu$ als magnetische Suszeptibilität zu definieren und so eine zu (6.52) entsprechende Beziehung zu erhalten, definiert man die *magnetische Suszeptibilität* aus historischen Gründen wie folgt:

$$\chi_{mag} := \mu - 1. \tag{6.167}$$

Zusammen mit der in (6.106) definierten magnetischen Feldstärke $\vec{H} = \vec{B}_0/\mu_0 = \vec{B}/(\mu_0\mu)$ ergibt sich nämlich aus (6.166) eine zu (6.52) entsprechende Gleichung:

$$\vec{M} = \chi_{mag}\vec{H}. \tag{6.168}$$

Mit der Definition der magnetischen Feldstärke $\vec{H}$ und der der Magnetisierung $\vec{M}$ erhält man für das effektive $\vec{B}$-Feld die Beziehung

$$\begin{aligned}
\vec{B} &= \vec{B}_0 + \vec{B}_M = \mu_0\vec{H} + \mu_0\vec{M} \\
&= \mu_0(\vec{H} + \vec{M}). \tag{6.169}
\end{aligned}$$

Um die Magnetisierung $\vec{M}$ in Beziehung zu ihrer Ursache, den atomaren Ringströmen bzw. deren magnetischen Dipolmomenten zu bringen, stellt man ähnliche Überlegungen wie in Abschnitt 6.1.8 an. Aus

$$M = \frac{I_M}{l} = \frac{I_M \cdot A}{l \cdot A} = \frac{I_M \cdot A}{V}$$

folgt

$$\vec{M} = \frac{I_M \cdot A \cdot \vec{n}}{V}. \tag{6.170}$$

A ist dabei die Spulenfläche, $A \cdot l = V$ deren Volumen und l deren Länge. $\vec{n}$ ist die Flächennormale von A, so daß $\vec{n}$ und der Umlaufsinn von I_M eine Rechtsschraube bilden. *Die Magnetisierung ist also ein auf die Volumeneinheit bezogenes magnetisches Dipolmoment.*

Wie im elektrischen Fall wird dieses Dipolmoment zurückgeführt auf die Summe der atomaren Dipolmomente, also

$$\vec{M} = \frac{I_M \cdot A \cdot \vec{n}}{V} = n \cdot \vec{m}, \tag{6.171}$$

wobei die n die Teilchenzahl (Zahl der atomaren Dipolmomente $\vec{m}$) in der Volumeneinheit darstellt. *Durch die Messung der makroskopischen Magnetisierung $\vec{M}$, also durch die Messung von μ, kann man Aussagen über das atomare bzw. molekulare magnetische Dipolmoment machen.*

Entmagnetisierung: Bisher wurde der Fall einer vollständigen Ausfüllung des Toroids durch Materie betrachtet. Bringt man in ein homogenes $\vec{B}$-Feld Materie ein, die das Feld nicht vollkommen ausfüllt, so beobachtet man — ähnlich wie im elektrischen Fall — eine *Entmagnetisierung.*

Wie bei der Entelektrisierung ist für ein eingebrachtes Rotationsellipsoid das $\vec{B}_M$-Feld im Innern homogen, aber schwächer als im Fall der vollständigen Ausfüllung, und es besteht dann ein linearer Zusammenhang zwischen der Magnetisierung M und dem von ihr verursachten Feld B_M:

$$B_M = N' \cdot \mu_0 \cdot M. \tag{6.172}$$

Die Größe $N' \leq 1$ gibt an, um wieviel kleiner das Feld B_M im Innern des Rotationsellipsoids ist als im Falle vollständiger Ausfüllung. Für das effektive Feld in der Materie gilt dann

$$B = B_0 + B_M = B_0 + N'\mu_0 M = B_0 + N'\mu_0 \frac{1}{\mu_0}\frac{\mu-1}{\mu}B = B_0 + N'\frac{\mu-1}{\mu}B$$

$$= \frac{B_0}{1 - N'\frac{\mu-1}{\mu}} = \frac{B_0}{1 - \frac{N'\chi}{\mu}}. \tag{6.173}$$

Ersetzt man das B-Feld durch die magnetische Felstärke $H = B/(\mu_0\mu)$, $H_0 = B_0/\mu_0$ (Vakuum-Feldstärke) und nennt man

$$N = 1 - N' \leq 1 \tag{6.174}$$

Entmagnetisierungsfaktor, so ergibt sich eine zu (6.58) entsprechende Beziehung:

$$\mu_0\mu H = \frac{\mu_0 H_0}{1 - (1 - N)\frac{\chi}{\mu}}$$

$$H = \frac{\dfrac{H_0}{\mu}}{1 - \dfrac{\chi}{\mu} + N\dfrac{\chi}{\mu}} = \frac{H_0}{\mu - \chi + N\chi} = \frac{H_0}{\mu - (\mu - 1) + N\chi}$$

$$H = \frac{H_0}{1 + N\chi}. \tag{6.175}$$

Inhomogenes Feld: Entsprechend dem elektrischen Dipol mit elektrischem Dipolmoment $\vec{p}$ wirkt auf einen Ringstrom mit magnetischem Dipolmoment $\vec{m}$ im inhomogenen B-Feld die Kraft $F = m\,dB/dx$. Dabei zeigt die Kraft dann in Richtung starkem (schwachem) Feld, wenn das Dipolmoment parallel (antiparallel) zum B-Feld steht.

Versuch: In ein inhomogenes B-Feld werden verschiedene Stoffe gebracht, z. B. Wismut (Bi), Mangannitrat (MnNO$_3$), Eisen (Fe). Dabei stellt man fest, daß paramagnetische Stoffe (wie Mangannitrat) und Ferromagnetika (wie Eisen) in das Feld hineingezogen (Abb. 6.121) und daß andere Stoffe (wie das diamagnetische Wismut) aus dem Feld herausgedrängt werden. Bei diamagnetischen Stoffen müssen also die induzierten atomaren magnetischen Momente antiparallel zum äußeren Feld gerichtet sein ($\mu < 1$).

Der Effekt, daß Stoffe im inhomogenen Feld eine Kraft erfahren, kann bei Flüssigkeiten zur Messung ihrer Permeabilität μ ausgenutzt werden.

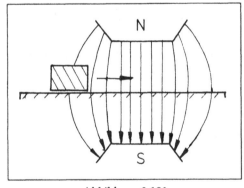

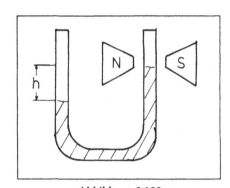

Abbildung 6.121   Abbildung 6.122

Versuch zur Steighöhenmethode: Ein mit Flüssigkeit gefülltes U-Röhrchen wird zwischen den Polschuhen eines Magneten befestigt (Abb. 6.122). Schaltet man den Magneten ein, so wirkt im inhomogenen Teil des $\vec{B}$-Feldes eine Kraft auf die Flüssigkeitsmoleküle, so daß bei paramagnetischen Stoffen der Flüssigkeitsspiegel steigt, wogegen er bei diamagnetischen Stoffen sinkt. Nach einer gewissen Zeit stellt sich ein Gleichgewicht zwischen dem hydrostatischen Druck und der Kraft, die im inhomogenen Feld auf die Flüssigkeit wirkt, ein. Dabei ist die Gleichgewichtshöhe h proportional zur magnetischen Suszeptibilität χ, so daß nach geeigneter Eichung χ aus der Messung von h bestimmt werden kann.

6.5.2 Magneto-mechanischer Parallelismus und gyromagnetisches Verhältnis

Die Magnetisierung der Materie war auf die Wirkung atomarer Kreisströme zurückgeführt worden. Ihr Vorhandensein läßt sich mit Hilfe des Bohrschen Atommodells verstehen: Danach bestehen die Atome aus positiv geladenen Atomkernen, die von den negativ geladenen Elektronen umkreist werden (s. Abb. 6.123). Ein um den Kern umlaufendes Elektron e^- stellt einen Kreisstrom dar, für dessen Stromstärke $I = q/t = -e/T$, mit $T =$ Umlaufzeit des Elektrons, gilt. Da die Geschwindigkeit des Elektrons $v = 2\pi R/T$ beträgt, folgt

$$I = \frac{-ev}{2\pi R}. \tag{6.176}$$

R ist dabei der Bahnradius. Andererseits besitzt das kreisende Elektron eine Masse m und gemäß seiner Geschwindigkeit v und seine Abstandes R vom (unendlich schwer angenommenen) Kern bezüglich diesem den Bahndrehimpuls $l = Rmv$.

Für das magnetische Moment μ eines Kreisstroms, der aus einem umlaufenden Elektron besteht, folgt damit

$$\mu = I \cdot A = \frac{-ev}{2\pi R}\pi R^2 = -\frac{evR}{2}\frac{m}{m}$$

$$= -\frac{e}{2m}l \quad \text{oder vektoriell} \quad \boxed{\vec{\mu} = -\frac{e}{2m}\vec{l}.} \tag{6.177}$$

Zur Unterscheidung von der Masse m soll das atomare (molekulare) Dipolmoment im folgenden mit $\vec{\mu}$ bezeichnet werden.

Die Tatsache, daß ein Zusammenhang zwischen dem magnetischen Moment und dem Drehimpuls besteht, ist von weitreichender Bedeutung. Man nennt diesen Zusammenhang *magneto-mechanischen Parallelismus*. Das Verhältnis von magnetischem Moment $\vec{\mu}$ und Drehimpuls $\vec{L}$ bezeichnet man als *gyromagnetisches Verhältnis* γ:

$$\gamma = \frac{\mu}{L}. \tag{6.178}$$

Im speziellen Fall eines um den Kern mit dem Bahndrehimpuls $\vec{l}$ kreisenden Elektrons gilt mit $\vec{L} = \vec{l}$ und (6.177)

$$\gamma_l = \frac{\mu}{l} = -\frac{e}{2m}. \tag{6.179}$$

Neben dem Bahndrehimpuls $\vec{l}$ besitzt jedes Elektron auch einen Eigendrehimpuls $\vec{s}$ (Spin). Auch dieser Eigendrehimpuls $\vec{s}$ ist nach (6.178) mit $\vec{L} = \vec{s}$ mit einem magnetischen Dipolmoment verknüpft. Es zeigt sich experimentell, daß in diesem Fall das gyromagnetische Verhältnis γ doppelt so groß wie im Falle des Bahndrehimpulses ist:

$$\gamma_s = \frac{\mu}{s} = -2\frac{e}{2m} = \frac{e}{m}.$$

Allgemein läßt sich also schreiben

$$\gamma = \frac{\mu}{L} = -g\,\frac{e}{2m} \qquad\qquad (6.180)$$

mit den g-Faktoren $g_l = 1$ und $g_s = 2$.

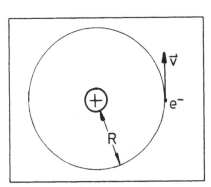

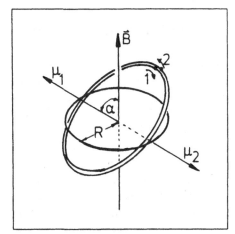

Abbildung 6.123   Abbildung 6.124

6.5.3 Diamagnetismus

Diamagnetische Stoffe besitzen kein permanentes atomares Dipolmoment. In diamagnetischen Stoffen kreisen die Elektronen paarweise gegensinnig um den Atomkern: Es stehen immer zwei Bahndrehimpulse $\vec{l}$ (und zwei Eigendrehimpulse, Spins $\vec{s}$) antiparallel.

Schaltet man am Ort einer diamagnetischen Probe ein Magnetfeld ein, so wird in den Atomen durch Induktion ein zusätzlicher Kreisstrom erzeugt. In Abb. 6.124 sind zwei entgegengesetzt umlaufende Elektronen gezeichnet; die Richtung ihrer magnetischen Momente $\vec{\mu}_1$ und $\vec{\mu}_2$ ist gegen die Richtung des B-Feldes um den Winkel α bzw. $180° - \alpha$ geneigt. Beim Einschalten mögen die Elektronen von der durch das Zentrum des Atoms gezeichneten B-Linie den Abstand R besitzen. Während des Feldanstiegs wird längs des Kreises $2\pi R$, dessen Fläche senkrecht auf B steht, eine Spannung induziert, für die

$$U = -\frac{d\Phi}{dt} = -\pi R^2 \dot{B}$$

gilt. Die Feldstärke längs dieses Kreises beträgt $E = -\frac{\pi R^2}{2\pi R}\,\dot{B}$, die Kraft $F = eE$ hat eine Beschleunigung längs des Kreises um $\dot{v} = a = eE/m$ zur Folge:

$$\dot{v} = a = \frac{e}{m} E = -\frac{e}{2m} R\dot{B}, \quad \text{damit}$$

$$v \;=\; -\frac{e}{2m}\,RB.$$

Mit $\omega = v/R$ ergibt sich die Winkelgeschwindigkeit

$$\boxed{\omega_L \;=\; -\frac{e}{2m}\,B.}\qquad\qquad (6.181)$$

Diese Kreisfrequenz heißt nach ihrem Entdecker *Larmor-Frequenz.*

Die Elektronen führen also als Folge der Induktion — *unabhängig vom Ort ihrer Bahn um den Kern und unabhängig vom Winkel der Bahnebene gegen die Richtung des Magnetfeldes* — zusätzlich eine Kreisbewegung um die Richtung des B-Feldes aus mit der in (6.181) angegebenen Kreisfrequenz. Mit dieser zusätzlichen Kreisbewegung ist ein magnetisches Moment verbunden, das wegen des Minus-Zeichens im Induktionsgesetz (Lenzsche Regel!) dem anwachsenden Feld entgegenwirkt. Die Suszeptibilität χ ist deshalb bei diamagnetischen Stoffen negativ, ihr Betrag ist sehr klein.

Die zusätzliche Kreisbewegung, die als Folge des Induktionsgesetzes berechnet wurde, ist nichts anderes aus die Präzessionsbewegung des mit dem Drehimpuls $\vec{l}$ rotierenden atomaren Kreisels um die Richtung der Kraft als Folge des Drehmomentes, das am magnetischen Dipolmoment $\vec{\mu}$ angreift: Nach (6.109) wirkt auf das magnetische Moment $\vec{\mu}$ ein Drehmoment $\vec{T} = \vec{\mu} \times \vec{B}$ bzw. $T = \mu B \sin\alpha$. Da das magnetische Moment starr mit einem Drehimpuls gekoppelt ist, stellt sich das Moment *nicht* wie ein elektrischer Dipol parallel zum B-Feld ein, sondern führt ganz entsprechend zum mechanischen Kreisel eine *Präzessionsbewegung* um die B-Feldrichtung aus. Für einen Körper mit dem Drehimpuls $\vec{l}$, der aufgrund eines Drehmomentes $\vec{T}$ mit der Frequenz $\vec{\omega}_p$ präzediert, wurde in der Mechanik folgende Beziehung abgeleitet: $\vec{T} = \vec{\omega}_p \times \vec{l}$ bzw. $T = \omega_p l \sin\alpha$. Dies in $T = \mu B \sin\alpha$ eingesetzt, ergibt $\omega_p = \mu B/l$ oder mit (6.177)

$$\boxed{\omega_p \;=\; \frac{eB}{2m}.}\qquad\qquad (6.182)$$

6.5.4 Paramagnetismus

Bei Stoffen mit ungepaarten Elektronen können sich die magnetischen Momente der Elektronenbahnen nicht paarweise kompensieren, die Atome besitzen ein permanentes magnetisches Dipolmoment $\vec{\mu}$. Auch Moleküle aus Atomen mit geradzahliger Ordnungszahl können ein permanentes Dipolmoment besitzen, wenn sich aufgrund der chemischen Bindung die magnetischen Momente nicht mehr kompensieren. Man nennt Stoffe mit einem permanenten atomaren (molekularen) magnetischen Dipolmoment *paramagnetisch*. Ohne äußeres Magnetfeld sind die Richtungen dieser Momente aufgrund der thermischen Bewegung im Raum gleichverteilt, d. h. man beobachtet keine permanente makroskopische Magnetisierung. Legt man ein B-Feld an, so führen die atomaren magnetischen Dipolmomente eine Präzessionsbewegung mit der Larmorfrequenz um die Feldrichtung aus (diamagnetischer Effekt). Andererseits unterscheiden sich die Atome bzw. Moleküle untereinander im angelegten Feld durch ihre potentielle Energie $E_{pot} = -\vec{\mu} \cdot \vec{B} = -\mu B \cos\alpha$ je nach Winkel α zwischen $\vec{\mu}$ und $\vec{B}$. Im thermischen Gleichgewicht (das sich durch die Stöße der Moleküle untereinander einstellt) wird die Besetzung der Zustände unterschiedlicher potentieller Energie durch die *Boltzmann-Verteilung* beschrieben:

$$n \sim \exp\left(-\frac{E_{pot}}{kT}\right).$$

Das bedeutet, daß sich *mehr* Atome (Moleküle) in einem Zustand $\vec{\mu}$ parallel zu $\vec{B}$ als in einem Zustand $\vec{\mu}$ antiparallel zu $\vec{B}$ befinden. In der Bilanz resultiert eine Ausrichtung in $\vec{B}$-Richtung (Paramagnetismus). Analog zum parelektrischen Fall wird damit verständlich, daß die Suszeptibilität χ temperaturabhängig ist:

$$\chi_{mag} \sim \frac{1}{T}. \tag{6.183}$$

Dies ist das *Curie-Gesetz*. Die Suszeptibilität χ besitzt bei paramagnetischen Stoffen Werte um 10^{-5}.

6.5.5 Ferromagnetismus

Der Ferromagnetismus ist eine Eigenschaft von kristallinen Festkörpern. Beispiele für Ferromagnetika sind Eisen, Kobalt und Nickel. Charakteristisch für diese Stoffe ist, daß die Permeabilität μ sehr groß ist und daß die Magnetisierung nicht nur von der Temperatur, sondern wie bei ferroelektrischen Stoffen auch von der „Vorgeschichte" abhängt.

Das besondere Verhalten der Ferromagnetika liegt daran, daß die permanenten magnetischen Momente der Atome schon ohne äußeres B-Feld in einzelnen Bereichen, den *Weißschen Bezirken*, gleichgerichtet sind (s. Abb. 6.125). Die verschiedenen Orientierungen der Bezirke lassen den Stoff nach außen unmagnetisch erscheinen. Das in den Bezirken gleichgerichtete permanente Moment der Atome rührt dabei nicht von der Kreisbewegung eines Elektrons um den Kern her, sondern ist das magnetische Moment, das sich aufgrund des Eigendrehimpulses der Elektronen, des *Spins*, ergibt.

Bringt man einen ferromagnetischen Stoff in ein Magnetfeld, so bewegen sich die Wände zwischen den Weißschen Bezirken, die *Bloch-Wände*, so, daß sich die Bezirke anwachsen, in denen die magnetischen Spinmomente parallel zum äußeren Feld stehen. Es resultiert eine starke Magnetisierung und damit eine große Permeabilität ($\mu = 10^3 - 10^4$).

Hysteresis-Kurve: Untersucht man bei ferromagnetischen Stoffen das Verhalten der Magnetisierung $\vec{M}$ in Abhängigkeit vom äußeren $\vec{B}$-Feld, so stellt sich Folgendes heraus: Die Magnetisierung wächst zunächst bei kleinen Feldern sehr stark an, nimmt dann weniger steil zu und erreicht dann schließlich eine *Sättigungsmagnetisierung* M_S (Kurve

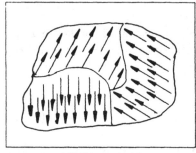

Abbildung 6.125

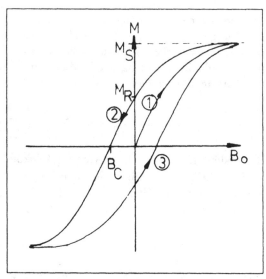

Abbildung 6.126

1 in Abb. 6.126). Ab einem bestimmten Feld B_0 sind alle magnetischen Momente ausgerichtet, die Magnetisierung steigt nicht mehr. Läßt man das B_0-Feld wieder schwächer werden, nimmt die Magnetisierung ab. Die Werte liegen jedoch höher als die entsprechenden Werte der Kurve 1. Bei $B_0 = 0$ behält die Magnetisierung einen endlichen Wert, man nennt ihn *Remanenz M_R*. Um die Magnetisierung auf den Wert Null zu bringen, muß man ein B-Feld in entgegengesetzter Richtung anlegen. Der Wert, bei dem $M = 0$ ist, wird mit *Koerzitivkraft B_C* bezeichnet. Steigert man das B_0-Feld in entgegengesetzter Richtung weiter, so erreicht auch hier bei hinreichend großem B-Feld die Magnetisierung die Sättigung M_S (Kurve 2). Die Umkehrung des Vorganges ergibt einen Verlauf entsprechend Kurve 3. Dabei sind die hier auftretenden Größen Remanenz und Koerzitivkraft dem Betrag nach gleich den entsprechenden Größen der Kurve 2.

Man nennt die sich im M-B_0-Diagramm ergebende Kurve *Hysteresis-Kurve*. Je nachdem, auf welchem Ast der Kurve sich ein ferromagnetischer Stoff befindet, kann die Magnetisierung des Stoffes für ein B-Feld verschieden sein. Die Magnetisierung hängt also von der „Vorgeschichte" ab.

Versuch: Eine dünne, ferromagnetische Schicht wird mit polarisiertem Licht beleuchtet. Beobachtet man im Mikroskop die Schicht mit einem Analysator, so kann man die Einteilung der ferromagnetischen Materie in Bezirke erkennen. Wird am Ort der Schicht ein B-Feld erzeugt, so kann auch die Bewegung der Bloch-Wände und das Wachsen der Weißschen Bezirke beobachtet werden.

Das Umklappen des Elektronenspins bzw. der magnetischen Spinmomente an den

Bloch-Wänden beim Anwachsen der Weißschen Bezirke kann experimentell nachgewiesen werden *(Barkhausen-Effekt)*.

Versuch: Ein Weicheisenkörper befindet sich in einer Spule, deren Enden über einen Verstärker mit einem Lautsprecher verbunden sind, so daß man Änderungen der Spulenspannung akustisch wahrnehmen kann. Nähert man sich dem Weicheisenkörper mit einem Magneten, dringt aus dem Lautsprecher ein prasselndes Geräusch.

Interpretation: Das Umklappen der magnetischen Spinmomente verursacht eine Änderung des B-Feldes im Körper und damit auch in der Spule. Gemäß dem Induktionsgesetz wird bei jeder B-Feld-Änderung in der Spule eine Spannung induziert.

Der Ferromagnetismus ist eine Kristalleigenschaft. Erhitzt man einen ferromagnetischen Stoff über eine für jedes Ferromagnetikum charakteristische Temperatur, den *Curie-Punkt* T_C, so verschwindet die Erscheinung des Ferromagnetismus. Der Stoff ist dann nur noch paramagnetisch. Für Temperaturen T, die über dem Curie-Punkt T_C liegen, gilt das *Curie-Weißsche Gesetz:*

$$\chi = \frac{C'}{T - T_C} \qquad \text{für } T > T_C.$$

Am Curie-Punkt T_C findet ein Übergang in eine andere Phase statt, in der sich Weißsche Bezirke nicht mehr ausbilden können.

Versuch: Eine Eisenkugel, die an einem Pendel hängt, wird von einer stromdurchflossenen Spule angezogen. Erwärmt man die Kugel auf ungefähr 800 °C, so schwingt sie in die Ruhelage zurück, denn die Anziehung aufgrund des Paramagnetismus ist vernachlässigbar klein.

Weitere Effekte — Antiferromagnetismus: Bei antiferromagnetischen Stoffen, beispielsweise MnO, sind zwei Kristallgitter so ineinandergebaut, daß immer zwei Spins und damit zwei magnetische Momente antiparallel gerichtet sind (Abb. 6.127). Folglich erscheinen solche Stoffe unter einer bestimmten Temperatur, der *Néel-Temperatur*, diamagnetisch, obwohl ein hoher Ordnungszustand vorliegt. Erhitzt man sie über diese Temperatur, bricht die Gitterordnung zusammen, und die Stoffe werden aufgrund der permantenten Momente paramagnetisch.

Ferrimagnetismus: Auch bei den ferrimagnetischen Stoffen, den *Ferriten*, sind zwei Kristallgitter ineinandergebaut. Nur kompensieren sich die magnetischen Momente nicht vollständig, ein resultierendes Moment bleibt deswegen übrig (Abb. 6.128). Die (nichtmetallischen) Ferrite besitzen eine annähernd so große Permeabilität wie die Ferromagnetika, sind aber im Gegensatz zu diesen sehr schlechte elektrische Leiter. Da sich aus diesem Grund in ihnen keine Wirbelströme ausbilden können, sind sie von großer technischer Bedeutung (z. B. Verwendung als Transformatorenkerne).

Magnetostriktion: Bringt man einen ferromagnetischen Stoff in ein B-Feld, so richten sich die magnetischen Momente im Stoff in Feldrichtung aus. Ähnlich wie im

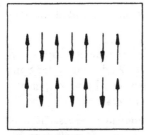

Abbildung 6.127

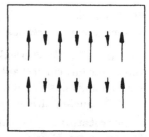

Abbildung 6.128

elektrischen Fall ist mit dieser Einstellung eine Volumen- bzw. Längenänderung verbunden, die man mit *Magnetostriktion* bezeichnet.

Versuch: In einer langen Spule befindet sich ein Eisenstab, der an einem Ende eingespannt ist. Läßt man einen elektrischen Strom durch die Spule fließen, so ändert sich
die Länge des Stabs. Diese Änderung kann über eine Meßuhr, die mit dem losen Ende
des Stabs verbunden ist, beobachtet werden.

6.6 Elektromagnetische Schwingungen und Wellen

6.6.1 Freie ungedämpfte und gedämpfte Schwingungen

Man betrachtet einen Stromkreis, der aus einem Kondensator der Kapazität C und einer Spule der Induktivität L besteht (Abb. 6.129). Zur Zeit $t = 0$ wird der Kondensator kurzzeitig aufgeladen. Nun werden die ungleichnamigen Ladungen $\pm Q$ der Kondensatorplatten versuchen, sich auszugleichen. Es fließt ein zeitlich veränderlicher Entladestrom I_0, der in der Spule zu einem veränderlichen B-Feld führt, wodurch eine Spannung induziert wird.

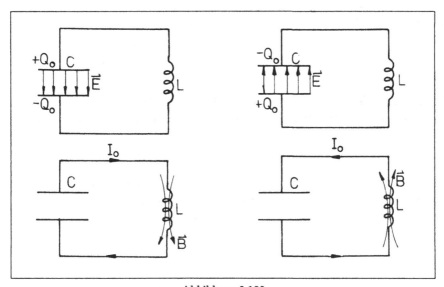

Abbildung 6.129

Nach dem Entladen des Kondensators sorgt die Induktionswirkung der Spule dafür, daß der Strom im Stromkreis in seiner ursprünglichen Richtung weiterfließt und so der Kondensator aufgeladen wird, und zwar mit umgekehrter Polung wie zu Beginn bei $t = 0$. Läuft dieser Vorgang ohne Verluste an Ohmschen Widerständen ab, so erreicht die Ladung der Kondensatorplatten wieder den Wert Q_0 (Anfangswert).

Nun kann der Vorgang in umgekehrter Richtung ablaufen. Der Entladestrom induziert wiederum eine Spannung, die nach dem Entladen für das Aufladen des Kondensators bis zur Ladung Q_0 sorgt, diesmal mit gleicher Polung wie bei Beginn. Man ist wieder beim Anfangszustand angelangt. Der ganze Ablauf wird sich also für den Fall, daß keine Verluste auftreten (Ohmscher Widerstand!), ständig wiederholen.

Diese Erscheinung nennt man *elektrische Schwingung* und den Stromkreis, bestehend aus Induktivität und Kapazität (*LC*-Kreis), *elektrischen Schwingkreis*.

Zur Berechnung der Schwingungsdauer benutzt man die Kirchhoffsche Maschenregel:

$$U_C + U_L = 0 \quad \text{mit} \quad U_C = \frac{Q}{C} = \text{Spannung am Kondensator und}$$

$$U_L = -L\frac{dI}{dt} = \text{Induktionsspannung an der Spule.}$$

Durch Einsetzen und Differenzieren erhält man

$$\frac{dQ}{dt}\frac{1}{C} - L\frac{d^2I}{dt^2} = 0.$$

Nach (6.135) gilt $I = -dQ/dt$. Damit ergibt sich

$$L\frac{d^2I}{dt^2} + \frac{1}{C}I = 0 \quad \Rightarrow \quad \boxed{\ddot{I} + \frac{1}{LC}I = 0.} \tag{6.184}$$

Diese Differentialgleichung ist vom gleichen Typ wie die Differentialgleichungen, die bei mechanischen Schwingungen auftreten. Für ein mechanisches Pendel beispielsweise galt

$$m\ddot{x} + kx = 0 \quad \Rightarrow \quad \ddot{x} + \frac{k}{m}x = 0.$$

Gleichung (6.184) wird deshalb auch genau wie in der Mechanik durch den harmonischen Ansatz $I(t) = I_0\sin(\omega t + \varphi)$ gelöst. Durch Einsetzen dieses Lösungsansatzes und anschließenden Koeffizientenvergleich erhält man die *Thomson-Formel* für die Kreisfrequenz bzw. die Schwingungsdauer T des reinen *LC*-Kreises:

$$\boxed{\omega^2 = \frac{1}{LC} \qquad T = 2\pi\sqrt{LC}.} \tag{6.185}$$

Zum Zeitpunkt $t = 0$ befindet sich die Feldenergie $Q^2/(2C)$ im Kondensator. Nach dem Entladen ist keine Energie mehr im Kondensator gespeichert, die elektrische Feldenergie des Kondensators ist in magnetische Feldenergie der stromdurchflossenen Spule übergegangen.

Energieinhalt einer Spule: Um den Energieinhalt einer Spule der Induktivität L zu berechnen, betrachtet man eine Serienschaltung der Spule mit einem Ohmschen Widerstand R. In Abschnitt 6.4.3 wurde der Stromverlauf behandelt, der sich beim Ein- und Ausschalten einer Gleichspannung U_0 ergibt (Abb. 6.130). Im folgenden soll nun der Strom $I(t)$ nach Ausschalten der Spannung ($t > t_2$) untersucht werden. Der Strom $I(t)$ verursacht am Widerstand R einen Spannungsabfall $U(t)$, so daß am

Widerstand die Leistung $P = I(t)U(t) = RI^2(t)$ verbraucht wird. Diese Leistung muß vor dem Ausschalten der Spannung als Energie in der stromdurchflossenen Spule gespeichert gewesen sein. Man erhält also den Energieinhalt W_{mag} der Spule, indem man die Leistung aufintegriert, die die Spule nach Ausschalten der äußeren Spannung an den Widerstand abgibt:

$$W_{mag} = \int_{t_2}^{\infty} P(t)\,dt = \int_{t_2}^{\infty} RI^2(t)\,dt.$$

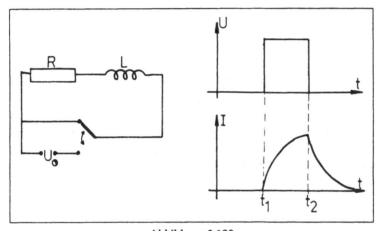

Abbildung 6.130

Setzt man $t_2 = 0$, so gilt gemäß (6.131) für den Stromverlauf in der Schaltung nach Ausschalten der Spannung:

$$I(t) = I_0 \exp\left(-\frac{R}{L}t\right).$$

Dabei ist I_0 der Strom, der vor Ausschalten der Spannung durch die Spule geflossen ist. Setzt man den Strom ein, so erhält man

$$W_{mag} = \int_{0}^{\infty} RI_0^2 \exp\left(-\frac{2R}{L}t\right) dt = RI_0^2\left(-\frac{L}{2R}\right)\exp\left(-\frac{2R}{L}t\right)\Big|_{0}^{\infty}$$

$$= \frac{1}{2}LI_0^2. \tag{6.186}$$

(Vgl. $W_{el} = CU^2/2$.) Ähnlich wie im elektrischen Fall lokalisiert man den Energieinhalt W_{mag} einer Spule im magnetischen B-Feld. Dazu setzt man in (6.186) die nach (6.129) berechnete Induktivität L einer langen Spule ein. Es ergibt sich

$$W_{mag} = \frac{\mu_0}{2} \frac{N^2 A}{l} I_0^2.$$

N ist dabei die Windungszahl, l die Spulenlänge und A die Spulenfläche. Berücksichtigt man noch $B = \mu_0 N I_0/l$ für das B-Feld in einer langen Spule, erhält man

$$W_{mag} = \frac{1}{2\mu_0} B^2 Al.$$

Da Al gerade das Volumen der Spule ist, ergibt sich als *räumliche Energiedichte des magnetischen Feldes*

$$\boxed{w_{mag} = \frac{W_{mag}}{V} = \frac{1}{2} \frac{1}{\mu_0} B^2.} \qquad (6.187)$$

(Vgl. $w_{el} = \varepsilon_0 E^2/2$.) Genau wie im elektrischen Fall kann die Allgemeingültigkeit dieser Formel für beliebige $\vec{B}$-Felder gezeigt werden.

Als Anwendung für die Beziehung (6.186) soll nun die schon bekannte Differential-gleichung des elektrischen Schwingkreises noch einmal aus dem Energieerhaltungssatz abgeleitet werden. Der Energieerhaltungssatz, auf den LC-Kreis angewandt, besagt, daß die Summe als elektrischer und magnetischer Energie im Kreis konstant ist:

$$\frac{1}{2} \frac{1}{C} Q^2 + \frac{1}{2} L I^2 = \text{const.}$$

Differentiation:

$$\frac{1}{C} Q \frac{dQ}{dt} + L I \frac{dI}{dt} = 0.$$

Durch Einsetzen von $I = -dQ/dt$ und nochmaliges Differenzieren erhält man die gesuchte Differentialgleichung:

$$-\frac{1}{C} Q I + L I \frac{dI}{dt} = 0$$

$$-\frac{1}{C} Q + L \frac{dI}{dt} = 0$$

$$-\frac{1}{C} \frac{dQ}{dt} + L \frac{d^2 I}{dt^2} = 0$$

$$L \ddot{I} + \frac{1}{C} I = 0.$$

Analog zum mathematischen Pendel, bei dem ein ständiger Wechsel zwischen kineti-scher und potentieller Energie beobachtet wird, wandeln sich im elektrischen Schwing-kreis ständig elektrische und magnetische Feldenergie ineinander um.

Der gedämpfte Schwingkreis: In der Praxis beobachtet man nicht eine unendlich lange währende harmonische Schwingung, sondern ein exponentielles Abklingen der Strom- und Spannungsamplitude (Abb. 6.131). Dies ist auf die Ohmschen Widerstände der Schaltung zurückzuführen (Zuleitung, Spulendraht usw.). Ein der Wirklichkeit angepaßter Schwingkreis besteht aus einem Widerstand R und einer Induktivität L, die parallel zu einer Kapazität C geschaltet sind. Die Kirchhoffsche Maschenregel, auf die Schaltung angewandt, liefert

$$\frac{Q}{C} - L\frac{dI}{dt} = RI.$$

Durch Differenzieren und Einsetzen von $I = -dQ/dt$ erhält man

$$L\ddot{I} + R\dot{I} + \frac{1}{C}I = 0. \tag{6.188}$$

Diese Differentialgleichung wird durch den Ansatz $I(t) = I_0 \exp(-\delta t)\cos(\omega t + \varphi)$ gelöst. Dabei ist I_0 die Amplitude des Stroms zu Beginn der Schwingung, δ die Dämpfungskonstante und ω die Kreisfrequenz der Schwingung.

Durch Einsetzen des Ansatzes in die Differentialgleichung ergibt sich für die Dämpfungskonstante

$$\delta = \frac{R}{2L} \tag{6.189}$$

und für die Kreisfrequenz

$$\omega^2 = \frac{1}{LC} - \frac{R^2}{4L^2} = \omega_0^2 - \delta^2. \tag{6.190}$$

Ist die Dämpfungskonstante gleich oder größer als die Kreisfrequenz ω_0 des ungedämpften Schwingkreises, so klingt der Strom in der Schaltung schwingungsfrei ab.

Erzeugung ungedämpfter Schwingungen: Will man mit einem elektrischen Schwingkreis ungedämpfte Schwingungen erzeugen, muß man die Energieverluste des Schwingkreises durch ständige Energiezufuhr ausgleichen. Dies geschieht, indem man durch geeignete Rückkopplung des Kreises auf einen Energiespeicher im Takt der Eigenschwingung und in richtiger Phase Energie zuführt (Kinderschaukel-Prinzip). Eine Schaltung, die dazu benutzt werden kann, heißt *Meißnersche Rückkopplungsschaltung* und ist in Abb. 6.132 dargestellt. Den Energiespeicher stellt eine Batterie mit der Spannung U_B dar; die Rückkopplung auf den Energiespeicher geschieht über eine Induktivität L', die einen „schnellen" Schalter (Transistor) steuert. Das Streufeld der Induktivität L durchsetzt die Induktivität L' und induziert dort eine Spannung (Steuerspannung), die an der Basis B des Transistors anliegt. Ab einer bestimmten Spannung wird dadurch die Kollektor-Emitter-Strecke (C-E-Strecke) geöffnet, es fließt ein Strom in den Schwingkreis. Die in der Induktivität L' induzierte Spannung oszilliert mit der gleichen Frequenz wie die Spannung an der Induktivität L. Also geschieht das

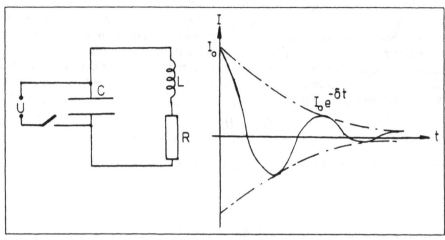

Abbildung 6.131

Öffnen der Strecke C-E im Takt der Eigenschwingung. Die Phase des in den Schwingkreis fließenden Stroms gegenüber dem im Kreis vorhandenen Strom ($0°$ oder $180°$)
wird durch die Phase der Steuerspannung bzw. den Wicklungssinn der Induktivität L'
bestimmt.

Versuch: Mit der obigen Rückkopplungsschaltung erzeugt man ungedämpfte Schwingungen, die nach Verstärkung auf einem Oszilloskop sichtbar gemacht werden. Durch
Variation von Kapazität und Induktivität kann die Frequenz der Schwingung beeinflußt werden. Die Rückkopplungsspule (Induktivität L') ist drehbar gelagert. Dreht
man sie um $180°$, dreht man also den Wicklungssinn um, so wird dem Schwingkreis
zwar im richtigen Takt, aber in Gegenphase Energie zugeführt, die Schwingung bricht
dann schnell ab.

6.6.2   Erzwungene Schwingungen, gekoppelte Schwingkreise

Die mathematische Behandlung der Erscheinungen, die in diesem Abschnitt besprochen
werden, ist identisch mit der Behandlung der entsprechenden mechanischen Erscheinungen. Es wird deshalb zum größten Teil auf sie verzichtet.

Erzwungene Schwingungen: Schaltet man in einen Schwingkreis entsprechend
Abb. 6.133 eine Wechselspannungsquelle $U_\sim = U_0 \sin \omega t$, so beobachtet man kurz nach
Einschalten der Spannung $U_\sim$ einen *Einschwingungsvorgang:* Es tritt eine Schwin-
gung mit der Eigenfrequenz $\omega_0 = 1/\sqrt{LC}$ des Schwingkreises auf, die aufgrund der
Dämpfung durch den Widerstand R rasch gegen Null geht. Auf die Dauer schwingt
der Schwingkreis mit der von der Quelle aufgezwungenen Kreisfrequenz ω (Erregerfre-

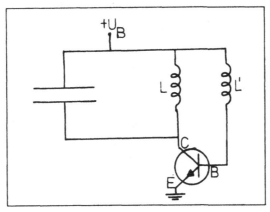

Abbildung 6.132

quenz). Der Schwingkreis hat den stationären Zustand erreicht. Man spricht von einer *erzwungenen Schwingung*.

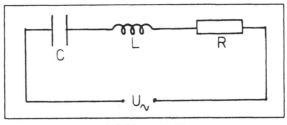

Abbildung 6.133

Im stationären Zustand gilt gemäß (6.139) (6.140) für die Stromamplitude I_0 bzw. die Phasenverschiebung φ zwischen Strom und Spannung:

$$I_0 = \frac{U_0}{\sqrt{\left(\omega L - \frac{1}{\omega C}\right)^2 + R^2}}$$

$$\tan \varphi = \frac{\omega L - \frac{1}{\omega C}}{R}.$$

Der Verlauf von Stromamplitude und Phasenverschiebung ist in Abb. 6.134 dargestellt. Analog zur Mechanik hat die Stromamplitude bei der Eigenfrequenz $\omega_0 = 1/\sqrt{LC}$ des Schwingkreises ihr Maximum (Resonanz). In diesem Fall ist die Phasenverschiebung

zwischen Strom und Spannung Null. Für $\omega < \omega_0$ eilt der Strom der Spannung voraus
($\varphi \to -90°$), für $\omega > \omega_0$ die Spannung dem Strom ($\varphi \to +90°$).

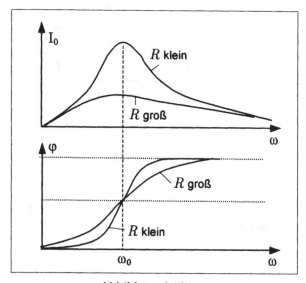

Abbildung 6.134

Gekoppelte Schwingkreise: In der Mechanik wurden als einfachstes gekoppeltes
System zwei gleiche Pendel, die durch eine schwache Feder miteinander verbunden sind,
betrachtet. Das entsprechende System (s. Abb. 6.135) besteht aus zwei LC-Kreisen,
die über ihre Induktivitäten gekoppelt sind. Diese Kopplung kann zum Beispiel über
ein Eisenjoch, das den Induktionsfluß zwischen beiden Spulen leitet, bewerkstelligt
werden. Die Kopplung kann auch durch Ineinanderschieben zweier verschieden großer
Spulen erfolgen. Auf diese Weise ist ihr gemeinsamer Induktionsfluß variabel, wodurch
man die Stärke der Kopplung zwischen den Schwingkreisen verändern kann.

Versuch: Der Kondensator des Schwingkreises 1 wird kurzzeitig aufgeladen und dann
der Stromverlauf beider Schwingkreise mit einem Oszilloskop sichtbar gemacht. Entsprechend zur Mechanik beobachtet man als Stromverlauf in den einzelnen Oszillosko-
pen eine *Schwebung* (s. Schwingungen und Wellen, Band I). Diese Schwebung kommt
folgendermaßen zustande: Der Schwingkreis 1 beginnt nach Aufladen des Kondensators
zu schwingen. Über die Kopplung wird daraufhin der andere Schwingkreis angeregt,
wodurch nach und nach die Schwingungsenergie vom Schwingkreis 1 auf den Kreis 2
übergeht. Nach einer gewissen Zeit schwingt nur noch Kreis 2, und der Kreis 1 ist in
Ruhe. Nun kehrt sich der Vorgang um.

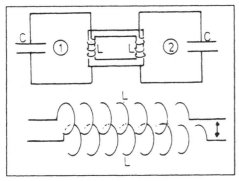

Abbildung 6.135

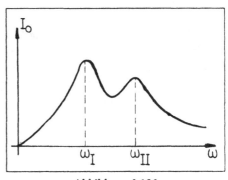

Abbildung 6.136

Verändert man die Kopplung zwischen beiden Kreisen, so ändert sich auch die Frequenz der Schwebung. Je schwächer die Kopplung, umso kleiner die Schwebungsfrequenz bzw. umso größer die Schwebungsdauer. Sind die Spulen getrennt, ist also die Kopplung gleich Null, so ist keine Schwebung beobachtbar.

Das Auftreten der Schwebung in diesem Versuch ist ein Zeichen für das Vorhandensein zweier Eigenfrequenzen im System, deren Überlagerung zur beobachteten Schwebung führt.

Versuch: Das gekoppelte System wird mit einer sinusförmigen Spannung $U = U_0 \sin \omega_{er} t$, deren Kreisfrequenz ω_{er} variabel ist, angeregt zu einer erzwungenen Schwingung. Der Stromverlauf beider Schwingkreise wird über ein Oszilloskop beobachtet. Nach dem Einschwingvorgang schwingt das System im Takt der Erregerspannung. Trägt man die Amplitude I_0 des Stroms in Abhängigkeit von der Erregerfrequenz ω_{er} auf, ergibt sich der gezeichnete Verlauf. Die Stromamplitude besitzt zwei Resonanzstellen ω_I und ω_{II} (vgl. Abb. 6.136). Das System besitzt also genau wie die gekoppelten Pendel zwei *Eigenschwingungszustände*.

Beobachtet man die Phase φ zwischen den Strömen in Kreis 1 und 2 für die Eigenschwingungszustände, so erhält man für

ω_I: Die Ströme oszillieren im gleichen Takt ($\varphi = 0$)
ω_{II}: Die Ströme oszillieren im Gegentakt ($\varphi = 180°$).

Schwächt man die Kopplung zwischen den Systemen, so nimmt die Resonanz bei ω_{II} ab, und der Abstand zwischen den Eigenfrequenzen wird kleiner. Damit läßt sich die im vorigen Versuch beobachtete Änderung der Schwebungsfrequenz bei schwächerer Kopplung erklären, denn in der Mechanik wurde gezeigt, daß für die Kreisfrequenz ω_S der Schwebung

$$\omega_S = \omega_{II} - \omega_I$$

gilt.

6.6.3 Lecherleitung

In der Mechanik wurden schwingungsfähige Systeme in folgender Reihenfolge betrachtet: Zuerst behandelte man die einfachen Systeme wie das Masse-Feder-Pendel, danach gekoppelte Systeme aus zwei schwingungsfähigen Gebilden, und schließlich ging man über zur Betrachtung der Saite, einem System, das aus vielen gekoppelten atomistischen Gebilden besteht.

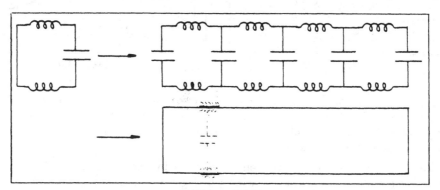

Abbildung 6.137

Im Fall elektrischer Schwingungen geht man entsprechend vor: Ausgehend von dem in Abb. 6.137 skizzierten LC-Schwingkreis erhält man über eine Aneinanderreihung gleicher Schwingkreise schließlich die *Lecherleitung*, die lediglich aus zwei parallel gespannten Drähten besteht. Da sowohl die Kapazität zwischen den Drähten also auch die Induktivität der Schleife proportional zur Länge der Doppelleitung ist, kann man spezifische Größen einführen:

$$c_0 := \frac{C}{l} \qquad l_0 := \frac{L}{l}. \tag{6.191}$$

Kapazität und Induktivität sind also in der Lecherleitung kontinuierlich verteilt und nicht mehr getrennt lokalisierbar. Läßt sich nun die Lecherleitung ähnlich wie eine Saite zu Eigenschwingungen anregen? Dazu der folgende

Versuch: Ein Sender, d. h. ein Schwingkreis, der ungedämpfte harmonische Schwingungen erzeugt ($\nu = 1,5 \cdot 10^8 \ \mathrm{s}^{-1}$), ist induktiv an eine Lecherleitung angekoppelt, deren rechter Abschluß ein verschiebbares Blech bildet (s. Abb. 6.138). An der Einkoppelstelle ist eine Glühlampe in den Kreis geschaltet. Verschiebt man das Abschlußblech auf den Drähten, stellt man ein äquidistantes Aufleuchten der Glühlampe fest. Dieses Aufleuchten ist ein Zeichen dafür, daß die Lecherleitung auf Resonanz abgestimmt ist und auf der Senderfrequenz schwingt. Als Abstand zwischen zwei Resonanzstellen mißt man ungefähr 1 Meter.

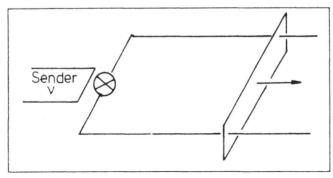

Abbildung 6.138

Versuch: Bei einer zum Schwingen angeregten Lecherleitung soll das Strom- bzw. Spannungsverhalten in der Leitung untersucht werden. Dies geschieht über die Messung der $\vec{E}$- und $\vec{B}$-Felder im Innern der Leitung. Dabei stellt sich Folgendes heraus: Die Stellen, an denen das $\vec{B}$-Feld und damit die Stromstärke maximal ist, fallen genau mit den Resonanzeinstellungen des Kurzschlußbügels zusammen, insbesondere ist ihr Abstand 1 m. An diesen Stellen ist das $\vec{E}$-Feld und damit die Spannung minimal. In den Zwischenstellungen ist das $\vec{E}$-Feld (Spannung) maximal und das $\vec{B}$-Feld (Stromstärke) minimal. Die Stellen maximaler $\vec{E}$- und $\vec{B}$-Felder bzw. maximaler Spannung und Stromstärke bleiben räumlich konstant. Man nennt sie im Falle maximaler Spannung/Stromstärke *Strom-/Spannungsbäuche* und im Falle minimaler Spannung/Stromstärke *Strom-/Spannungsknoten*.

Untersucht man das zeitliche Verhalten der Felder, stellt man eine sinusförmige Änderung des Betrags der Felder mit der Frequenz des Senders fest. Dabei ist in den Zeiten, in denen das $\vec{B}$-Feld in der Leitung maximal wird, das $\vec{E}$-Feld gleich Null und umgekehrt. In Abb. 6.139 ist eine Zwischenstellung gezeichnet, wobei $\vec{E}$- und $\vec{B}$-Feld nebeneinander existieren.

Interpretation der Experimente: Hierbei läßt man sich von den Verhältnissen leiten, die bei einer schwingenden Saite auftreten. Danach beobachtet man auf der Lecherleitung eine elektromagnetische Eigenschwingung mit der Frequenz $\nu = 150$ MHz $= 1{,}5{\cdot}10^8$ Hz. Wie im mechanischen Fall muß die Länge der Leitung bzw. die Länge der Saite auf diese Frequenz als Eigenfrequenz abgestimmt sein. Andererseits kann man jede Eigenschwingung eines mechanischen Systems als stehende (mechanische) Welle auffassen, die sich aus der Überlagerung einer hinlaufenden mit einer zurücklaufenden Welle ergibt. Dabei entspricht der Abstand zwischen zwei benachbarten Knoten (bzw. Bäuchen) der halben Wellenlänge. Im obigen Versuch beträgt dieser Abstand etwa 1 m, d. h. $\lambda/2 = 1$ m. Wegen der für jede Wellenausbreitung gültigen Beziehung $v = \lambda\nu$ (v = Ausbreitungsgeschwindigkeit der Welle) erhält man aus $v = 2$ m $\cdot$ $1{,}5{\cdot}10^8$ 1/s

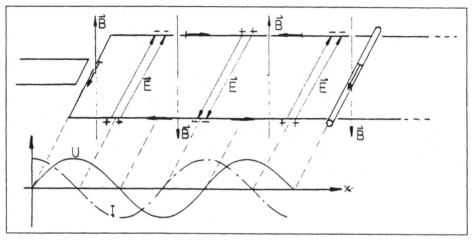

Abbildung 6.139

den Wert für v: $3 \cdot 10^8$ m/s. Die Ausbreitungsgeschwindigkeit der elektromagnetischen Welle längs der Lecherleitung ist die Lichtgeschwindigkeit.

Zusammenfassung: Die beobachteten E- und B-Felder in der Umgebung einer Lecherleitung lassen sich als elektromagnetische Eigenschwingung und damit als stehende elektromagnetische Welle interpretieren. Diese Interpretation setzt allerdings die Existenz laufender elektromagnetischer Wellen längs einer nicht abgeschlossenen Lecherleitung (Doppelleitung) voraus.

Doppelleitung: Eine Doppelleitung kann auf verschiedene Weise realisiert werden, z. B. durch die besprochene Lecherleitung, als Draht gegen Erde oder als Koaxialkabel. Berechnet man für eine solche Doppelleitung, die aus kontinuierlich verteilten Kapazitäten und Induktivitäten besteht (siehe (6.191)), das zeitliche und räumliche Verhalten der Größen Spannung und Strom, so wird man auf zwei Gleichungen geführt, die die zeitliche und räumliche Änderung dieser Größen verknüpft:

$$\frac{\partial^2 U}{\partial x^2} \; = \; l_0 c_0 \frac{\partial^2 U}{\partial t^2}$$

$$\frac{\partial^2 I}{\partial x^2} \; = \; l_0 c_0 \frac{\partial^2 I}{\partial t^2} \tag{6.192}$$

Dies sind die *Telegraphengleichungen*. Man nennt diese Form einer Differentialgleichung eine *Wellengleichung*. Der Ansatz für eine harmonische Welle

$$U_\pm(x,t) \; = \; U_0 \sin(kx \mp \omega t + \varphi)$$

$$I_\pm(x,t) \; = \; I_0 \sin(kx \mp \omega t + \varphi) \tag{6.193}$$

ist eine Lösung dieser Gleichung. Der Ausdruck (6.193) beschreibt einen zeitlich und räumlich periodischen Vorgang. Dabei ist $k = 2\pi/\lambda$ die *Wellenzahl* mit der räumlichen Periode λ und $\omega = 2\pi/T$ die Kreisfrequenz mit der zeitlichen Periode T.

Das Minus-Plus-Zeichen vor ωt in den Gleichungen (6.193) bedeutet eine in positiver bzw. negativer x-Richtung laufende Welle.

Für die Ausbreitungsgeschwindigkeit der Welle folgt aus (6.193) mit

$$\frac{\partial^2 U}{\partial t^2} = -\omega^2 U, \quad \frac{\partial^2 U}{\partial t^2} = -k^2 U \quad \text{und} \quad \frac{\omega}{k} = \nu\lambda = v$$

der Ausdruck

$$\frac{\partial^2 U}{dx^2} = \frac{1}{v^2}\frac{\partial^2 U}{\partial t^2}. \tag{6.194}$$

Durch Vergleich von (6.194) mit (6.192) ergibt sich

$$v = \frac{1}{\sqrt{l_0 c_0}}. \tag{6.195}$$

Es läßt sich zeigen, daß für eine Doppelleitung, die im Vakuum geführt wird, unabhängig von ihrer speziellen Form

$$l_0 \cdot c_0 = \varepsilon_0\mu_0$$

gilt. Bei einer Führung in Luft ergibt sich

$$l_0 \cdot c_0 = \varepsilon\varepsilon_0\mu\mu_0$$

und damit

$$v = \frac{1}{\sqrt{\varepsilon\varepsilon_0\mu\mu_0}} = \frac{c}{\sqrt{\varepsilon\mu}}. \tag{6.196}$$

Im Vakuum (und in guter Näherung: in Luft) pflanzt sich eine Spannungs- und Stromänderung längs einer elektrischen Leitung mit Lichtgeschwindigkeit fort.

Wellenwiderstand einer Doppelleitung: Es kann gezeigt werden, daß zwischen dem Strom und der Spannung einer Doppelleitung folgende Relation besteht:

$$U(x,t) = \sqrt{\frac{l_0}{c_0}}\, I(x,t). \tag{6.197}$$

In Analogie zum Ohmschen Gesetz definiert man daher den *Wellenwiderstand Z* einer Doppelleitung als

$$\boxed{Z := \sqrt{\frac{l_0}{c_0}}.} \tag{6.198}$$

Der Wellenwiderstand ist von der Geometrie der Doppelleitung abhängig. Zum Beispiel gilt für zwei unendlich lange, zylindrische Drähte vom Radius r im Abstand d

$$Z = \sqrt{\frac{\mu_0}{\varepsilon_0}\frac{1}{\pi}}\ln\frac{d}{r} \quad \text{mit} \quad \sqrt{\frac{\mu_0}{\varepsilon_0}} \approx 377\,\Omega.$$

Strom und Spannung sind in einer entlang der Doppelleitung laufenden Welle in Phase (siehe (6.197)). Die (unendlich lange) Doppelleitung stellt somit einen Verbraucher dar, der vom Generator eine Wirkleistung übernimmt und diese ins Unendliche abtransportiert. Beim Übergang zu einer Leitung mit endlicher Länge beobachtet man i. a. das Auftreten einer reflektierten Welle: Schließt man die endliche Leitung mit einem Ohmschen Widerstand $R \neq Z$ ab („offene" endliche Leitung: $R \rightarrow \infty$), so darf für den Quotienten U/I am Leitungsende kein Sprung auftreten.

Für $R \neq Z$ ist für die einlaufende Welle allein diese Bedingung nicht zu erfüllen, wohl aber für eine Resultierende aus einlaufender und reflektierter Welle. Will man also Reflexion am Leitungsende vermeiden, so muß man die endlich lange Doppelleitung mit $R = Z$ abschließen; in diesem Fall wird die entlang der Leitung transportierte Energie im Abschlußwiderstand R vollständig in Wärme umgewandelt.

Stehende Welle auf der Lecherleitung: Nach Behandlung der Doppelleitung können nun die an der Lecherleitung beobachteten Erscheinungen diskutiert werden. Die Lecherleitung ist eine an beiden Enden kurzgeschlossene Doppelleitung. Aufgrund des Kurzschlusses muß an diesen Stellen zwangsläufig die Spannung gleich Null sein ($U = 0$). Dies wird realisiert, indem die Spannungswelle am kurzgeschlossenen Ende einen Phasensprung von 180° (π) erfährt. Das heißt, Amplitude der hin- und rücklaufenden Welle sind zwar gleich groß, haben aber unterschiedliches Vorzeichen. Die Gesamtwelle U_{st} ergibt sich damit aus der Überlagerung von hin- und rücklaufender Welle als stehende Welle, die an der Kurzschlußstelle die Bedingung $U = 0$ erfüllt:

$$U_{st} = U_-(x,t) + U_+(x,t) = U_0\sin(kx - \omega t) - U_0\sin(kx + \omega t),$$

wobei U_- die hin- und U_+ die rücklaufende Welle sind. Der letzte Ausdruck kann mit den trigonometrischen Addtitionstheoremen umgeformt werden zu

$$U_{st} = -2U_0\cos kx\,\sin\omega t$$

$$I_{st} = 2I_0\sin kx\,\cos\omega t \tag{6.199}$$

Die letzte Gleichung ist durch entsprechende Überlegungen für den Strom entstanden. Bei der Stromwelle ist zu beachten, daß sie bei der Reflexion keinen Phasensprung erfährt.

Die Gleichungen (6.199) beschreiben die beobachteten Erscheinungen:

- Bei der Resonanzabstimmung der Lecherleitung wurde die Länge der Leitung so lange verändert, bis die stehende Welle in die kurzgeschlossene Leitung paßte, d. h. an beiden Enden sich ein Spannungsknoten befand. Dies ist immer dann der Fall, wenn die Länge der Leitung ein Vielfaches der halben Wellenlänge ist.

- Auch die Verteilung der Strom- und Spannungsknoten bzw. Bäuche wird durch (6.199) richtig beschrieben. An Stellen, an denen die Stromwelle einen Knoten besitzt, befindet sich ein Spannungsbauch und umgekehrt. Strom und Spannung sind um 90° phasenverschoben.

6.6.4 Hertzscher Dipol; freie elektromagnetische Wellen

Ein Hertzscher Dipol ist ein gerades Stück Metall der Länge l, das als aufgebogene Lecherleitung aufgefaßt werden kann (Abb. 6.140). Als Kapazität bzw. Induktivität wirkt beim Hertzschen Dipol die Kapazität bzw. Induktivität des Metalls gegenüber dem umgebenden Raum. Zur Anregung der Eigenschwingung koppelt man den Dipol gemäß Abb. 140 induktiv an einen Sender mit der Frequenz ν. Dabei beginnt der Dipol genau dann zu schwingen, wenn die stehenden Wellen (U und I), die sich auf dem Dipol ausbilden, an dessen Länge angepaßt sind. Der Dipol ist dann *auf Resonanz abgestimmt*. Dies ist, wie im letzten Abschnitt, immer dann der Fall, wenn die Länge l des Drahtes ein Vielfaches der halben Wellenlänge $\lambda/2$ ist ($\lambda = c/\nu$).

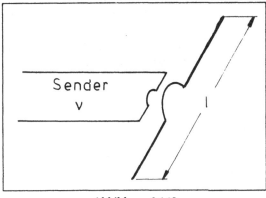

Abbildung 6.140

An den Enden des Dipols ist die Stromstärke Null. Im Gegensatz zur Lecherleitung erfährt daher nicht die Spannungs- sondern die Stromwelle bei der Reflexion am Ende einen Vorzeichenwechsel. Führt man mit dieser Bedingung dieselbe Rechnung wie bei der Lecherleitung durch, so erhält man als Ergebnis die räumliche und zeitliche Phasenverschiebung zwischen Strom und Spannung um eine Viertelperiode ($T/4$, $\lambda/4$ im Dipol. Es wechseln sich daher elektrische Aufladung und Strom ab. Dieser Sachverhalt ist für $l = \lambda/2$ (Grundschwingung) in Abb. 6.141 dargestellt.

Für die *Nahfelder*, die Felder in der unmittelbaren Umgebung des Dipols, gilt also:

- E- und B-Feld sind um 90° phasenverschoben.

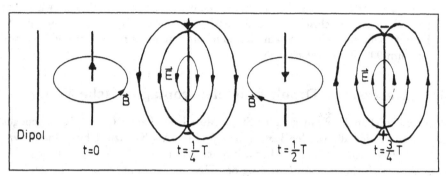

Abbildung 6.141

- E- und B-Feld stehen senkrecht aufeinander.

Der abgebildete Verlauf kann folgendermaßen dargestellt werden: Der nach dem Anregen fließende, sich ändernde Strom ist von einem sich ändernden B-Feld umgeben. Dieses Feld induziert aufgrund des Induktionsgesetzes zwischen den Enden des Dipols eine Spannung. Im E-Feld dieser Spannung werden die Ladungsträger beschleunigt. Die Folge ist ein sich ändernder Strom, der in umgekehrter Richtung wie zu Beginn fließt. Der Vorgang kann wieder von vorne beginnen.

Die Beziehungen, die dieses Verhalten beschreiben, sind

- das Amperesche Durchflutungsgesetz $\oint \vec{B}\, d\vec{s} = \mu_0 I$, d. h. ein Strom ist von einem Magnetfeld umgeben, sowie

- das Faradaysche Induktionsgesetz $\oint \vec{E}\, d\vec{s} = -\frac{d}{dt} \int \vec{B}\, d\vec{A}$, d. h. ein sich änderndes B-Feld ist von einem E-Feld umgeben.

Maxwellscher Verschiebungsstrom: Um die Verhältnisse im Fernfeld, also weit entfernt von allen Ladungen und Strömen, richtig beschreiben zu können, reichen die bisherigen Beziehung — insbesondere das Durchflutungsgesetz — nicht aus. Zur richtigen Beschreibung wurde von Maxwell das Amperesche Durchflutungsgesetz um einen Term — den *Maxwellschen Verschiebungsstrom* — erweitert. Die Aussage dieses Zusatztermes ist, daß ein zeitlich sich änderndes E-Feld von einem B-Feld umgeben ist:

$$\oint \vec{B}\, d\vec{s} \;=\; \frac{1}{c^2} \frac{d}{dt} \int\limits_A \vec{E}\, d\vec{A}. \tag{6.200}$$

Dabei bilden der Umlaufsinn des B-Feldes und die Richtung von $d\vec{E}/dt$ eine Rechtsschraube (s. Abb. 6.142).

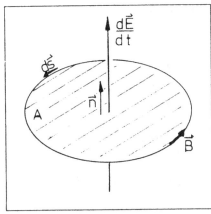

Abbildung 6.142

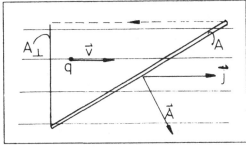

Abbildung 6.143

Die rechte Seite in (6.200) heißt deswegen Verschiebungsstrom, weil sie wie ein realer elektrischer Strom ein B-Feld erzeugt. Ein B-Feld setzt sich also zusammen aus dem Teil, der auf die realen elektrischen Ströme zurückgeht und einem Teil, der vom Verschiebungsstrom herrührt.

Der Verschiebungsstrom kann aus den bisher bekannten Gesetzen nicht abgeleitet, sondern nur plausibel gemacht werden. Im folgenden soll dies in mehreren Schritten vorgeführt werden. Die Anordnung, die dabei betrachtet wird, ist die eines Kondensators, auf den über Zuleitungen ein elektrischer Strom I fließt.

1. *Stromdichte.* Durch eine Fläche A fließe ein elektrischer Strom der Stärke I, d. h. in der Zeit Δt tritt die Ladung $Q = I\Delta t$ durch die Fläche. Ist der Ladungsfluß durch die Fläche homogen und treten die Ladungen senkrecht durch die Fläche, so wird die *Stromdichte* j wie folgt definiert:

$$j := \frac{I}{A} = \frac{\text{Stromstärke}}{\text{Fläche}} = \frac{Q}{t \cdot A}.$$

Ist die Fläche A gegenüber der Bewegungsrichtung (Geschwindigkeit) geneigt, so tritt an die Stelle der Fläche A die Projektion $A_\perp$ der Fläche senkrecht zur Bewegungsrichtung: $j = I/A_\perp$ bzw. $j \cdot A_\perp = I$. Damit kommt man zur Definition der vektoriellen Stromdichte (vgl. Abb. 6.143):

$$\vec{j} \cdot \vec{A} = j \cdot A_\perp = I.$$

Die Richtung der Stromdichte ist dabei gegeben durch die Bewegungsrichtung (Geschwindigkeit $\vec{v}$) der Ladungsträger, d. h. $\vec{j} \| \vec{v}$. Ist nun der Ladungsfluß durch die Fläche nicht homogen verteilt, so kann die Stromdichte nur noch für infinitesimale Elemente $d\vec{A}$ der Fläche definiert werden, denn für diese kann der

Ladungsfluß immer noch homogen angenommen werden:

$$\vec{j}\,d\vec{A} = j\,dA_\perp = dI,$$

wobei dI die Ladungsmenge ist, die in der Zeiteinheit durch die Fläche $d\vec{A}$ fließt.

Um die Gesamtstromstärke I zu erhalten, muß man die Ladungsmengen dI, die in der Zeiteinheit durch die einzelnen Flächenelemente fließen, aufintegrieren. Man erhält

$$I = \int_A dI = \int_A \vec{j}\,d\vec{A} = \int_A j\,dA_\perp. \qquad (6.201)$$

Das Prinzip der *Ladungserhaltung* liefert für die Stromstärke die Kirchhoffsche Knotenregel. Für die Stromdichte ergibt sich

$$\boxed{\oint \vec{j}\,d\vec{A} = -\frac{dQ}{dt}.} \qquad (6.202)$$

Dies ist die *Kontinuitätsgleichung* (vgl. (6.135)). In Worten: Für jede geschlossene Hüllfläche führt ein ausfließender Strom $I = \oint \vec{j}\,d\vec{A}$ zur Abnahme der eingeschlossenen Ladung Q.

2. *Anwendung des Prinzips der Ladungserhaltung (6.202) auf den Kondensator.* Auf einen Kondensator fließt ein Strom I. Wendet man die Beziehung (6.202) auf die in Abb. 6.144 im Schnitt gezeichnete Hüllfläche A, bestehend aus den Flächen A' und A'', an, so erhält man $I = \oint \vec{j}\,d\vec{A} = -dQ/dt$. Andererseits gilt nach dem Gaußschen Satz für die Ladung Q, die sich auf den Platten befindet, $Q = \varepsilon_0 \oint \vec{E}\,d\vec{A}$. Differenziert man dies und setzt es ein, so ergibt sich $I = \oint \vec{j}\,d\vec{A} = -\varepsilon_0 \frac{d}{dt} \oint \vec{E}\,d\vec{A}$. Der Strom tritt nur durch die Fläche A'', wogegen das E-Feld nur die Fläche A' durchsetzt, also erhält man

$$I = \int_{A''} \vec{j}\,d\vec{A}'' = -\varepsilon_0 \frac{d}{dt} \int_{A'} \vec{E}\,d\vec{A}'. \qquad (6.203)$$

3. *Amperesches Durchflutungsgesetz.* Um das $\vec{B}$-Feld im Abstand R von der Zuleitung zu berechnen, kann man das Amperesche Durchflutungsgesetz anwenden (vgl. Abschnitt 6.3.2):

$$B \cdot 2\pi R = \oint \vec{B}\,d\vec{s} = \mu_0 I = \mu_0 \int_A \vec{j}\,d\vec{A}.$$

Betrachtet man anstelle der Kreisfläche A eine Glocke A' (s. Abb. 6.145), die die gleiche Berandungskurve wie die Fläche A besitzt, erhält man im Fall I (Glocke

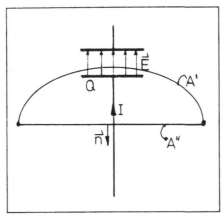

Abbildung 6.144

verläuft außerhalb des Kondensators)

$$\oint \vec{B}\,d\vec{s} = \mu_0 I = \mu_0 \int_{A'} \vec{j}\,d\vec{A}' = \mu_0 \int_A \vec{j}\,d\vec{A} \neq 0$$

und im Fall II (Glocke verläuft durch den Kondensator)

$$\oint \vec{B}\,d\vec{s} = \mu_0 \int_A \vec{j}\,d\vec{A}' = 0.$$

Das Amperesche Durchflutungsgesetz ist im betrachteten Fall also immer dann von der Wahl der Fläche A' unabhängig (bei gleicher Berandungskurve), wenn die Fläche nicht durch den Kondensator verläuft. Um nun die Aussage des Durchflutungsgesetzes unabhängig von der Wahl der Fläche zu machen, ergänzt man I durch den in (6.203) gegebenen Ausdruck. Es ergibt sich

$$\boxed{\oint \vec{B}\,d\vec{s} = \mu_0 I + \frac{1}{c^2}\frac{d}{dt}\int \vec{E}\,d\vec{A}.} \tag{6.204}$$

Der zweite Summand ist der Maxwellsche Verschiebungsstrom (6.200). Sein Vorzeichen ergibt sich daraus, daß in (6.203) die Flächennormale von A'' antiparallel zur Stromdichte j, im vorliegenden Fall jedoch parallel dazu gerichtet ist ($d\vec{A}' = -d\vec{A}''$). Außerdem wurde von der Beziehung (6.110) Gebrauch gemacht: $\varepsilon_0\mu_0 = 1/c^2$.

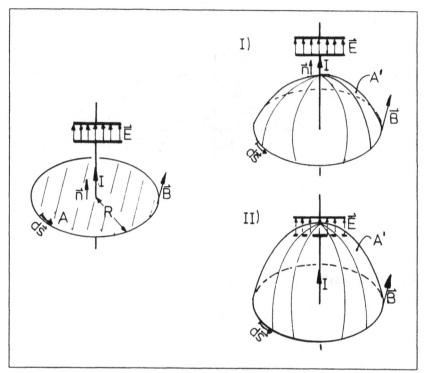

Abbildung 6.145

Durch die Hinzunahme des Maxwellschen Verschiebungsstromes wird das Linien-
integral (6.204) in der Tat unabhängig von der Wahl der eingeschlossenen Fläche:
Im Fall I ist nur der erste Summand (Leitungsstrom), im Fall II nur der zweite
Summand (Verschiebungsstrom) relevant.

Zusammenfassung: Das Prinzip der Ladungserhaltung und die Forderung nach
Unabhängigkeit des Linienintegrals des Ampereschen Durchflutungsgesetzes von der
Wahl der von einer vorgegebenen Berandungskurve eingeschlossenen Fläche legen es
nahe, den Leitungsstrom $\int \vec{j}\, d\vec{A}$ durch den Verschiebungsstrom $\frac{1}{c^2}\frac{d}{dt}\int \vec{E}\, d\vec{A}$ zu ergänzen
und damit die Aussage des Ampereschen Durchflutungsgesetzes zu erweitern. Das
vollständige System der Maxwellschen Gleichungen lautet damit

$$\oint \vec{B}\, d\vec{s} = \mu_0 I + \frac{1}{c^2}\frac{d}{dt}\int \vec{E}\, d\vec{A} \qquad \oint \vec{E}\, d\vec{A} = \frac{Q}{\varepsilon_0}$$

$$\oint \vec{E}\, d\vec{s} = -\frac{d}{dt}\int \vec{B}\, d\vec{A} \qquad \oint \vec{B}\, d\vec{A} = 0.$$

Freie elektromagnetische Wellen: Durch die Maxwell-Gleichungen kann die Ausbreitung elektromagnetischer Wellen weit weg von allen elektrischen Ladungen und Strömen, d. h. im *Fernfeld*, erklärt werden. Im Fernfeld haben die Maxwell-Gleichungen die Form

$$\oint \vec{B}\, d\vec{s} = \frac{1}{c^2}\frac{d}{dt}\int \vec{E}\, d\vec{A} \qquad \oint \vec{E}\, d\vec{s} = -\frac{d}{dt}\int \vec{B}\, d\vec{A}.$$

Setzt man ein zeitlich variables $\vec{B}$-Feld voraus, so ist dieses der letzten Beziehung gemäß von einem $\vec{E}$-Feld umgeben. Ist die zeitliche Änderung des $\vec{B}$-Feldes nicht konstant, so wird das $\vec{E}$-Feld ebenfalls zeitlich nicht konstant sein. Die Folge ist, daß das $\vec{E}$-Feld wiederum von einem $\vec{B}$-Feld umgeben ist. Der Vorgang kann nun von vorne beginnen. Das Ergebnis ist eine *sich ausbreitende Verkettung von $\vec{E}$- und $\vec{B}$-Feldern (elektromagnetische Welle; s. Abb. 6.146)*.

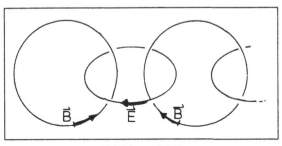

Abbildung 6.146

Der oben beschriebene Vorgang ist insbesondere dafür verantwortlich, daß sich Feldlinien vom Hertzschen Dipol ablösen und im Raum ausbreiten können.

Das Zustandekommen freier elektromagnetischer Wellen im Fernfeld konnte Maxwell theoretisch aus den beiden obigen Gleichungen ableiten. Er zeigte, daß man aus ihnen *Wellengleichungen* ableiten kann:

$$\boxed{\frac{\partial^2 E}{\partial x^2} = \frac{1}{c^2}\frac{\partial^2 E}{\partial t^2}, \qquad \frac{\partial^2 B}{\partial x^2} = \frac{1}{c^2}\frac{\partial^2 B}{\partial t^2}.} \qquad (6.205)$$

Die einfachsten Lösungen dieser Differentialgleichung sind die *ebenen, harmonischen Wellen:*

$$E_{\pm} \; = \; E_0 \sin(kx \mp \omega t) \qquad B_{\pm} \; = \; B_0 \sin(kx \mp \omega t)$$

mit der Wellenzahl $k = 2\pi/\lambda$ und der Kreisfrequenz $\omega = 2\pi\nu = 2\pi/T$. Im einzelnen ergeben sich für die elektromagnetischen Wellen folgende Gesetzmäßigkeiten:

- $\vec{E}$- und $\vec{B}$-Feld sind in Phase (Fernfeld!)

- $\vec{E}$- und $\vec{B}$-Feld stehen senkrecht aufeinander

- $\vec{E}$-Feld, $\vec{B}$-Feld und Ausbreitungsrichtung bilden in dieser Reihenfolge eine Rechtsschraube (vgl. Abb. 6.147).

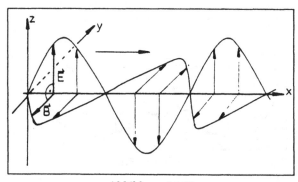

Abbildung 6.147

Für die Ausbreitungsgeschwindigkeit v_0 der Wellen im Vakuum erhält man durch Einsetzen der Lösungen in die Wellengleichung

$$v_0 \; = \; \text{Lichtgeschwindigkeit } c \; = \; \frac{1}{\sqrt{\varepsilon_0 \mu_0}} \; = \; \nu\lambda_0.$$

λ_0 ist die entsprechende Wellenlänge im Vakuum. Findet die Ausbreitung der Wellen in Materie mit der Dielektrizitätskonstanten ε und der Permeabilität μ statt, ergibt sich für die Ausbreitungsgeschwindigkeit v:

$$v = \frac{1}{\sqrt{\varepsilon\varepsilon_0\mu\mu_0}} = \frac{c}{\sqrt{\varepsilon\mu}} = \nu\lambda.$$

$\lambda = \lambda_0/\sqrt{\varepsilon\mu}$ ist dabei die Wellenlänge in der Materie. Sie ist, und damit auch die Wellenlänge, um den Faktor $1/\sqrt{\varepsilon\mu}$ kleiner als im Vakuum.

In der Optik führt man den *Brechungsindex n* ein als Quotient aus Vakuumlichtgeschwindigkeit und Ausbreitungsgeschwindigkeit des Lichtes in Materie ein. Nach obiger Gleichung gilt

$$\boxed{n = \sqrt{\varepsilon\mu}.} \qquad (6.206)$$

Dies ist die *Maxwell-Relation*.

Energiedichte und Intensität elektromagnetischer Wellen: Für die Energiedichten des elektrischen und des magnetischen Feldes wurden bereits folgende Beziehungen abgeleitet:

$$w_{el} = \frac{1}{2}\varepsilon_0 E^2 \qquad w_{mag} = \frac{1}{2}\frac{1}{\mu_0}B^2.$$

Der Energieinhalt w der elektromagnetischen Welle berechnet sich daher wie folgt:

$$w = w_{el} + w_{mag} = \frac{1}{2}\varepsilon_0 E^2 + \frac{1}{2}\frac{1}{\mu_0}B^2.$$

Es kann gezeigt werden, daß die Anteile der elektrischen und magnetischen Energie in der Welle gleich groß sind. Aus

$$w_{mag} = \frac{1}{2}\frac{1}{\mu_0}B^2 = \frac{1}{2}\varepsilon_0 E^2 = w_{el}$$

folgt

$$E = \frac{1}{\sqrt{\varepsilon_0\mu_0}}B = c\cdot B. \qquad (6.207)$$

$\vec{E}$- und $\vec{B}$-Feld sind in der elektromagnetischen Welle also nicht unabhängig voneinander, sondern über (6.207) korreliert.

Setzt man (6.207) in die Beziehung für die Energiedichte ein, erhält man

$$w = \varepsilon_0 E^2 = \frac{1}{\mu_0}B^2. \qquad (6.208)$$

Die elektromagnetische Welle breitet sich mit Lichtgeschwindigkeit aus und transportiert daher mit dieser Geschwindigkeit Energie. Als Maß für den Energiestrom wird die *Energieflußdichte* oder *Intensität S* eingeführt:

$$\text{Intensität} = \text{Energiedichte} \cdot \text{Ausbreitungsgeschwindigkeit}. \qquad (6.209)$$

Zu einer anderen Bedeutung der Intensität gelangt man über folgende Dimensionsbetrachtung:

$$[S] = \left[\frac{\text{Energie}}{\text{Volumen}} \cdot \text{Geschwindigkeit}\right] = \frac{J}{m^3}\frac{m}{s} = \frac{J}{m^2 s} = \frac{W}{m^2} = \left[\frac{\text{Leistung}}{\text{Fläche}}\right].$$

Damit:

$$\text{Intensität} = \text{Leistung, die pro } m^2 \text{ Fläche auftrifft}$$

$$= \frac{\text{Energie}}{\text{Fläche} \cdot \text{Sekunde}}. \tag{6.210}$$

Damit sind nur Flächen berücksichtigt, die senkrecht zur Ausbreitungsrichtung stehen. Setzt man (6.208) in (6.209) ein, so ergibt sich für die Intensität der elektromagnetischen Welle

$$S = \varepsilon_0 \cdot c \cdot E^2. \tag{6.211}$$

Die Intensität ist also proportional zum Quadrat des E- bzw. des B-Vektors. Formt man die letzte Beziehung mit (6.207) um, erhält man

$$S = \varepsilon_0 c E^2 = \varepsilon_0 c^2 E B = \frac{1}{\mu_0} E B.$$

Dies gibt Anlaß zur Definition des *Poyntingvektors* $\vec{S}$:

$$\boxed{\vec{S} := \frac{1}{\mu_0} \vec{E} \times \vec{B}.} \tag{6.212}$$

Der Poyntingvektor zeigt in die Richtung der Ausbreitungsrichtung, sein Betrag gibt die Intensität der Strahlung an.

Die Intensität der Sonnenstrahlung, die auf der oberen Erdatmosphäre auftrifft, beträgt 1,39 kW/m². Man nennt diesen Wert die *Solarkonstante S*.

Neben dem Energietransport tritt bei elektromagnetischen Wellen auch ein *Impulstransport* auf. Dafür ist das an das $\vec{E}$-Feld gekoppelte $\vec{B}$-Feld verantwortlich. Zur Veranschaulichung des Effektes dient Abb. 6.148. Eine Ladung q befindet sich in der Ausbreitungsrichtung $\vec{k}$ einer elektromagnetischen Welle. Erreicht die Welle den Ort der Ladung, so wird die Ladung vom elektrischen Feld in Bewegung gesetzt. Die Folge ist, daß die Ladung eine Geschwindigkeitskomponente $\vec{v}$ quer zur Ausbreitungsrichtung erhält. Aufgrund dieser Geschwindigkeit übt das senkrecht zum $\vec{E}$-Feld stehende $\vec{B}$-Feld die Lorentzkraft $\vec{F}_L$ auf die Ladung aus. Diese zeigt in Ausbreitungsrichtung.

Fällt also eine elektromagnetische Welle auf eine Fläche, so ist damit eine Kraftwirkung, d. h. ein Impulsübertrag, verbunden, den man als *Maxwellschen Strahlungsdruck* bezeichnet.

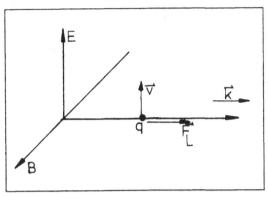

Abbildung 6.148

Analog zur Energiestromdichte S führt man die *Impulsstromdichte* $\vec{p}$ ein als Impuls, der in einer Zeiteinheit durch die senkrecht zur Ausbreitungsrichtung stehende Einheitsfläche hindurchtritt.

Eine Rechnung liefert den folgenden Zusammenhang zwischen Energie- und Impulsstromdichte:

$$\vec{p} = \frac{1}{c}\vec{S}. \tag{6.213}$$

Nachweis elektromagnetischer Wellen: Nach der theoretischen Vorhersage durch Maxwell dauerte es noch einige Jahre, bis Hertz im Jahre 1875 die elektromagnetischen Wellen experimentell nachweisen konnte. Der Nachweis geschieht mit einer *Empfangsantenne*, die ebenfalls, wie die Sendeantenne, aus einem Hertzschen Dipol gebildet wird. Bringt man die Antenne in das Feld einer elektromagnetischen Welle, so beginnen die Leitungselektronen im Takt der Hochfrequenz zu schwingen. Die Stromamplitude wird im Fall der Resonanz maximal (Länge der Antenne = ganzzahliges Vielfaches der halben Wellenlänge). Der Schwingstrom wird gleichgerichtet, die Stromstärke ist ein Maß für die Intensität der elektromagnetischen Welle am Ort der Antenne.

Versuch: Mit einem zum Schwingen angeregten Hertzschen Dipol werden folgende Experimente durchgeführt:

1. In die Nähe des Dipols wird eine Antenne mit variabler Länge gebracht. Nun wird die Länge der Antenne so lange verändert, bis das mit der Antenne verbundene Strommeßgerät maximal ausschlägt. Wie zu erwarten, beträgt die Länge der Antenne dabei eine halbe Wellenlänge.

2. Als nächstes wird die *Sendercharakteristik* des Dipols untersucht, d. h. es wird gemessen, ob und wie kräftig der Dipol in eine bestimmte Raumrichtung strahlt.

Dazu dreht man die Antenne in der Ebene, die vom Dipol und der Verbindungslinie Dipol-Antenne gebildet wird. Als Ergebnis erhält man eine Sendercharakteristik, wie sie Abb. 6.149 zeigt. Dabei stellt jeweils der Pfeil vom Ursprung
zur Kurve ein Maß für die unter dem jeweiligen Winkel gemessene Intensität der
Strahlung dar ($I \sim \sin^2 \vartheta$). Insbesondere ist die Strahlung senkrecht zum Dipol
maximal, wogegen die Ausstrahlung in Dipolrichtung gleich Null ist.

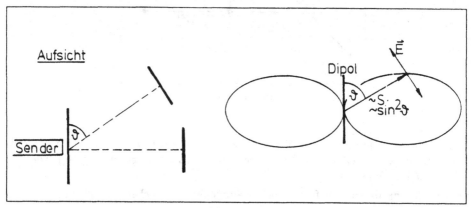

Abbildung 6.149

3. Dreht man die Empfangsantenne um die Achse I aus ihrer Richtung parallel zur
   Senderantenne (y-Achse) in die Richtung parallel zum Ausbreitungsvektor $\vec{k}$ (z-
   Achse), so stellt man fest, daß die empfangene Intensität auf Null zurückgeht
   (Empfangscharakteristik; s. Abb. 6.150).

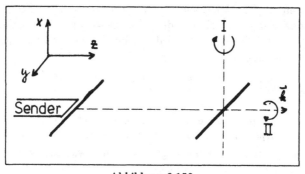

Abbildung 6.150

4. Dreht man die Empfangsantenne um die Achse II aus ihrer Richtung parallel zur Senderantenne (y-Achse) in die Richtung parallel zur x-Achse, so geht der Ausschlag des Strommeßgerätes ebenfalls auf Null zurück: Die emittierte Strahlung ist *linear polarisiert*, man beobachtet das Maximum der Empfangsintensität, wenn Empfangsantenne und $\vec{E}$-Vektor des Feldes parallel sind.

Die Ausstrahlung von elektromagnetischen Wellen ist gemäß (6.208) mit einer Energieabstrahlung verbunden. Die Folge ist eine Dämpfung des Senders. Man spricht von *Strahlungsdämpfung*. Beim Hertzschen Dipol macht sich diese Dämpfung vor allem durch eine größere Linienbreite der Resonanzkurve bemerkbar.

6.6.5 Stehende elektromagnetische Wellen im Raum; Hohlraumresonator

Neben den stehenden elektromagnetischen Wellen längs Drähten (z. B. Lecherleitung) können auch stehende elektromagnetische Wellen im freien Raum erzeugt werden.

Versuch: Ein Hertzscher Dipol, der eine elektromagnetische Welle ausstrahlt, steht einer Metallwand gegenüber. Zwischen Wand und Dipol steht eine Antenne, die parallel zum Dipol ausgerichtet ist. Tastet man mit der Antenne den Raum zwischen Wand und Dipol ab, so beobachtet man in periodischen Abständen Maxima und Minima des Antennenstroms.

Interpretation: An der Metallwand wird die elektromagnetische Welle reflektiert. Da auf der Wand die Randbedingung $\vec{E} = 0$ erfüllt sein muß (vgl. Lecherleitung), ändert die Amplitude des $\vec{E}$-Feldes bei der Reflexion ihr Vorzeichen, d. h. die E-Welle erfährt einen Phasensprung von π. Dadurch kompensieren sich auf der Wand die $\vec{E}$-Vektoren der ein- und auslaufenden Welle in jedem Augenblick. Da sich die Ausbreitungsrichtung bei der Reflexion auch umkehrt und $\vec{E}$-, $\vec{B}$-Feld und Ausbreitungsrichtung eine Rechtsschraube bilden, tritt beim $\vec{B}$-Feld kein Phasensprung auf. Ein- und auslaufende Wellen bilden zusammen stehende $\vec{E}$- und $\vec{B}$-Wellen, aber aufgrund der unterschiedlichen Reflexion fallen $\vec{E}$-Feldknoten mit $\vec{B}$-Feldbäuchen zusammen und umgekehrt, es entsteht eine Verteilung wie in Abb. 6.151. Da die Antenne auf das E-Feld anspricht, ist in den Stellen der E-Bäuche der Antennenstrom maximal, wogegen er in den Zwischenstellungen (E-Knoten) minimal wird.

Der nächste Versuch dient zur experimentellen Bestätigung der Maxwell-Relation (6.206).

Versuch: Ein Hertzscher Dipol wird mit der Frequenz $\nu = 150$ MHz zum Schwingen angeregt. Die abgestrahlte Welle hat also eine Vakuumwellenlänge λ_0 von ungefähr 2 m. Gegenüber dem Dipol steht ein Wasserbassin, an dessen Ende die Welle an einer Metallwand reflektiert wird, so daß sich zwischen Dipol und Wand eine stehende Welle ausbildet. Mit einer Antenne wird der Abstand zwischen zwei E-Feldknoten im

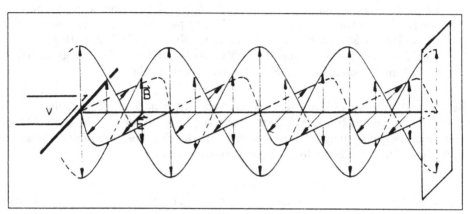

Abbildung 6.151

Bassin gemessen. Die Messung ergibt ungefähr 14 cm. Damit beträgt die Wellenlänge
ungefähr 28 cm.

Setzt man dies in die Beziehung (6.206) ein, erhält man

$$n = \sqrt{\varepsilon\mu} = \frac{\text{Ausbreitungsgeschwindigkeit im Vakuum}}{\text{Ausbreitungsgeschwindigkeit in Wasser}} = \frac{c}{v}$$

$$= \frac{\lambda_0 \nu}{\lambda \nu} = \frac{\lambda_0}{\lambda} \approx \frac{2\,\text{m}}{28\,\text{cm}}$$

$$\approx 9.$$

Damit errechnet man für die Dielektrizitätskonstante ε von Wasser den Wert $\varepsilon = 81$
($\mu_{Wasser} \approx 1$). Dieser stimmt mit dem in Abschnitt 6.1.8 angegebenen Wert überein.

Mißt man den Brechungsindex für verschiedene Frequenzen ν, so stellt man eine
Abhängigkeit des Brechungsindex von der Frequenz ν fest. Diese wird später in
der *Dispersionstheorie* untersucht. Gegenüber Frequenzen des sichtbaren Lichtes ist
n_{Wasser} ungefähr 1,5.

Hohlraumresonator: Stehende elektromagnetische Wellen erhält man auch im Innern eines nach allen Seiten durch Metallwände abgeschlossenen Raums, dessen Abmessungen auf die Wellenlänge abgestimmt sind (Hohlraumresonator; s. Abb. 6.152).
Dabei kann der Resonator ähnlich wie eine mechanische Saite in verschiedenen Eigen-
schwingungszuständen („Moden") angeregt werden. Unter der *Güte* eines Resonator
versteht man das Verhältnis von Energieinhalt des Resonators und Energieverlust in
einer Schwingungsperiode. Ein Resonator hoher Güte besitzt demnach sehr scharfe
Resonanzen.

Versuch: Die Wellenlänge einer elektromagnetischen Welle soll bestimmt werden.

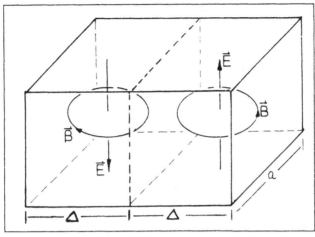

Abbildung 6.152

Dazu benutzt man einen Hohlraumresonator mit variabler Wand. Mit der Frequenz der zu untersuchenden Welle wird der Resonator angeregt. Nun verschiebt man die bewegliche Wand so lange, bis der Resonator auf einer Eigenschwingung schwingt, d. h. auf Resonanz abgestimmt ist. Mißt man nun mit einer Antenne die Abstände zwischen zwei E-Knoten bzw. mit einer Induktionsschleife die Abstände zwischen zwei B-Knoten, ergibt sich ein Abstand Δ von 22 cm. Die Wellenlänge Λ der stehenden Welle beträgt also 44 cm ($\Delta = 2\,\Lambda$). Wegen der endlichen Geometrie des Hohlraumresonators ist Λ nicht mit der Wellenlänge λ der freien Welle identisch. Es gilt

$$\Lambda = \frac{\lambda}{\sqrt{1 - \dfrac{\lambda^2}{4a^2}}}.$$

Kapitel 7

Elektrische Leitungsvorgänge

7.1 Elektrische Leitungsvorgänge in Flüssigkeiten

7.1.1 Elektrolyse, Faradaysche Gesetze

Versuch: Zwei Metallplatten, zwischen denen eine Spannung U anliegt, werden in eine mit destilliertem Wasser gefüllte Wanne eingetaucht (Abb. 7.1). Mit einem Strommeßgerät läßt sich praktisch kein Strom nachweisen: Reines Wasser ist ein Nichtleiter. Löst man jedoch etwas Kochsalz (NaCl) im Wasser auf, schlägt das Strommeßgerät aus.

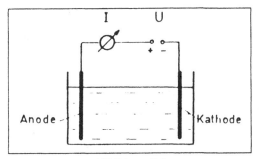

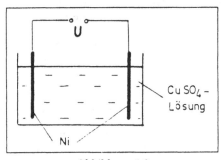

Abbildung 7.1   Abbildung 7.2

Interpretation: Der Kochsalzkristall ist aus Na^+- und Cl^--Ionen aufgebaut. Wassermoleküle mit ihrem großen elektrischen Dipolmoment können die elektrostatische Bindung aufbrechen: Die Ionen gehen in Lösung, sie können sich im Wasser frei bewegen *(elektrolytische Dissoziation)*. Die positiven Ionen, die sogenannten *Kationen*, bewegen sich im $\vec{E}$-Feld der Metallplatten zur Kathode und nehmen dort ein Elektron auf; die negativen Ionen *(Anionen)* wandern zur Anode und geben ein Elektron ab.

Stoffe, deren Lösungen oder Schmelzen den elektrischen Strom leiten, nennt man *Elektrolyte;* chemisch sind dies Salze, Säuren oder Basen. Bei allen Elektrolyten ist der

Stromdurchgang mit einer Zersetzung an den Elektroden verbunden. Dieser Vorgang heißt *Elektrolyse*.

Versuch: Zwei Nickelelektroden werden mit einer Spannungsquelle verbunden und in eine $CuSO_4$-Lösung getaucht (Abb. 7.2). Man beobachtet einen roten Kupferniederschlag an der Kathode.

Interpretation: Die Cu^{++}-Ionen wandern unter dem Einfluß des elektrischen Feldes zur Kathode, nehmen dort zwei Elektronen auf und schlagen sich als metallische Kupferschicht nieder. Die SO_4^{--}-Ionen bewegen sich zur Anode, geben zwei Elektronen ab und reagieren mit dem Nickel zu $NiSO_4$, das wiederum in Lösung geht. Auf diese Weise kann man Metalle mit einer dünnen Kupferschicht überziehen ("galvanische Oberflächenveredlung").

Die Elektrizitätsleitung in Flüssigkeiten ist also stets mit einem Materietransport verbunden.

Versuch: Ein Glasstab wird zwischen zwei Elektroden eingespannt, an denen die Spannung U liegt. Wenn man den Glasstab mit einem Bunsenbrenner erhitzt, zeigt das Strommeßgerät einen Ausschlag.

Interpretation: Durch das Erhitzen wird die Beweglichkeit der einzelnen Ionen erhöht und es kann ein Strom fließen.

Die Faradayschen Gesetze der Elektrolyse: Die Faradayschen Gesetze beschreiben den quantitativen Zusammenhang zwischen der abgeschiedenen Stoffmasse m und der transportierten Ladung Q.

1. Die abgeschiedene Stoffmasse ist proportional zur durchgeflossenen Ladung Q:

$$m = A \cdot Q.$$

    Die Konstante A heißt *elektrochemisches Äquivalent* und gibt an, wieviel Gramm Ionen durch ein Coulomb abgeschieden werden.

2. Zur Abscheidung von einem Mol eines einwertigen Stoffes ($Z = 1$) ist die Ladung $Q = 96486$ C nötig. $F := 96486$ C/mol heißt *Faradaykonstante*. Sie ergibt sich als Produkt aus der Zahl der Teilchen pro Mol ($N_A = 6{,}0222 \cdot 10^{23}$ mol^{-1}) und der Elementarladung ($e_0 = 1{,}6022 \cdot 10^{-19}$ C):

$$F = N_A \cdot e_0.$$

    Mit dieser Beziehung hat man die Möglichkeit einer Präzisionsmessung der Elementarladung e_0.

Das zweite Faradaysche Gesetz kann noch etwas verallgemeinert werden, wenn man den Begriff des *Grammäquivalents* einführt:

$$1 \text{ Grammäquivalent} := \frac{\text{relative Atommasse in Gramm}}{\text{Wertigkeit}}.$$

Man benötigt also die Ladung $Q = 96486$ C zur Abscheidung von einem Grammäquivalent Materie.

Früher wurde die Einheit des elektrischen Stroms, das Ampere, über die Abscheidung von Ag^+-Ionen wie folgt definiert:

„Ein Strom hat die Stärke von 1 A, wenn er in der Sekunde 1,118 mg Silber abzuscheiden vermag."

Diese Definition ist nur noch von historischer Bedeutung.

7.1.2 Elektrolytische Leitfähigkeit

Versuch: Mit der in Abb. 7.3 dargestellten Anordnung untersucht man den Zusammenhang zwischen der angelegten Spannung U und dem Strom I bei Elektrolyten. Man stellt fest:

$$U \sim I \quad \text{bzw.} \quad U = R \cdot I. \tag{7.1}$$

Es gilt also das Ohmsche Gesetz. Bei festgehaltener Spannung U ändert man nun den Elektrodenabstand l und mißt den Strom I in Abhängigkeit von l. Ergebnis:

$$I \sim \frac{1}{l} \quad \text{bzw.} \quad R \sim l.$$

Wiederum bei fester Spannung ändert man durch Absaugen eines Teils des Elektrolyten die Höhe h und damit die Plattenfläche A. Eine Messung von I in Abhängigkeit von A liefert

$$I \sim A \quad \text{bzw.} \quad R \sim \frac{1}{A}.$$

Die letzten beiden Ergebnisse kann man zusammenfassen zu

$$R = \rho \cdot \frac{l}{A}. \tag{7.2}$$

Dabei ist ρ der spezifische Widerstand des Elektrolyten.

Modellvorstellung: Es sei U die anliegende Spannung, A die Fläche der Platten, l ihr Abstand, n die Zahl der Ionen pro Volumeneinheit, Z die Wertigkeit der Ionen und v_+ (v_-) die Geschwindigkeit der positiven (negativen) Ionen.

Auf ein Z-wertiges Ion wirkt im $\vec{E}$-Feld der Platten die Kraft $F_{el} = Z \cdot e_0 \cdot E$. Da eine geschwindigkeitsproportionale Reibungskraft $F_R \sim v$ vorhanden ist, führt diese elektrische Kraft nicht zu einer beschleunigten, sondern nur zu einer gleichförmigen Bewegung der Ionen. Im Gleichgewicht gilt:

$$F_{el} = F_R \quad \Longrightarrow \quad v \sim E \quad \text{bzw.} \quad v = \beta \cdot E.$$

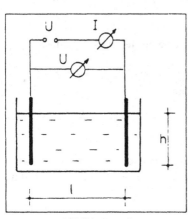

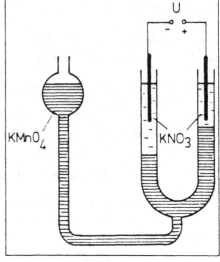

Abbildung 7.3   Abbildung 7.4

β heißt *Beweglichkeit* der Ionen. In der Zeit t trifft die Ladung

$$Q = Q_+ + Q_- = n \cdot A(v_+ + v_-) \cdot t \cdot Z \cdot e_0$$

auf den Platten ein. Also beträgt die Stromstärke

$$I = \frac{Q}{t} = n \cdot A(v_+ + v_-) \cdot Z \cdot e_0.$$

Aus (7.1) und (7.2) folgt damit:

$$\rho = \frac{U \cdot A}{I \cdot l} = \frac{U \cdot A}{n \cdot A(v_+ + v_-) \cdot Z \cdot e_0 \cdot l} = \frac{U}{n \left(\beta \dfrac{U}{+l} + \beta \dfrac{U}{-l}\right) \cdot Z \cdot e_0 \cdot l}$$

$$= \frac{1}{n \cdot Z \cdot e_0 (\beta_+ + \beta_-)}.$$

Die Leitfähigkeit κ (Kappa) des Elektrolyten beträgt also

$$\kappa = \frac{1}{\rho} = n \cdot Z \cdot e_0 (\beta_+ + \beta_-).$$

Sie ist proportional zur Konzentration und zur Wertigkeit der Ionen sowie zur Summe ihrer Beweglichkeiten.

Versuch: In einem U-Rohr unterschichtet man eine KNO_3-Lösung vorsichtig mit einer violetten $KMnO_4$-Lösung, so daß sich scharfe Grenzflächen bilden (s. Abb. 7.4). Legt man eine Spannung U an, so wandern die farbigen MnO_4-Ionen zur Anode. Der zurückgelegte Weg läßt sich durch die Verschiebung der Farbgrenze verfolgen. Man stellt eine Proportionalität der Wanderungsgeschwindigkeit v zur anliegenden Spannung U fest. v beträgt größenordnungsmäßig 0,1 bis 1 mm/s. Mit diesem Verfahren kann man über die Beziehung $v = \beta \cdot E$ die Beweglichkeit der Ionen bestimmen.

Eine genaue Messung zeigt, daß auch reinstes Wasser den Strom leitet; die Leitfähigkeit beträgt bei Zimmertemperatur $\kappa = 4,8 \cdot 10^{-6}\ \Omega^{-1}\,m^{-1}$ und ist stark temperaturabhängig. Dies liegt daran, daß Wasser zu einem kleinen Teil in H^+- und OH^--Ionen zerfällt gemäß $H_2O \rightleftharpoons H^+ + OH^-$.

Wegen $\kappa = n \cdot Z \cdot e_0(\beta_+ + \beta_-)$ kann man bei bekannter Beweglichkeit der H^+- und OH^--Ionen die Konzentration der Ionen im Wasser bestimmen:

$$n = \frac{\kappa}{Z \cdot e_0(\beta_+ + \beta_-)} = \frac{4,8 \cdot 10^{-6}\ \Omega^{-1}\,m^{-1}}{1 \cdot 1,6 \cdot 10^{-19}\ C \cdot 5 \cdot 10^{-7}\ m^2/Vs} = 6 \cdot 10^{16}\ dm^{-3}.$$

Division durch die Avogadrokonstante N_A liefert

$$\frac{n}{N_A} = \frac{6 \cdot 10^{16}\ dm^{-3}}{6 \cdot 10^{23}\ mol^{-1}} = 10^{-7}\ Mol/Liter.$$

Der *pH-Wert* einer Lösung wird nun definiert als

$$pH := -\log[\text{Konzentration der } H^+\text{-Ionen in Mol/Liter}].$$

Der pH-Wert von reinem Wasser bei Zimmertemperatur beträgt also +7.

7.1.3 Elektrophorese

Sind die in einer Flüssigkeit suspendierten Teilchen so klein, daß sie mit ihr scheinbar eine einzige Phase bilden, obwohl sie nicht molekular mit ihr gemischt sind wie in einer echten Lösung, so spricht man von einer *kolloidalen Lösung*. Ist die Flüssigkeit Wasser, so nennt man die kolloidale Lösung ein *Hydrosol* (z. B. Milch, Eiweiß). Kolloidal gelöste Teilchen tragen an ihrer Oberfläche Ladungen, die entstehen können durch

- Ionisation,

- Anlagerung von Ionen der Lösung,

- Berührungselektrizität. Dabei gilt die Coehnsche Regel: Der Stoff mit der größeren Dielektrizitätskonstante lädt sich positiv auf.

Unter dem Einfluß eines äußeren elektrischen Feldes bewegen sich Kolloide je nach Ladungsvorzeichen zur Kathode oder zur Anode. Diesen Vorgang nennt man *Elektrophorese*.

Die geladenen Teilchen wandern — im Gegensatz zur Elektrolyse — nur in einer Richtung. Ihr Durchmesser beträgt ungefähr 10^{-6} - 10^{-9} m, während der Durchmesser der Ladungsträger bei der Elektrolyse (Atome, kleine Moleküle) einige 10^{-10} m beträgt.

Versuch: Man zeichnet einen Filzstiftstrich auf ein angefeuchtetes Stück Filterpapier und legt eine Spannung an. Der Filzstiftstrich bewegt sich langsam auf die Anode zu. Dafür ist die Elektrophorese verantwortlich. Große Bedeutung haben solche Verfahren in der Chemie und Biochemie (z. B. Chromatographie, Trennung von Eiweißbestandteilen etc.).

7.1.4 Elektrolytische Polarisation

Zwei Platinelektroden werden gemäß Abb. 7.5 in eine mit verdünnter Schwefelsäure gefüllten Wanne eingetaucht. Legt man eine Spannung U_B von ungefähr 5 Volt an die Platten, so fließt ein Strom aufgrund der Elektrolyse; dabei laufen folgende Vorgänge ab:

$$\text{Kathode:}\quad 2H^+ + 2e^- \longrightarrow 2H \longrightarrow H_2$$
$$\text{Anode:}\quad SO_4^{--} - 2e^- \longrightarrow SO_3 + \tfrac{1}{2}O_2 \xrightarrow{+H_2O} H_2SO_4 + \tfrac{1}{2}O_2.$$

Wasser- und Sauerstoff werden gasförmig frei. Legt man nun den Schalter S um und schließt damit den Stromkreis kurz, so fließt ein Strom in entgegengesetzte Richtung, der langsam auf Null zurückgeht. Bei der Elektrolyse baut sich also zwischen den Platten eine Spannung auf; der Elektrolyt wird selbst zu einer Spannungsquelle. Diese Erscheinung heißt *elektrolytische Polarisation*. Diejenige Platte, die mit dem positiven Pol von U_B verbunden war, wird dabei selbst zum Pluspol und umgekehrt.

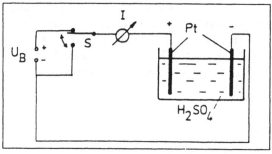
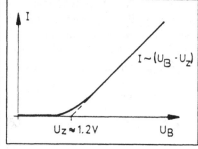

Abbildung 7.5   Abbildung 7.6

Versuch: Man mißt den Strom I durch einen Elektrolyten in Abhängigkeit von der angelegten Spannung U_B. Die Kennlinie des Elektrolyten weist den in Abb. 7.6 skizzierten Verlauf auf.

Interpretation: Durch die elektrolytische Polarisation baut sich zwischen den Platten eine Spannung auf, die der angelegten Spannung entgegenwirkt. Bei kleinem U_B geht der Strom deshalb rasch auf Null zurück. Erst bei $U_B \approx 2$ V hat man die *Zersetzungsspannung* U_Z überwunden und es gilt ein linearer *U-I*-Zusammenhang. Die Zersetzungsspannung U_Z kann durch Extrapolation dieser Geraden bestimmt werden. Ihr Wert beträgt ungefähr 1 bis 1,5 Volt.

7.1.5   Lösungstension, Voltasche Spannungsreihe

Im Gegensatz zu ihren Salzen sind Metalle in Wasser nur sehr schwach löslich. Metalle enthalten positive Ionen als Bausteine des Kristallgitters. Ihre Ladungen werden von freien Elektronen neutralisiert (siehe Abschnitt 7.4.2). Taucht man nun ein Metall, z. B. Zink, in Wasser, so können die Zn^{++}-Ionen in Lösung gehen und auf der Metallplatte bleibt ein Überschuß an negativen Ladungen zurück; es kommt zu einer Ladungstrennung an der Grenze zwischen Elektrode und Elektrolyt (Abb. 7.7). Die zur Abtrennung der Ionen aus dem Gitter benötigte Energie stammt im wesentlichen aus der Energie, die bei der Anlagerung der H_2O-Moleküle an die Ionen, der Hydration, gewonnen wird. Der Auflösungsvorgang dauert so lange, bis das elektrische Feld an der Grenze zwischen Metall und Flüssigkeit so stark geworden ist, daß die Zn^{++}-Ionen nicht mehr dagegen anlaufen können. Dann bildet sich ein Gleichgewicht zwischen den auf das Metall zurückkehrenden und den in Lösung gehenden Zn^{++}-Ionen aus. Zwischen dem Inneren des Metalls und der Lösung besteht also eine Spannung.

Das Bestreben der Metallionen, in Lösung zu gehen, nennt man ihre *Lösungstension*. Sie ist natürlich von Element zu Element verschieden und i. a. stark temperatur- und konzentrationsabhängig.

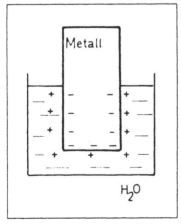

Abbildung 7.7

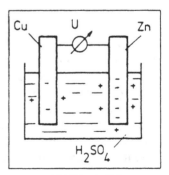

Abbildung 7.8

Versuch: Man taucht einen Eisenstab in eine $CuSO_4$-Lösung. Er überzieht sich mit einer metallischen Kupferschicht.

Interpretation: Der Vorgang des Auflösens des Eisenkristallgitters wird hier nicht durch einen Potentialsprung zwischen Flüssigkeit und Gitter gehemmt, denn für jedes austretende Fe^{++}-Ion gelangt im Austausch ein Cu^{++}-Ion aus der $CuSO_4$-Lösung an den Eisenstab, nimmt zwei zurückgebliebene Elektronen auf und schlägt sich als metallisches Kupfer nieder. Es stellt sich der Zustand niedrigster potentieller Energie ein.

Eine Absolutmessung der Potentialdifferenz zwischen dem Metall und der Flüssigkeit ist unmöglich, weil man dazu eine zweite Elektrode in die Flüssigkeit eintauchen muß, was stets einen weiteren Potentialsprung zur Folge hat. Man kann nur die Differenz von elektrolytischen Potentialen verschiedener Metalle messen (Relativmessung). Um trotzdem für einzelne Metalle Potentialdifferenzen angeben zu können, setzt man willkürlich die Spannung einer mit Wasserstoff umspülten Platinelektrode („Wasserstoffelektrode") gegen eine Lösung mit der Ionenkonzentration 1 Grammäquivalent/Liter gleich Null. Bezogen auf diesen Nullpunkt kann man die Metalle in der *Voltaschen Spannungsreihe* (Abb. 7.9) nach ihren elektrolytischen Potentialen anordnen.

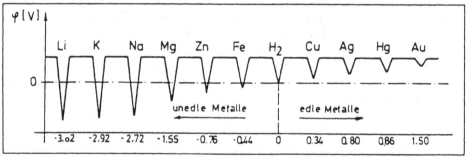

Abbildung 7.9

Galvanische Elemente: Taucht man zwei Metalle mit unterschiedlicher Lösungstension, z. B. Zink und Kupfer, in eine elektrolytische Lösung, so besteht zwischen ihnen eine Potentialdifferenz. Eine solche Anordnung nennt man ein *galvanisches Element* (Abb. 7.8). Dabei bildet das in der Voltaschen Spannungsreihe weiter rechts stehende Element (hier: Cu) den positiven Pol und umgekehrt. Die Spannung zwischen den Elektroden ergibt sich als Differenz aus den Spannungen der einzelnen Elektroden gegen den Elektrolyten. Bei der üblichen Ionenkonzentration von einem Grammäquivalent pro Liter beträgt sie im obigen Beispiel $U = 0{,}34 \text{ V} - (-0{,}76 \text{ V}) = 1{,}10 \text{ V}$.

Potentialverlauf bei galvanischen Elementen:

1. *Keine Belastung:* $R_a = \infty$. Die gesamte Potentialdifferenz $\Delta\varphi$ liegt zwischen den Elektroden (Abb. 7.10).

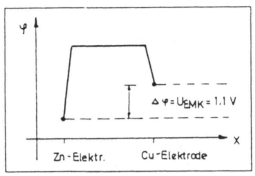

Abbildung 7.10

2. *Kurzschluß:* $R_a = 0$. Die Potentialdifferenz im Außenraum ist jetzt Null, also fällt die gesamte Spannung im Innenraum ab. Anschauliche Deutung des Maximalstroms: Es können nicht mehr Ladungen transportiert werden, als durch Lösungstension in Lösung gehen (Abb. 7.11).

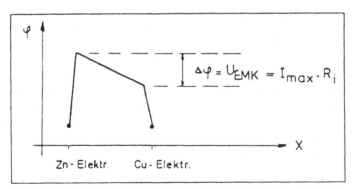

Abbildung 7.11

3. *Außenwiderstand* $0 \neq R_a \neq \infty$. Ein Teil der Spannung fällt im Innern ab, der Rest am Außenwiderstand (Abb. 7.12). Es gilt:

$$U_{EMK} = \Delta\varphi_i + \Delta\varphi_a = R_i \cdot I + U_K.$$

Daraus erhält man den schon bekannten Ausdruck (vgl. (6.82))

$$U_K = U_{EMK} - R_i \cdot I.$$

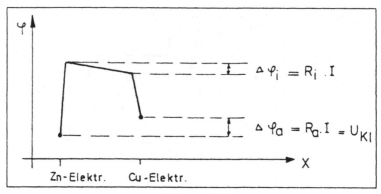

Abbildung 7.12

7.1.6 Konzentrations- und Diffusionselemente

Versuch: In zwei verbundenen Röhren befindet sich Kupfersulfatlösung unterschiedlicher Konzentration (Abb. 7.13). Taucht man in jede Röhre eine Kupferelektrode, so kann man zwischen ihnen eine Spannung messen. Bei einem Konzentrationsverhältnis $n_1/n_2 = 100$ beträgt sie ungefähr 0,01 V.

Interpretation: Aufgrund der unterschiedlichen Konzentrationen findet zwischen den Röhren eine Diffusionsbewegung der Ionen statt. Die positiven und die negativen Ionen besitzen i. a. eine unterschiedliche Beweglichkeit und damit eine unterschiedliche Diffusionsgeschwindigkeit. Deshalb baut sich zwischen den beiden Gebieten eine Spannung auf, die dann die langsamere Ionensorte beschleunigt und die schnellere abbremst. Im Gleichgewichtszustand haben beide Ionensorten die gleiche Diffusionsgeschwindigkeit. Nach W. Nernst gilt für das Diffusionspotential

$$U_{EMK}^{Diff} = \frac{\beta_+ - \beta_-}{\beta_+ + \beta_-} \cdot \frac{R \cdot T}{F \cdot Z} \cdot \ln \frac{n_1}{n_2}.$$

Berücksichtigt man noch die unterschiedliche Lösungstension der Elektroden aufgrund der unterschiedlichen Umgebungskonzentrationen in den beiden Röhren, ergibt sich

$$U_{EMK}^{Total} = \frac{2\beta_-}{\beta_+ + \beta_-} \cdot \frac{R \cdot T}{F \cdot Z} \cdot \ln \frac{n_1}{n_2}.$$

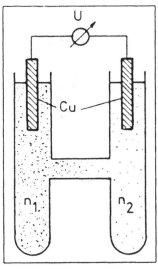

Abbildung 7.13

Dabei bedeuten

β_+ (β_-)	Beweglichkeit der positiven (negativen) Ionen
R	Allgemeine Gaskonstante
T	Absolute Temperatur
F	Faradaykonstante
Z	Wertigkeit der Ionen
n_1, n_2	Konzentration der Lösung in den beiden Röhren.

7.2 Elektrische Leitungsvorgänge in Gasen

7.2.1 Unselbständige Entladungen, Ionisationskammer, Energiedosis

Gase sind von Natur aus Nichtleiter; ein aufgeladener Plattenkondensator entlädt sich in Luft nicht. Damit doch ein Strom durch ein Gas fließen kann, müssen im Gas Ionen erzeugt werden. Wenn die Ionen nicht beim Entladungsvorgang selbst entstehen, spricht man von einer *unselbständigen Gasentladung*. Im Gegensatz zu den Ionen in Elektrolyten sind Ionen in Gasen nicht beständig, denn infolge der thermischen Bewegung treten häufig (bei nicht zu kleinem Druck) Zusammenstöße zwischen positiven und negativen Ionen auf, worauf Neutralisation eintritt *(Rekombination)*.

Versuch: Ein Plattenkondensator, zwischen dessen Platten sich Luft befindet, wird an eine Hochspannung U gelegt (Abb. 7.14). Es fließt zunächst kein Strom. Erhitzt man aber mit einer Kerze die Luft zwischen den Kondensatorplatten, so läßt sich ein Stromfluß beobachten.

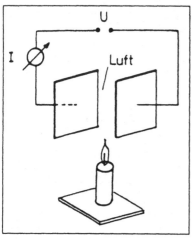

Abbildung 7.14

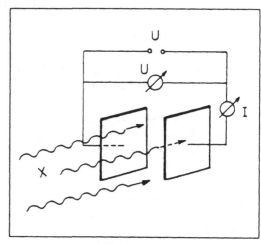

Abbildung 7.15

Interpretation: Durch die thermische Energie der Flamme wird die Luft zwischen den Kondensatorplatten teilweise ionisiert. Die Ionen fließen je nach Ladungsvorzeichen zur positiven oder negativen Platte, es fließt ein Strom.

Versuch: Bringt man bei der gleichen Schaltung statt der Kerze ein radioaktives Präparat zwischen die Platten oder bestrahlt den Plattenzwischenraum mit Röntgenstrahlen (Abb. 7.15), so fließt ebenfalls ein Strom.

Auch radioaktive Präparate und kurzwellige elektromagnetische Strahlung ionisieren die Luft.

Versuch: Die Luft zwischen den Kondensatorplatten wird durch Röntgenstrahlung ionisiert. Legt man eine Hochspannung an, fließt wie im vorigen Versuch ein Strom. Dies ist prinzipiell der Aufbau einer *Ionisationskammer.* Untersucht man die Abhängigkeit des Stroms durch eine Ionisationskammer von der anliegenden Spannung (bei konstanter Intensität der Röntgenstrahlung), ergibt sich der in Abb. 7.16 skizzierte Verlauf.

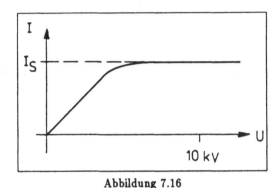

Abbildung 7.16

Die Stromstärke I ist zunächst proportional zur anliegenden Spannung, steigt dann aber kaum noch an und erreicht schließlich einen Sättigungswert I_S. Die Höhe des Sättigungsstroms ist proportional zur Intensität der ionisierenden Röntgenstrahlung.

Interpretation der Kurve:

1. *Proportionalbereich.* Die ionisierende Strahlung möge pro Zeit- und Volumeneinheit N_0 Ionen erzeugen. n^+ bzw. n^- bezeichne die Zahl der positiven bzw. negativen Ionen pro Volumeneinheit. Da die Ionen stets paarweise erzeugt und vernichtet werden, ist $n^+ = n^- =: n$. Sei weiterhin Z die Zahl der Ionen, die pro Zeit- und Volumeneinheit durch Rekombination vernichtet werden. Es gilt: $Z \sim n^+ \cdot n^- = n^2$. Da im stationären Zustand die Erzeugungsrate gleich der Rekombinationsrate ist, folgt daraus

$$N_0 = Z \sim n^2 \quad \text{bzw.} \quad n \sim \sqrt{N_0} = \text{const.}$$

Die Ladungsträgerdichte ist also konstant. Unter dieser Voraussetzung gilt das Ohmsche Gesetz: $U \sim I$.

2. *Sättigungsbereich.* Wenn die Spannung und damit das elektrische Feld zwischen den Platten sehr groß wird, werden die gebildeten Ionen so stark beschleunigt,

daß sie auf eine Elektrode auftreffen, bevor sie mit anderen Ionen rekombinieren können. Eine weitere Erhöhung der Spannung kann dann natürlich die Stromstärke nicht noch weiter steigern, weil nicht mehr Ionen an die Elektroden gelangen können als durch die Röntgenstrahlung erzeugt werden. Die Größe des Sättigungsstroms I_S wird ausschließlich von der Intensität der ionisierenden Strahlung bestimmt.

Die Tatsache, daß die Sättigungsstromstärke proportional zur Intensität der Röntgenstrahlung ist, kann man zur *Messung der Intensität von Röntgenstrahlen* ausnutzen.

In diesem Zusammenhang soll nun eine genaue Definition einiger wichtiger Begriffe für Strahlungen erfolgen:

- *Ionendosis, Ionendosisleistung.* Unter der *Ionendosis* versteht man den Quotienten aus der Ladung, die eine Strahlung freisetzt, und der Masse der durchstrahlten Materie. Die Einheit der Ionendosis ist 1 C/kg (veraltet: 1 Röntgen = $2{,}58 \cdot 10^{-4}$ C/kg).

  Die *Ionendosisleistung* ist definiert als Quotient aus der Ionendosis und der Zeit, in der die Ionisation erfolgte; ihre Einheit ist 1 C/(kg·s).

- *Energiedosis, Energiedosisleistung.* Zur Beschreibung der biologischen Wirkung einer Strahlung ist die freigesetzte Energie i. a. wichtiger als die freigesetzte Ladung. Daher definiert man die *Energiedosis* als Quotient aus der freigesetzten Energie und der Masse durchstrahlter Materie. Die Einheit der Energiedosis ist 1 Gy (Gray) := 1 J/kg. Die früher gebräuchliche Einheit war 1 rd (Rad) = 0,01 Gy. Die *Energiedosisleistung* ist analog zur Ionendosisleistung definiert als Quotient aus Energiedosis und Zeit. Ihre Einheit ist 1 Gy/s = 1 J/(kg·s) = 100 rd/s.

- *Äquivalentdosis.* Aufgrund unterschiedlicher Ionisationsdichte (Zahl der Ionisationen pro Längeneinheit) haben unterschiedliche Strahlen eine unterschiedliche biologische Wirksamkeit. Man definiert deshalb die

  $$\text{Äquivalentdosis} = \text{rel. biol. Wirksamkeit} \cdot \text{Energiedosis}.$$

Die Einheit der Äquivalentdosis ist 1 Sv (Sievert) := 1 J/kg. Die früher gebräuchliche Einheit war 1 rem (roentgen equivalent men) = 0,01 Sv.

Der *Bewertungsfaktor* ρ für die relative biologische Wirksamkeit ist

$\rho \;=\; 1\,\text{Sv/Gy}$ für Röntgen-, γ-, β- und Elektronenstrahlen
$\rho \;=\; 3\,\text{Sv/Gy}$ bei langsamen Neutronen
$\rho \;=\; 10\,\text{Sv/Gy}$ bei schnellen Neutronen und bei Protonen
$\rho \;\approx\; 20\,\text{Sv/Gy}$ bei α-Strahlen.

• *Strahlenschutz.* Wenn Röntgenstrahlung im Körperinneren Moleküle ionisiert, entstehen chemisch sehr aggressive Stoffe, die über bisher noch unbekannte Mechanismen die DNS-Synthese blockieren. Strahlentod der Zelle, Strahlenkrebs, Chromosomenveränderungen etc. können die Folge sein. Aus diesen Gründen gelten beim Umgang mit ionisierender Strahlung Schutzbestimmungen. Bei beruflich strahlenexponierten Personen darf die Ganzkörperbelastung den Wert 50 mSv/Jahr (= 5 rem/Jahr) nicht überschreiten. Zum Vergleich: Die natürliche Strahlenbelastung, die z. B. aufgrund der Höhenstrahlung und der Radioaktivität im Gestein (und damit auch im Mauerwerk) auftritt, beträgt ungefähr 0,15 rem pro Jahr.

7.2.2   Glimmentladungen

Versuch: In eine evakuierte Glasröhre sind zwei Elektroden eingeschmolzen. Legt man bei Normaldruck eine Hochspannung zwischen Anode und Kathode, so fließt kein Strom. Wird die Röhre langsam evakuiert, so setzt bei einem Druck von ca. 40 mbar ein Entladungsstrom ein. Durch die Röhre schlängelt sich ein dünner, lichtschwacher Leuchtfaden. Verringert man den Druck weiter, so kann man verschiedene helle und dunkle Bereiche unterscheiden. In Abb. 7.17 ist die Erscheinung für $p \approx 0,5$ mbar dargestellt. Die Bezirke von der Kathode zur Anode heißen:

(a)   Glimmhaut
(b)   Hittorfscher Dunkelraum
(c)   negatives Glimmlicht
(d)   Faradayscher Dunkelraum
(e)   positive Säule
(f)   anodisches Glimmlicht
(g)   Anodendunkelraum.

Erniedrigt man den Druck noch weiter, so verschwinden nacheinander die positive Säule und das negative Glimmlicht; als neue Erscheinung beobachtet man aber ein grünes Aufleuchten der Glaswand (Fluoreszenzleuchten), das durch aufprallende Elektronen hervorgerufen wird. Bei niedrigeren Drucken als 10^{-2} mbar verschwindet auch dieses Leuchten und der Strom geht auf Null zurück.

Interpretation: In der Röhre befinden sich neben vielen neutralen Molekülen auch stets einige wenige Ionen, die durch äußere Einflüsse (z. B. Höhenstrahlung) erzeugt werden. Legt man nun eine hohe Spannung an und erniedrigt den Druck, so wird die kinetische Energie der auf die Kathode auftreffenden positiven Ionen so groß, daß sie ausreicht, um aus dieser Elektronen herauszuschlagen. Diese Elektronen werden zur Anode beschleunigt. Unterwegs können sie durch Stöße Gasmoleküle ionisieren. Diese Ionen sorgen beim Auftreffen auf die Kathode wieder für freie Elektronen etc. Damit brennt die Entladung selbständig.

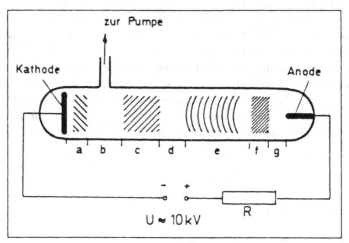

Abbildung 7.17

Reicht die kinetische Energie eines Elektrons beim Stoß nicht mehr zur Ionisation eines Gasmoleküls aus, so kann das Molekül immer noch angeregt werden. Es geht nach sehr kurzer Zeit ($\tau \approx 10^{-8}$ s) unter Lichtemission in den Grundzustand zurück. Wird der Druck zu gering, so fliegen die Elektronen von der Kathode zur Anode, ohne unterwegs Gasmoleküle durch Stoß zu ionisieren. Die Entladung erlischt.

Für die Feldstärke und den Potentialanstieg zwischen Kathode und Anode mißt man den in Abb. 7.18 dargestellten Verlauf. Dabei bezeichnen die Buchstaben a–g wie in Abb. 7.17 die einzelnen Bereiche der Leuchterscheinung. Der Potentialnullpunkt wurde willkürlich auf der Kathode gewählt.

Versuch: Durchbohrt man die Elektroden einer Glimmentladungsröhre, so treten durch das Loch in der Anode negativ geladene Teilchen aus. Untersucht man ihre Ablenkbarkeit in einem Magnetfeld quantitativ, so bestätigt sich die Annahme, daß es sich um Elektronen handelt *(Kathodenstrahlen)*. Durch das Loch in der Kathode tritt ein Strahl positiver Ionen aus *(Kanalstrahlen,* s. Abb. 7.19).

7.2.3   Zählrohre

Ionisationskammer: Eine Ionisationskammer besteht im wesentlichen aus einem Zylinderkondensator, bei dem der Mantel mit dem negativen und der sogenannte Zähldraht mit dem positiven Pol einer Spannungsquelle verbunden sind (Abb. 7.20). Im Kondensator befindet sich ein Gas.

Gelangt ionisierende Strahlung in die Ionisationskammer, so werden die Gasmoleküle ionisiert. Die dabei freiwerdenden Elektronen und Ionen fliegen zum Zähldraht bzw.

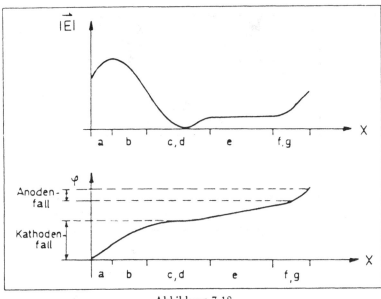

Abbildung 7.18

zum Zylindermantel, es fließt ein Strom (s. Abschnitt 7.2.1).

Die Ionisationskammer kann auch zum Nachweis einzelner, ionisierender Teilchen benutzt werden (Impuls-Ionisationskammer), beispielsweise zum Nachweis eines α-Teilchens, das durch das „Fenster" in das Innere der Ionisationskammer gelangt. Die typische Energie eines α-Teilchens aus einem natürlichen α-Strahler beträgt ungefähr 5 MeV, die Ionisationsenergie der Gasmoleküle beträgt etwa 10 eV. Die Energie eines α-Teilchens reicht also aus, um ca. 10^5 Ionenpaare zu erzeugen; dies entspricht einer Ladung von $Q \approx 10^{-14}$ C. Die dabei am Arbeitswiderstand der Kammer (Schaltung wie Proportionalzählrohr) auftretende Spannung beträgt ungefähr $U_{max} \approx 0,1$ mV.

Proportionalzählrohr: Der Aufbau des Proportionalzählrohres, dargestellt in Abb. 7.21, unterscheidet sich kaum von dem der Ionisationskammer. Allerdings arbeitet man bei wesentlich höheren Spannungen, was zur Folge hat, daß die primär erzeugten Elektronen auf ihrem Weg zum Zähldraht durch Stoßionisation weitere Ladungsträgerpaare erzeugen können (Gasverstärkung). Das Proportionalzählrohr wird in dem Spannungsbereich betrieben, in dem die Zahl der zum Zähldraht gelangenden Elektronen proportional ist zur Zahl der primär gebildeten Ladungsträger und damit proportional zur Energie der einfallenden Teilchen: $U_{max} \sim E_{kin}$.

Mit einem Proportionalzählrohr kann man also die *Energie* der einfallenden Teilchen messen. Die Höhe des Spannungsimpulses beträgt größenordnungsmäßig $U_{max} = 0,1$ V.

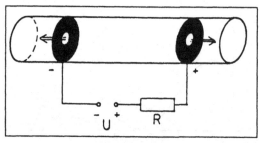

Abbildung 7.19

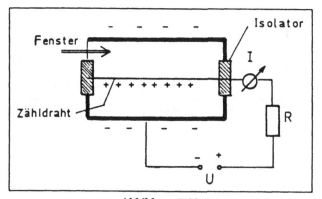

Abbildung 7.20

Auslösezählrohr (Geiger-Müller-Zählrohr): Aufbau und Schaltung sind genau gleich wie beim Proportionalzählrohr. Die Spannung wird nun aber so hoch gewählt, daß eine einzige primäre Ionisation eine intensive Gasentladung längs des ganzen Zähldrahtes auslöst.

Die Höhe des Spannungsimpulses ($U_{max} \approx 1$–10 V) ist also unabhängig von der Teilchenenergie, man kann die Teilchen nur noch zählen. Die Impulsdauer beträgt ungefähr 10^{-4} – 10^{-3} s. Während dieser Zeit können keine weiteren Teilchen registriert werden (Totzeit).

Ein besonderes Problem ist es, eine Entladung wieder zu löschen. Dies geschieht meist durch Zusatz von Alkoholdämpfen.

Versuch: Mit einem Geiger-Müller-Zählrohr mißt man die Zählrate (d. h. die Zahl der Ereignisse pro Sekunde) einer ^{60}Co-Quelle. Man stellt fest:

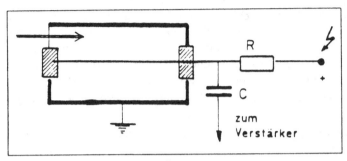

Abbildung 7.21

- Bezeichnet r den Abstand zwischen der radioaktiven Quelle und dem Zählrohr, so gilt: Zählrate $\sim 1/r^2$.

- Auch bei festem Abstand r ist die Zählrate gewissen Schwankungen unterworfen. Der radioaktive Zerfall ist ein statistischer Vorgang.

7.2.4 Bogen- und Funkenentladungen

Versuch: Zwei bewegliche Kohlestäbe werden über einen kleinen Widerstand mit den Polen einer Spannungsquelle verbunden (Abb. 7.22). Man bringt die Kohlestäbe kurzzeitig in Kontakt und zieht sie dann wieder etwas auseinander. Im Stromkreis fließt ein Strom und zwischen den Spitzen der Elektroden brennt ein sehr heller, bläulicher Lichtbogen. Diese Erscheinung nennt man *Bogenentladung*.

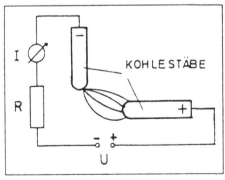

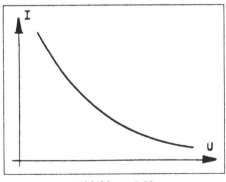

Abbildung 7.22   Abbildung 7.23

Interpretation: Beim Kurzschließen der Kohlestäbe entsteht infolge Joulescher Wärme eine so hohe Temperatur, daß Elektronen austreten können. Zieht man die

Kohlestäbe etwas auseinander, so werden die Elektronen im elektrischen Feld zwischen den Stäben zur Anode hin beschleunigt und können unterwegs Luftmoleküle ionisieren. Die positiven Ionen stürzen auf die Kathode und erhalten dadurch deren hohe Temperatur aufrecht, die nötig ist, damit wieder Elektronen aus dem Material austreten können. Mißt man bei obiger Anordnung die Stromstärke in Abhängigkeit von der anliegenden Spannung, so ergibt sich das in Abb. 7.23 skizzierte Diagramm.

Die Stromstärke sinkt mit steigender Spannung. Man spricht von einer *fallenden Charakteristik*.

Bei Normaldruck beträgt die Kathodentemperatur ungefähr 3500 °C, die Anodentemperatur etwa 4000 °C. Bei Erhöhung des Drucks kann die Temperatur des positiven Kohlestabs sogar 6000 °C und mehr betragen.

Technisch genutzt werden Bogenentladungen hauptsächlich als sehr helle Lichtquellen und zur Erzeugung hoher Temperaturen.

Funkenentladungen sind ihrem Wesen nach sehr kurzzeitig (10^{-3} - 10^{-6} s) brennende Bogenentladungen. Die dabei kurzfristig auftretende Stromstärke kann oft recht hoch sein. Zum Durchschlagen einer bestimmten Strecke ist — bei vorgegebener Elektrodenform — eine ganz bestimmte Spannung erforderlich. Man kann daher in der Technik Funkenstrecken von variabler Länge zur Spannungsmessung verwenden.

Die größten Funkenentladungen sind die Blitze, die durch Entladung von Spannungen von vielen Millionen Volt zwischen zwei Wolken oder einer Wolke und der Erde zustandekommen.

7.3   Elektronen im Vakuum

7.3.1   Potentialtopf, Austrittsarbeit

In diesem und in den nächsten drei Abschnitten soll die Erzeugung von freien Elektronen diskutiert werden. Dazu zunächst ein paar Grundtatsachen.

Ein Atom besteht aus einem positiven Atomkern ($d_{Kern} \approx 10^{-14}$ m) und einer negativen Elektronenhülle ($d_{Atom} \approx 10^{-10}$ m). Als Radien der Elektronenbahnen treten dabei nur ganz bestimmte Werte auf, es kommen nur diskrete Energiezustände vor *(Bohrsches Atommodell)*.

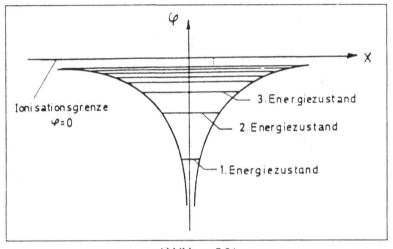

Abbildung 7.24

Abb. 7.24 zeigt die Potentialkurve eines Atoms. Das Coulombpotential ist anziehend, die Energie wird im gebundenen Zustand negativ gesetzt. Man sieht, daß die Abstände der Energiezustände untereinander zur Ionisationsgrenze hin abnehmen. Bei Atomen mit mehreren Elektronen können sich nicht alle Elektronen im energetisch niedrigsten Zustand befinden, sondern höchstens zwei. Dann müssen die anderen Energiezustände aufgefüllt werden *(Pauli-Prinzip)*. Die Metalle sind dadurch charakterisiert, daß das äußerste Elektron jedes Atoms nicht mehr fest an das Atom gebunden ist, sondern dem ganzen Kristall angehört und sich in ihm frei bewegen kann. Man bezeichnet die Gesamtheit dieser Elektronen als *Elektronengas*.

Der Nachweis der frei beweglichen Elektronen gelang C. R. Tolman im Jahre 1916. Prinzipiell ging er dabei so vor, daß er einen Metallstab stark beschleunigte. Dabei verschoben sich die Elektronen infolge ihrer Trägheit relativ zur äußeren Begrenzung des Metallstabs; am vorderen Ende des Stabs trat eine Verarmung, am hinteren Ende eine Anreicherung von Elektronen auf. Tolman bestimmte die spezifische Ladung q/m der frei beweglichen Ladungsträger und erhielt

$$\frac{q}{m} = 1{,}5 \cdot 10^{11} \, \frac{C}{kg} \approx \frac{e_0}{m}.$$

Daraus schloß er, daß es sich bei den frei beweglichen Ladungen um Elektronen handelt.

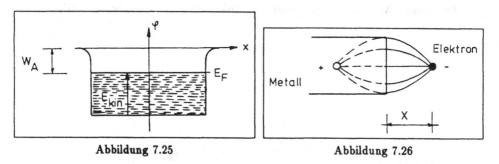

Abbildung 7.25   Abbildung 7.26

Den Potentialverlauf eines Metalls kann man durch einen *Potentialtopf* (Abb. 7.25) annähern. Als Elektronenenergien (kinetische Energien) kommen praktisch alle Werte bis zu einer bestimmten Energie E_F vor. E_F heißt *Fermi-Energie*. Um ein Elektron aus dem Metallgitter zu lösen, ist die Austrittsarbeit W_A nötig. Ihre Größe soll nun kurz abgeschätzt werden. Es gilt

$$W_A = \int\limits_{x_0}^{\infty} F \, dx,$$

wobei x_0 der Abstand zwischen dem Elektron und den Atomkernen ist und — s. oben — etwa 10^{-10} m beträgt. Die Coulombkraft F zwischen dem Elektron und dem positiv zurückbleibenden Metall läßt sich unter Verwendung der Bildkraftmethode (Abb. 7.26) angeben:

$$F = \frac{1}{4\pi\varepsilon_0} \cdot \frac{e_0^2}{(2x)^2}.$$

Damit erhält man:

$$W_A = \frac{1}{4\pi\varepsilon_0} \cdot \frac{e_0^2}{4} \cdot \int\limits_{x_0}^{\infty} \frac{1}{x^2} \, dx \approx 5 \text{ eV}.$$

Experimentell findet man für die Auslösearbeit folgende Werte:

Stoff	W_A in eV
Platin	6,27
Wolframoxid	9,22
Wolfram	4,54
Bariumoxid	1,10

In den nächsten Abschnitten werden drei Verfahren vorgestellt, mit denen man Elektronen von einem Metall abtrennen, d. h. aus ihrem Potentialtopf herauslösen kann.

7.3.2 Glühelektronenemission

Das im letzten Abschnitt gezeichnete Potentialbild eines Metalls stimmt im Prinzip nur für die Temperatur $T = 0$. Bei höheren Temperaturen werden auch die bei $T = 0$ leeren Zustände höherer Energie mit endlicher Wahrscheinlichkeit besetzt, die Fermikante „weicht auf" (Abb. 7.27).

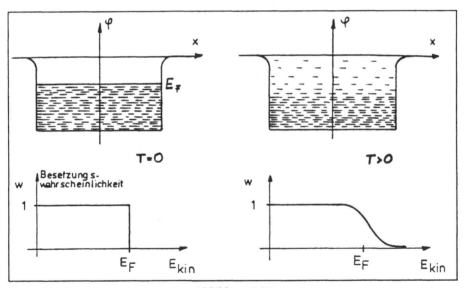

Abbildung 7.27

Steigert man die Temperatur, so werden immer höhere Energiezustände besetzt. Schließlich reicht die kinetische Energie einzelner Elektronen aus, die Austrittsarbeit zu überwinden. Die Zahl dieser Elektronen, die pro Zeit- und Flächeneinheit aus dem Metall austreten, nimmt mit der Temperatur stark zu. Den quantitativen Zusammenhang beschreibt das *Richardsonsche Gesetz:*

$$n = \text{const.} \cdot T^2 \cdot \exp\left(-\frac{W_A}{kT}\right).$$

Dabei ist k die Boltzmannkonstante.

Versuch: In eine evakuierte Glasröhre sind ein spiralförmiger Draht und eine Metallplatte eingeschmolzen. Der Draht wird durch eine Heizspannung U_H zum Glühen gebracht. Dies ist der Aufbau einer *Diode* (Abb. 7.28). Legt man eine Spannung U_a zwischen die Elektroden, so fließt nur dann ein Strom durch die Röhre, wenn die Glühelektrode die Kathode ist.

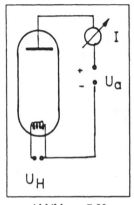

Abbildung 7.28

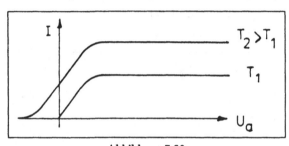

Abbildung 7.29

Mißt man die Stromstärke in Abhängigkeit von der anliegenden Spannung U_a, so erhält man die in Abb. 7.29 dargestellte *Diodenkennlinie.*

Versuch: Auf eine Glühbirne wird eine Elektrode aufgebracht und mit einem positiv aufgeladenen Elektrometer verbunden (Abb. 7.30). Sofort nach dem Einschalten der Glühbirne entlädt sich das Elektrometer. Ein negativ aufgeladenes Elektrometer jedoch entlädt sich nicht.

Auch dieser Versuch bestätigt, daß bei der Glühemission nur negative Ladungsträger den Draht verlassen können.

7.3.3 Fotoeffekt

Beim Fotoeffekt werden den Elektronen die Energien, die sie benötigen, um die Austrittsarbeit zu überwinden, durch elektromagnetische Strahlung zugeführt.

Versuch: Eine mit einem negativ aufgeladenen Elektrometer verbundene Zinkplatte wird mit dem Licht einer Quecksilberdampflampe bestrahlt. Das Elektrometer entlädt

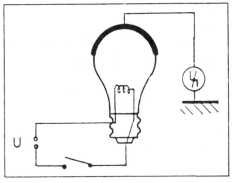

Abbildung 7.30

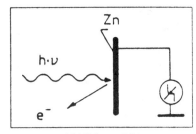

Abbildung 7.31

sich rasch (Abb. 7.31). Wird es positiv aufgeladen, so entlädt es sich nicht. Stellt man einen UV-Filter zwischen die Lampe und die Zinkplatte, so ergibt sich auch bei negativer Aufladung des Elektrometers kein Effekt.

Interpretation: Durch das auftreffende Licht werden negative Ladungen (Elektronen) aus der Platte ausgelöst, deshalb entlädt sich die negativ geladene Anordnung. Die Frequenz von UV-Licht ist höher als die Frequenz des sichtbaren Lichtes. Wenn kein UV-Licht auf die Platte auftrifft, werden offensichtlich keine Elektronen aus der Platte ausgelöst.

Die kinetische Energie der Elektronen läßt sich durch die Gegenspannung $-U$ bestimmen, gegen die sie gerade noch anlaufen können. Man stellt fest:

• Die kinetische Energie der Elektronen ist umso größer, je höher die Frequenz des einfallenden Lichtes ist. Sie ist aber unabhängig von der Intensität des Lichtes.

• Die Anzahl der ausgelösten Elektronen steigt mit der Intensität des einfallenden Lichtes.

Diese Ergebnisse werden nur verständlich, wenn man von der Wellenvorstellung des Lichtes zur *Quantenvorstellung* übergeht, nach der Licht von der Frequenz ν in Quanten der Energie $h \cdot \nu$ emittiert und absorbiert wird. Ein Teil dieser Energie wird dazu verwendet, die Austrittsarbeit aufzubringen, der Rest liefert die kinetische Energie der Elektronen. Ausgehend von diesen Überlegungen kam A. Einstein 1905 zu der berühmten Formel:

$$\boxed{h \cdot \nu = W_A + \frac{m}{2} v^2.}$$

Dabei ist $h = 6,626 \cdot 10^{-34}$ Js das *Plancksche Wirkungsquantum*. Die Mindestfrequenz für den Fotoeffekt ergibt sich aus der Einsteinschen Formel zu

$$\nu_{Grenz} = \frac{W_A}{h}.$$

Sie liegt bei den meisten Metallen im UV-Gebiet, bei manchen Alkalimetallen auch im sichtbaren Bereich.

Die technisch wichtigsten Anwendungen des Fotoeffektes sind die *Fotozelle* (Messung von Lichtintensitäten) und der *Fotomultiplier*, dessen Wirkungsweise kurz geschildert werden soll.

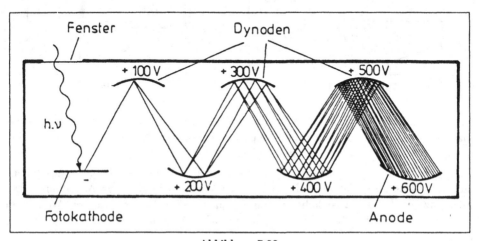

Abbildung 7.32

Mehrere Metallplatten, zwischen denen jeweils eine Spannung anliegt, sind in einem evakuierten Gefäß befestigt. Fällt ein Lichtquant durch das Fenster auf die Kathode, so kann es durch den Fotoeffekt ein Elektron freisetzen. Dieses wird durch ein elektrisches Feld zur ersten Dynode hin beschleunigt. Dort kann es beim Aufprall aufgrund seiner kinetischen Energie mehrere Elektronen herauslösen. Diese Sekundärelektronen werden auf eine weitere Dynode hin beschleunigt, lösen dort wieder Elektronen aus etc. Auf diese Weise erreicht man eine Verstärkung bis zum Faktor 10^{10}.

Der Fotomultiplier ist ein ideales Gerät zum Nachweis sehr geringer Strahlungsmengen: Anwendungen in der Atom- und Kernphysik, in der Optik und Astronomie.

7.3.4 Feldemission, Feldelektronen- und Feldionenmikroskop

Die zum Ablösen der Elektronen benötigte Energie kann auch aufgebracht werden, indem man ein sehr starkes äußeres elektrisches Feld an den Elektronen angreifen läßt. Dieses Verfahren heißt *Feldemission*. Das starke elektrische Feld wird realisiert, indem eine dünne Metallspitze (Krümmungsradius $r \approx 1\,\mu$m) auf eine hohe negative Spannung gegenüber der Umgebung gebracht wird. Auf diese Weise erreicht man Feldstärken bis zu 10^6 V/m.

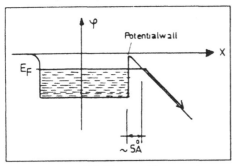

Abbildung 7.33

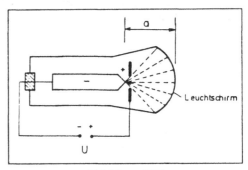

Abbildung 7.34

Durch das äußere elektrische Feld wird der Potentialverlauf an der Oberfläche so verändert, daß sich am Übergang zwischen Metall und Außenraum ein Potentialwall ausbildet (Abb. 7.33). Die Tatsache, daß die Elektronen den Potentialwall überwinden und den Potentialtopf verlassen können, ist klassisch nicht verständlich, denn dadurch wäre ja der Energiesatz verletzt. In der Quantenmechanik zeigt sich aber, daß die Elektronen tatsächlich mit einer gewissen Wahrscheinlichkeit aus dem Potentialtopf nach außen gelangen können *(Tunneleffekt)*.

Feldelektronenmikroskop: Das Feldelektronenmikroskop, dargestellt in Abb. 7.34, ist prinzipiell aus einer Lochanode und einer als feine Spitze ausgebildeten Wolframkathode aufgebaut. Die ganze Anordnung befindet sich in einer evakuierten Röhre, die vorne als Leuchtschirm ausgebildet ist. Legt man eine Spannung von mehreren kV zwischen Kathode und Anode, so findet an der feinen Metallspitze Feldemission statt. Die emittierten Elektronen bilden die Metallspitze auf dem Leuchtschirm ab. Beträgt der Krümmungsradius der Spitze $r \approx 1$ μm und der Abstand zwischen Spitze und Schirm $a \approx 10$ cm, so wird der Abbildungsmaßstab $\beta = a/r = 10^5$. So hohe Werte sind mit optischen Mikroskopen nicht zu erreichen.

Versuch: Mit einem Feldelektronenmikroskop wird das Bild einer Wolframspitze betrachtet. Man erkennt deutlich hellere und dunklere Bezirke. Helle Gebiete weisen auf Kanten oder Ecken im Metall hin, denn dort werden besonders viele Elektronen emittiert. Dampft man einige Barium-Fremdatome auf die Wolframspitze auf, so erhöht sich an diesen Punkten aufgrund der niedrigeren Austrittsarbeit bei Barium die Elektronenemission beträchtlich. Auf dem Schirm erkennt man helle Punkte. Es zeigt sich, daß sich die Bariumatome bevorzugt an den Kristallecken anlagern.

Feldionenmikroskop: Das Feldionenmikroskop (Abb. 7.35) ist ähnlich aufgebaut wie das Feldelektronenmikroskop. Allerdings wird die Spitze hier positiv aufgeladen und der Druck in der Röhre ist nur so klein, daß noch genügend Restgasatome (z. B. He)

vorhanden sind. Diese werden im stark inhomogenen elektrischen Feld polarisiert und
zur Spitze hin beschleunigt. Dort kann ein Elektron des Restgasatoms per Tunneleffekt
an das Metall abgegeben werden; das so entstandene positive Gasion wird dann von
der Spitze abgestoßen und zum Schirm hin beschleunigt.

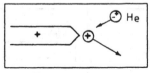

Abbildung 7.35

Eine genaue quantenmechanische Rechnung beweist, daß sich die Heliumatome der
Metallspitze nur bis auf ungefähr 4 Å nähern und ihr Elektron dann abgeben. Es liegt
der in Abb. 7.36 skizzierte Potentialverlauf vor.

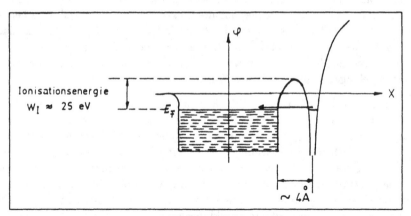

Abbildung 7.36

Die Bildauflösung ist beim Feldionenmikroskop wesentlich besser als beim Feldelektronenmikroskop.

7.3.5 Elektronenröhren

Im Zeitalter der Halbleitertechnik sind die Elektronenröhren nur noch von historischem
Interesse. Sie sollen daher nur ganz knapp beschrieben werden.

Diode als Gleichrichter: Der Aufbau der Diode wurde bereits im Abschnitt 7.3.2
erklärt. Es fließt nur dann ein Strom durch die Diode, wenn die Glühelektrode die

Kathode ist. Diese Tatsache kann man zum Gleichrichten von Wechselspannungen ausnutzen.

Man legt eine Wechselspannung an eine Diode (Abb. 7.37). Da die Diode den Strom nur in einer Richtung durchläßt, fällt am Widerstand eine pulsierende Gleichspannung ab, die am Oszilloskop sichtbar gemacht werden kann. Schaltet man noch einen Kondensator zum Widerstand parallel, so erreicht man eine Glättung des Stroms. Der

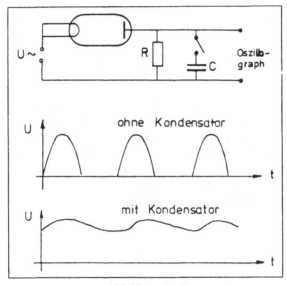

Abbildung 7.37

Kondensator lädt sich während des Strommaximums auf und gibt diese Ladung langsam wieder ab, wenn kein Strom fließt. Die Glättung ist umso wirksamer, je größer die Kapazität des Kondensators ist.

Triode als Verstärker: Bei der Triode liegt ein Drahtgitter zwischen Glühkathode und Anode, das durch die Gitterspannung U_G gegenüber der Kathode leicht negativ geladen wird (Abb. 7.38). Ist die Gitterspannung stark negativ, so können die aus der Glühkathode austretenden Elektronen nicht mehr zur Anode gelangen; bei nur geringer Gitterspannung überwinden fast alle Elektronen das Gegenfeld des Gitters. Bei konstanter Anodenspannung U_A kann man durch kleine Gitterspannungsänderungen ΔU_G den Anodenstrom und damit die am Widerstand R_a abfallende Spannung stark variieren.

Das Gitter wird gegenüber der Kathode negativ geladen, weil sonst ein Teil der Elektronen über das Gitter abflösse. Dieser Gitterstrom verbrauchte eine Leistung $P_G = U_G \cdot I_G$. So aber geschieht die Verstärkung verlustfrei!

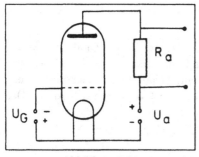

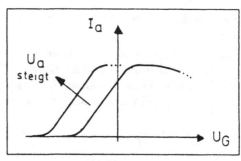

Abbildung 7.38   Abbildung 7.39

Versuch: Bei einer Triode wird der Anodenstrom I_a in Abhängigkeit von der Gitterspannung U_G gemessen. Man erhält die in Abb. 7.39 skizzierte Kennlinie.

Ist die Gitterspannung zu stark negativ, können keine Elektronen zur Anode gelangen;
es fließt kein Anodenstrom. Im physikalisch interessanten Bereich, d. h. bei leicht negativen Gitterspannungen, gilt ein weitgehend linearer Zusammenhang zwischen U_G und
I_a. Dann erreicht der Anodenstrom einen vom Emissionsvermögen der Glühkathode
bestimmten Sättigungswert und fällt schließlich bei stärker positiven Gitterspannungen
wieder etwas ab, da nun ein Teil der Elektronen über das Gitter abfließt. Im linearen
Bereich definiert man die *Steilheit S* der Kurve durch

$$S := \frac{\Delta I_a}{\Delta U_G}.$$

Eine Triode läßt sich beispielsweise zum Verstärken einer Wechselspannung verwenden
(s. Abb. 7.40). Dabei wird einer Gitter-Gleichspannung $U_{G=}$ eine Wechselspannung
überlagert:

$$U_G = U_{G=} + U_{G\sim} \cdot \sin\omega t.$$

Arbeitet man im linearen Bereich, fließt der Anodenstrom

$$I_a = I_{a=} + I_{a\sim} \cdot \sin\omega t.$$

Somit beträgt die Spannung am Widerstand R_a

$$U_a = R_a \cdot I_a = R_a \cdot I_{a=} + R_a \cdot I_{a\sim} \cdot \sin\omega t = U_{a=} + U_{a\sim} \cdot \sin\omega t.$$

Berücksichtigt man noch die Definition der Steilheit, ergibt sich

$$U_{a\sim} = S \cdot R_a \cdot U_{G\sim}.$$

Daraus erhält man den *Verstärkungsfaktor*

$$V := S \cdot R_a.$$

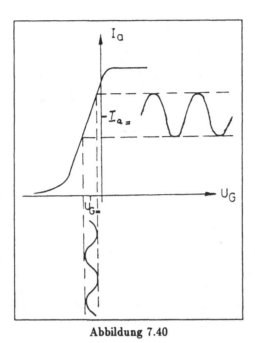

Abbildung 7.40

7.3.6 Ablenkung von Strömen im Vakuum durch elektrische und magnetische Felder

(a) Braunsche Röhre (elektrische Querfelder): In einer evakuierten Röhre werden an einer Glühkathode Elektronen erzeugt und durch die Anodenspannung U_a beschleunigt. Die Elektronen, die durch ein kleines Loch in der Anode hindurchtreten, werden durch die elektrischen Felder zweier senkrecht aufeinander stehenden Plattenkondensatoren in x- und y-Richtung abgelenkt und treffen schließlich auf einen Leuchtschirm auf. Dort erzeugen sie einen Lichtfleck (Abb. 7.41).

Die Ablenkung des Elektronenstrahls in einem Kondensator der Länge l mit dem Plattenabstand d, an dem die Spannung U_p liegt, läßt sich leicht berechnen:

$$F = E \cdot q = \frac{U_p}{d} e_0$$

$$a = \frac{F}{m} = \frac{e_0}{m} \cdot \frac{U_p}{d}$$

$$s = \frac{1}{2} a t^2 = \frac{e_0 \cdot U_p \cdot l^2}{2 \cdot m \cdot d \cdot v^2}.$$

Insbesondere gilt also $x \sim U_x$ und $y \sim U_y$.

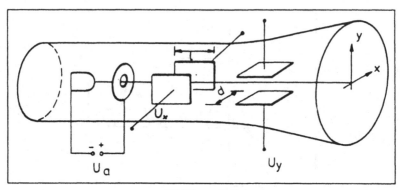

Abbildung 7.41

Die Braunsche Röhre ist heute ein unentbehrliches Instrument bei der Untersuchung von Wechselspannungen und Wechselströmen. Dazu gibt man an das x-Plattenpaar eine Spannung von der in Abb. 7.42 skizzierten Form („Kippspannung"), die den Leuchtfleck während einer Periode T mit konstanter Geschwindigkeit in horizontaler Richtung über den Schirm laufen läßt. An das y-Plattenpaar gibt man die zu untersu-

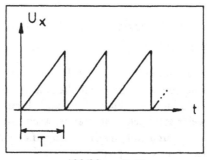

Abbildung 7.42

chende Spannung. Bei geeigneter Wahl der Periode der Kippspannung sieht man dann auf dem Leuchtschirm den zeitlichen Verlauf der Spannung U_y. Dies ist die prinzipielle Funktionsweise eines *Oszilloskops*.

Weiterhin ist die *Fernsehröhre* eine Weiterentwicklung der Braunschen Röhre.

(b) Bestimmung der spezifischen Ladung von Elektronen (magnetisches Querfeld): Hier wird auf den Versuch zum Fadenstrahlrohr in Abschnitt 6.3.3 verwiesen.

(c) Relativistische Masse von Elektronen (elektrisches und magnetisches Querfeld senkrecht überlagert): Ein β-Strahler sendet Elektronen unterschiedlicher kinetischer Energie aus. Diese gelangen durch eine Blende in einen Kondensator, in dem ein homogenes elektrisches und quer dazu ein homogenes magnetisches Feld überlagert sind (Abb. 7.43). Wählt man $\vec{E}$ und $\vec{B}$ geeignet, gleichen sich für eine bestimmte

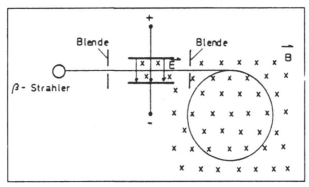

Abbildung 7.43

Geschwindigkeit Lorentzkraft und Coulombkraft auf das Elektron gerade aus:

$$e_0 \cdot v \cdot B = e_0 \cdot E. \tag{7.3}$$

Das Elektron fliegt dann geradlinig durch den Kondensator hindurch. Elektronen, die eine andere Geschwindigkeit besitzen, werden abgelenkt und durch eine Blende ausgeblendet. Ändert man E, fliegen Elektronen anderer Geschwindigkeit geradlinig durch den Kondensator. Hinter dem Kondensator wirkt nur noch die Lorentzkraft auf die Elektronen, so daß sie wie in (b) eine Kreisbahn beschreiben, für deren Radius

$$r = \frac{m \cdot v}{e_0 \cdot B} \tag{7.4}$$

gilt. Einsetzen von (7.3) in (7.4) liefert

$$r = \frac{m \cdot E}{e_0 \cdot B^2}.$$

A. H. Bucherer, der diesen Versuch im Jahre 1908 erstmals durchführte, fand überraschenderweise keinen linearen Zusammenhang zwischen r und E. Daraus schloß er, daß die Elektronenmasse m von der Geschwindigkeit v abhängen muß. Seine Messungen bestätigten die Formel

$$m(v) = \frac{m_0}{\sqrt{1 - v^2/c^2}}$$

(m_0: Ruhemasse, c_0: Lichtgeschwindigkeit), die aus der von A. Einstein im Jahre 1905 aufgestellten speziellen Relativitätstheorie folgt.

(d) Massenspektrograph (elektrisches und magnetisches Querfeld parallel überlagert): Der Massenspektrograph nach J. J. Thomson dient zur Bestimmung der spezifischen Ladung q/m von Ionen und damit zur Bestimmung von Atommassen. Sein Aufbau ist in Abb. 7.44 dargestellt. Ein Ionenstrahl tritt durch ein Blendensystem in

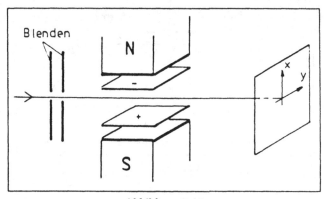

Abbildung 7.44

ein antiparallel überlagertes $\vec{E}$- und $\vec{B}$-Feld. Dort erfahren die Ionen durch die elektrische Kraft eine Ablenkung in x-Richtung und durch die Lorentzkraft eine Ablenkung in y-Richtung. Schließlich treffen sie auf dem Bildschirm (Fotoplatte) auf. Für die Ablenkung in x-Richtung gilt

$$F_x = q \cdot E \;\Rightarrow\; a_x = \frac{F_x}{m} = \frac{q}{m} \cdot E$$

$$\Rightarrow\; x = \frac{1}{2} a_x t^2 = \frac{q \cdot E}{2 \cdot m} \cdot \frac{l^2}{v^2} \sim \frac{1}{E_{kin}}, \tag{7.5}$$

das $\vec{E}$-Feld *sortiert nach kinetischen Energien.*

Für die Ablenkung in y-Richtung gilt:

$$F_y = q \cdot v \cdot B \;\Rightarrow\; a_y = \frac{F_y}{m} = \frac{q}{m} v \cdot B$$

$$\Rightarrow\; y = \frac{1}{2} a_y t^2 = \frac{q \cdot v \cdot B}{2 \cdot m} \cdot \frac{l^2}{v^2} \sim \frac{1}{p}, \tag{7.6}$$

das $\vec{B}$-Feld *sortiert nach Impulsen.*

Die Ablenkung des Ionenstrahls sowohl in x- als auch in y-Richtung ist also von der Geschwindigkeit abhängig. Durch Einsetzen von (7.5) in (7.6) kann man v eliminieren und erhält

$$y \;=\; \frac{B \cdot l}{\sqrt{2 \cdot E}} \cdot \sqrt{\frac{q}{m}} \cdot \sqrt{x}.$$

Enthält der Strahl eine Sorte von Ionen mit gleicher spezifischer Ladung q/m, aber verschiedener Geschwindigkeit v, so ergeben sich gemäß obiger Beziehung auf der Fotoplatte Parabeln. Ionensorten mit verschiedenen q/m ergeben verschiedene Parabeln (*Thomson-Parabeln*).

Das Auflösungsvermögen $m/\Delta m$ des Thomsonschen Massenspektrographen ist nicht sehr hoch, denn aufgrund des endlichen Öffnungswinkels des eintretenden Ionenstrahls sind die Parabeln auf dem Schirm immer etwas verschmiert.

Aston (1919; Geschwindigkeitsfokussierung) und vor allem Mattauch (1934; Richtungsfokussierung) konnten bei ihren Massenspektrographen die Auflösung bedeutend steigern.

(e) Zyklotron (magnetisches Querfeld): Das von F. O. Lawrence im Jahre 1932 entwickelte Zyklotron (Abb. 7.45) dient zur Beschleunigung von geladenen Teilchen, speziell von Protonen. Es besteht aus zwei dosenförmigen, durch einen Spalt voneinander getrennten Hohlelektroden, an denen eine Hochfrequenzwechselspannung anliegt. Die gesamte Anordnung befindet sich zwischen den Polschuhen eines großen Elektromagneten und ist evakuiert. In der Mitte befindet sich eine Ionenquelle (IQ). Die von ihr ausgesendeten Ionen werden im elektrischen Feld zwischen den Hohlelektroden beschleunigt und beschreiben dann im Magnetfeld eine Halbkreisbahn. Wählt man die Frequenz der zwischen den Elektroden liegenden Wechselspannung derart, daß sich bei einem halben Umlauf das Vorzeichen der Spannung ändert, d. h. daß die halbe Umlaufsdauer des Ions und die halbe Periodendauer der Wechselspannung übereinstimmen, wird das geladene Teilchen im Spalt erneut beschleunigt, beschreibt wieder eine Halbkreisbahn etc. Wie in Beispiel (b) gilt $r = (mv)/(qB)$ und es ergibt sich für die *Zyklotronfrequenz*

$$\omega \;=\; \frac{v}{r} \;=\; \frac{q}{m}\,B. \tag{7.7}$$

Die Winkelgeschwindigkeit des Teilchens bzw. seine Umlaufsdauer ist also unabhängig von seiner Geschwindigkeit, während der Radius mit der Geschwindigkeit zunimmt.

Gelangt der Ionenstrahl an den Rand der Elektroden, wird er mit einer Ablenkplatte so abgelenkt, daß er das Zyklotron durch ein Fenster verlassen kann.

Mit einem großen Zyklotron erreicht man Teilchenenergien von ungefähr 10 MeV. Aufgrund der relativistischen Massenzunahme ist die Winkelgeschwindigkeit des Teilchens bei noch höheren Energien nach (7.7) nicht mehr konstant; das Teilchen kommt aus dem Takt, wird nicht mehr zum richtigen Zeitpunkt beschleunigt und verliert schließlich wieder einen Teil seiner Energie.

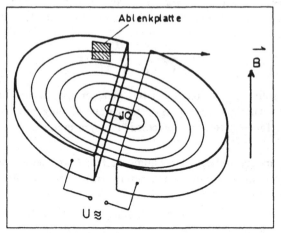

Abbildung 7.45

Zur Beschleunigung von Elektronen ist das Zyklotron ziemlich ungeeignet, weil die Geschwindigkeit der Elektronen aufgrund ihrer geringen Masse schon nach wenigen Umläufen so groß wird, daß sich die relativistische Massenzunahme bemerkbar macht.

7.3.7   Das Elektronenmikroskop

Ein durch Glühemission erzeugtes Elektron wird durch eine Spannung U_a beschleunigt und durchläuft dann in einer dünnen Schicht (z. B. zwischen zwei feinmaschigen Netzelektroden) ein zweites elektrisches Feld mit der Spannung U_l (Abb. 7.46). Dabei wird das Elektron in y-Richtung beschleunigt und ändert seine Ausbreitungsrichtung. Es gilt:

$$\frac{1}{2} m \cdot v^2 = e_0 \cdot U_a$$
$$\frac{1}{2} m \cdot v'^2 = e_0 (U_a + U_l) \qquad \Rightarrow \quad \frac{v'}{v} = \sqrt{\frac{U_a + U_l}{U_a}}$$

$$(7.8)$$

$$\sin \alpha = \frac{v_x}{v}$$
$$\sin \alpha' = \frac{v'_x}{v'} = \frac{v_x}{v'} \qquad \Rightarrow \quad \frac{\sin \alpha}{\sin \alpha'} = \frac{v'}{v} \quad (7.9)$$

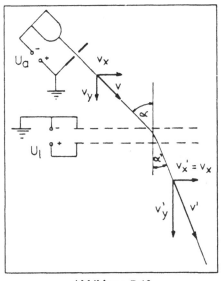

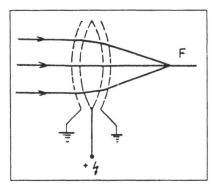

Abbildung 7.46   Abbildung 7.47

Gleichsetzen von (7.8) und (7.9) liefert:

$$\frac{\sin \alpha}{\sin \alpha'} = \sqrt{\frac{U_a + U_l}{U_a}}.$$

Eine dünne Schicht, an der eine Spannung U_l liegt, wirkt sich also auf einen Elektronenstrahl genauso aus wie ein brechendes Medium auf einen Lichtstrahl (vgl. Abschnitt 8.2.1). Folglich muß es möglich sein, analog zu den Glaslinsen für Licht, Elektronenlinsen zu konstruieren.

Die einfachste elektrische Linse ist in Abb. 7.47 dargestellt. Die brechenden Flächen sind wie bei optischen Linsen Kugelflächen. Alle parallel zueinander einfallenden Strahlen werden hinter der Linse in einem Punkt, dem Brennpunkt F, vereinigt. Im Gegensatz zu Glaslinsen läßt sich bei Elektronenlinsen die Brechkraft durch Änderung der Spannung zwischen den Netzen in großen Bereichen variieren.

Mit Hilfe solcher Linsen lassen sich elektronenoptische Geräte, wie z. B. ein Elektronenmikroskop, bauen. Der Aufbau eines Elektronenmikroskops ähnelt dem des optischen Mikroskops (vgl. Abschnitt 8.2.3). Das abzubildende Objekt wird aber nicht mit Licht, sondern mit Elektronen durchstrahlt; man registriert die Durchlässigkeit des Objektes für Elektronen. Das Auflösungsvermögen von Elektronenmikroskopen ist bedeutend höher als das von optischen Mikroskopen.

In der Praxis verwendet man statt sphärischer Netzelektroden häufig andere elektrische Feldanordnungen, die für Elektronen ebenfalls fokussierende Eigenschaften besitzen. Außerdem können die Elektronen auch durch geeignete magnetische Felder fokussiert werden (magnetische Linse, H. Busch 1922).

7.4 Elektrische Leitungsvorgänge in Festkörpern

7.4.1 Einteilung der Festkörper nach ihrer Leitfähigkeit

Der spezifische Widerstand von Festkörpern schwankt in einem sehr großen Bereich von mehr als 24 Zehnerpotenzen; als extreme Beispiele sollen die Zahlenwerte für Kupfer und Bernstein gegenübergestellt werden:

$$\rho_{Kupfer} = 1,7 \cdot 10^{-8} \ \Omega \cdot m$$

$$\rho_{Bernstein} > 10^{16} \ \Omega \cdot m.$$

Es ist u. a. Aufgabe der Festkörperphysik, diese immensen Unterschiede zu erklären.

Die Gitterbausteine eines Festkörpers können Ionen, Atome oder auch Moleküle sein. Entscheidend für sein elektrisches Verhalten ist die Bindungsart zwischen den einzelnen Bausteinen. Diesen Zusammenhang zwischen Leitfähigkeit und Bindungsart soll das Schema in Abb. 7.48 verdeutlichen.

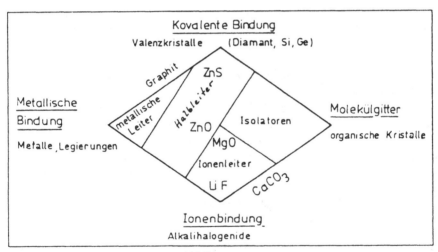

Abbildung 7.48

7.4.2 Metallische Leitfähigkeit

Wie in Abschnitt 7.3.1 schon angedeutet wurde, kann sich bei Metallen das äußerste Elektron jedes Atoms im ganzen Gitter frei bewegen. Das Gitter ist aus den positiv zurückbleibenden Metallionen aufgebaut. Die Zahl der freien Elektronen pro Volumeneinheit beträgt größenordnungsmäßig $n \approx 10^{23}$ cm^{-3}, ihre Beweglichkeit berechnet man zu $\beta = 4,3 \cdot 10^{-3}$ m^2/Vs. Das in Abschnitt 7.3.1 skizzierte Potentialbild soll nun etwas verfeinert werden (Abb. 7.49).

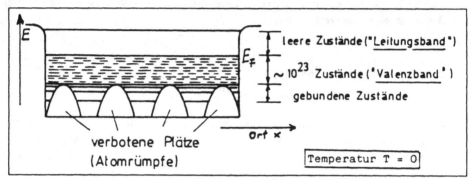

Abbildung 7.49

Ein Atom mit ursprünglich Z Elektronen besitzt im Gitter nur noch $(Z-1)$ gebundene Elektronen, für die nur diskrete Energiewerte zugelassen sind. Die ungefähr 10^{23} freien Elektronen haben nach dem Pauli-Prinzip ebenfalls verschiedene, diskrete Energien, aber diese vielen Energieniveaus liegen so eng und überlappen sich gegenseitig, daß der Eindruck eines kontinuierlich besetzten Bandes, des *Valenzbandes*, entsteht.

In einem vollbesetzten Band kann sich ein Elektron nur dann bewegen, wenn gleichzeitig ein anderes eine Bewegung in umgekehrter Richtung ausführt. Vollbesetzte Bänder tragen daher nicht zur elektrischen Leitfähigkeit bei. Soll ein Elektron zur Elektrizitätsleitung beitragen, so muß es erst durch Energiezufuhr in ein freies Band, das *Leitungsband*, gebracht werden. Aus der Tatsache, daß Metalle — im Gegensatz etwa zu den Halbleitern — schon bei beliebig kleinen Temperaturen eine Leitfähigkeit besitzen, schließt man, daß das Leitungsband bei Metallen direkt ans Valenzband anschließt oder daß sich die Bänder sogar überlappen.

Temperaturabhängigkeit des elektrischen Widerstandes: Erhöht man die Temperatur eines Metalls, so sind zwei Effekte zu beobachten:

1. Infolge der thermischen Energiezufuhr können mehr Elektronen ins Leitungsband gelangen.

2. Aufgrund stärkerer Gitterschwingungen stoßen die freien Elektronen häufiger mit den Atomen zusammen; ihre Beweglichkeit und damit die Leitfähigkeit des Metalls nimmt ab.

Experimentell findet man, daß bei Metallen der zweite Effekt meistens überwiegt, der Widerstand nimmt mit der Temperatur zu. Beispielsweise gilt für Kupfer bei nicht zu kleinen Temperaturen ($T \geq 20$ K):

$$\rho_t = \rho_{0^\circ C} \left(1 + \frac{t}{273\ ^\circ C}\right),$$

d. h. der Widerstand ist proportional zur absoluten Temperatur.

Bei Konstantan hingegen, einer Cu-Ni-Zn-Legierung, ist der elektrische Widerstand in weiten Bereichen temperaturunabhängig.

Versuch: An einen dünnen Kupferdraht ist eine Spannung von einigen Volt angelegt. Taucht man den Draht in siedendes Wasser, so fällt die Stromstärke ab; taucht man ihn in flüssige Luft ($t = -193$ °C), so steigt sie stark an.

Führt man den gleichen Versuch mit einem Konstantandraht durch, so ändert sich die Stromstärke nur unwesentlich.

Die Temperaturabhängigkeit des elektrischen Widerstandes kann zur Messung der Temperatur ausgenutzt werden. Solche Widerstandsthermometer können in weitaus größeren Temperaturbereichen eingesetzt werden als beispielsweise das Quecksilberthermometer.

7.4.3 Kontaktpotentiale, Thermospannung

Zunächst soll untersucht werden, was geschieht, wenn zwei verschiedene Metalle in Kontakt gebracht werden.

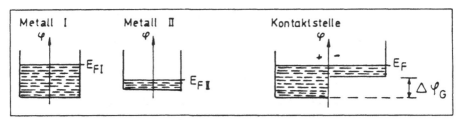

Abbildung 7.50

Die Fermikante $E_{F,I}$ liegt höher als $E_{F,II}$, d. h. die maximale kinetische Energie der Elektronen sei im Metall I größer als im Metall II. Bringt man die Metalle in Kontakt, so werden also mehr Elektronen vom Metall I ins Metall II diffundieren als umgekehrt, das Metall II lädt sich gegenüber Metall I negativ auf. Dadurch werden die von I nach II diffundierenden Elektronen abgebremst. Im Gleichgewichtszustand wird die Fermikante der beiden Metalle auf gleichem Niveau liegen (Abb. 7.50). Für die Potentialdifferenz $\Delta\varphi_G$ zwischen den Metallen gilt

$$\Delta\varphi_G = \frac{E_{F,I} - E_{F,II}}{e_0}.$$

$\Delta\varphi_G$ heißt *inneres Kontaktpotential* oder *Galvanispannung*. Die Größe der Galvanispannung ist material- und temperaturabhängig.

Lötet man zwei verschiedene Metalle zu einem geschlossenen Leiterkreis aneinander (Abb. 7.51), so fließt kein Strom, denn die beiden Kontaktpotentiale sind gleich groß und gegeneinandergeschaltet. Bringt man aber die beiden Lötstellen auf verschiedene

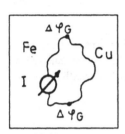

Abbildung 7.51

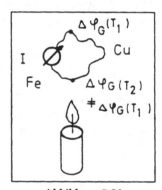

Abbildung 7.52

Temperaturen (Abb. 7.52), so ist die Galvanispannung an der wärmeren Kontaktstelle anders als an der kälteren. Im Stromkreis fließt ein Strom, der sogenannte *Thermostrom*. Die dafür benötigte Energie wird der Wärmequelle entzogen.

Sind die beiden verwendeten Metalle Kupfer und Konstantan, so gilt für die Thermospannung:

$$U_{Thermo} = \Delta\varphi_G(T_2) - \Delta\varphi_G(T_1) \approx a(T_2 - T_1), \qquad (7.10)$$

wobei $a \approx 4 \cdot 10^{-5}$ V/°C ist. Die Thermospannung ist in diesem Fall näherungsweise proportional zur Temperaturdifferenz.

Das *Thermoelement*, dargestellt in Abb. 7.53, dient zur Messung von Temperaturen. Es ist aus zwei Drähten aus verschiedenen Metallen aufgebaut, die an beiden Enden aneinandergelötet sind. In den Stromkreis wird noch ein Strommeßgerät geschaltet. Bringt man nun eine Lötstelle auf eine bekannte Temperatur T_0 (indem man sie beispielsweise in Eiswasser taucht), so kann man aus der Größe des Thermostroms die Temperatur T der anderen Lötstelle bestimmen.

Versuch: Eine Lötstelle eines Kupfer-Konstantan-Thermoelementes befindet sich in Eiswasser, die andere zunächst in siedendem Wasser. Bei einer Temperaturdifferenz von $\Delta T = 100$ °C zeigt das Strommeßgerät einen Ausschlag von 50 Skalenteilen. Bringt

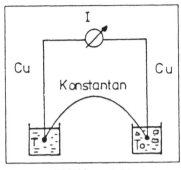

Abbildung 7.53

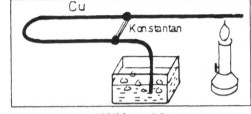

Abbildung 7.54

man die andere Lötstelle mit Luft statt mit siedendem Wasser in Kontakt, so beträgt der Ausschlag noch 12 Skalenteile. Die Raumtemperatur beträgt also ungefähr 24 °C.

Versuch: Bei der in Abb. 7.54 skizzierten Versuchsanordnung wird eine Lötstelle eines Thermoelementes durch einen Bunsenbrenner auf 250 °C erhitzt, die andere durch Eiswasser auf annähernd 0 °C gehalten. Dies bewirkt nach (7.10) eine Thermospannung von ungefähr 10^{-2} V. Mit hinreichend dicken Drähten beträgt der Widerstand R der Anordnung ca. 10^{-4} Ω. Trotz der verhältnismäßig geringen Thermospannung fließt also ein Strom von ca. 100 A, der über seine magnetische Wirkung nachgewiesen werden kann.

Eine Umkehrung der thermoelektrischen Vorgänge ist die Ursache für den *Peltiereffekt*: Eisen und Konstantan werden zu einem Thermoelement zusammengelötet. Schickt man einen Strom I durch das Thermoelement, so erwärmt sich die Lötstelle, während sich die andere abkühlt (Abb. 7.55). Die auftretende Temperaturdifferenz ist näherungsweise proportional zum Strom in der Anordnung.

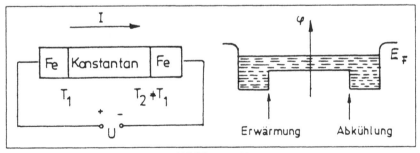

Abbildung 7.55

Die Tatsache, daß man beim Peltiereffekt durch elektrische Energie Temperaturdifferenzen erzeugen kann, wird häufig technisch ausgenutzt (Peltierelemente zum Kühlen).

Versuch: Zwei verschiedene, aneinandergelötete Metalle I und II werden zu einem offenen Ring gebogen (Abb. 7.56). Man beobachtet im Spalt zwischen ihnen ein elektrisches Feld.

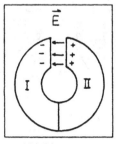

Abbildung 7.56

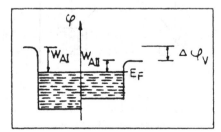

Abbildung 7.57

Die Spannung, die dieses Feld verursacht, heißt *äußeres Kontaktpotential* oder *Volta-Spannung*. Sie entsteht durch die unterschiedlichen Austrittsarbeiten der Metalle (Abb. 7.57). Es gilt

$$\Delta\varphi_V = \frac{W_{A,I} - W_{A,II}}{e_0}.$$

Versuch: Eine Kupfer- und eine Zinkplatte werden im Abstand von einigen Millimetern gegenübergestellt und (bei geschlossenem Schalter S) über die Erde miteinander verbunden (Abb. 7.58). Dann wird der Schalter geöffnet und die Kupferplatte

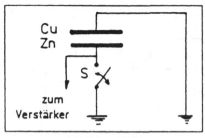

Abbildung 7.58

weggezogen. Von der Zinkplatte fließt eine Ladung ab. Offensichtlich bestand eine Potentialdifferenz zwischen den beiden Platten, nämlich das äußere Kontaktpotential.

7.4.4 Elektrische Leitfähigkeit von reinen Valenz- und Ionenkristallen

Valenzkristalle sind aus Atomen vierwertiger Stoffe aufgebaut, die durch kovalente Bindung zusammengehalten werden. Jedes Atom ist von acht Elektronen umgeben (Edelgaskonfiguration). Beispiele von Valenzkristallen sind der Diamant, dessen Aufbau in Abb. 7.59 skizziert ist, und die technisch wichtigen Halbleiter Silizium (Si) und Germanium (Ge).

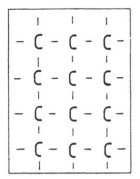

Abbildung 7.59

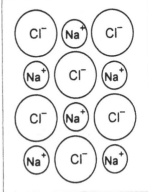

Abbildung 7.60

Typische Vertreter von *Ionenkristallen* sind die Alkalihalogenide (z. B. NaCl, Abb. 7.60). Die Atome liegen ionisiert vor und werden durch Coulombkräfte zusammengehalten.

Versuch: Eine Heizspirale erzeugt Infrarotstrahlung ($\lambda \approx 4\ \mu$m), die von einer Thermosäule (mehrere hintereinandergeschaltete Thermoelemente) nachgewiesen wird. Bringt man verschiedene Stoffe zwischen Heizspirale und Thermosäule und untersucht ihre Durchlässigkeit im Infrarotbereich, so stellt man fest:

1. Eine dünne Metallfolie absorbiert die Infrarotstrahlung bereits vollständig.

2. Eine Scheibe aus Silizium, das optisch genauso aussieht wie ein Metall, schwächt die Strahlung nur geringfügig. Dabei kann man nachweisen, daß die Schwächung nicht durch Absorption, sondern durch Reflexion erfolgt.

   Ob bei einem Stoff eine metallische Bindung vorliegt oder nicht, kann man also nie mit dem Auge, sondern nur mit Absorptionsmessungen im Infrarotbereich entscheiden.

3. Ein Kochsalzkristall läßt die Infrarotstrahlung praktisch vollständig durch.

Interpretation: Im Gegensatz zu den Metallen grenzt bei den Halbleitern und Ionenkristallen das Leitungsband nicht direkt ans Valenzband an. Damit ein Elektron ins Leitungsband gelangen und zur Elektrizitätsleitung beitragen kann, muß ihm soviel Energie zugeführt werden, daß es diese Energielücke überspringen kann (vgl. Abb. 7.61). Die Energiezufuhr kann thermisch, aber auch durch elektromagnetische

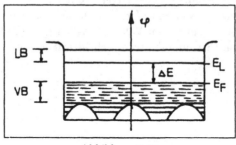

Abbildung 7.61

Strahlung geschehen. Dabei muß gelten:

$$h \cdot \nu \geq \Delta E = E_L - E_F.$$

Durch Messen der Grenzfrequenz der Absorption kann man also die Größe der Energielücke zwischen Valenzband und Leitungsband eines Stoffes bestimmen.

- *Metall:* Absorption kleinster Frequenzen $\Rightarrow \Delta E = 0$.

- *Halbleiter:* Keine Absorption im Infraroten, aber im Sichtbaren.
  $\lambda_{Grenz} \approx 2000$ nm $\Rightarrow \Delta E \approx 0,5$ eV.

- *Ionenkristall:* Weder Absorption im Infraroten noch im Sichtbaren, aber im Ultravioletten. $\lambda_{Grenz} \approx 200$ nm $\Rightarrow \Delta E \approx 5$ eV.

Versuch: An einen Cadmiumsulfid-Widerstand wird eine Spannung U angelegt. Man stellt fest, daß die Stromstärke I von der Intensität der Raumbeleuchtung abhängt. Deshalb nennt man eine solche Anordnung *Fotowiderstand*.

Interpretation: Durch Lichtquanten der Energie $h \cdot \nu$ können die Elektronen im CdS vom Valenzband ins Leitungsband gehoben werden *(innerer Fotoeffekt)* und zur Stromleitung beitragen. Also steigt die Leitfähigkeit des Fotowiderstandes mit der Intensität der auftreffenden Strahlung.

Der Fotowiderstand findet in der Technik hauptsächlich als Belichtungsmesser Verwendung.

Zum Abschluß dieses Abschnittes soll die Abhängigkeit der elektrischen Leitfähigkeit κ von der Temperatur diskutiert werden.

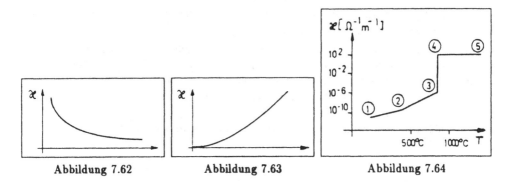

Abbildung 7.62   Abbildung 7.63   Abbildung 7.64

1. *Metalle.* Wie schon im Abschnitt 7.4.2 beschrieben, nimmt die Leitfähigkeit von Metallen meist mit der Temperatur ab, weil die Reibungskraft auf die Elektronen bei höheren Temperaturen infolge stärkerer Gitterschwingungen zunimmt (Abb. 7.62).

2. *Halbleiter.* Bei zunehmender Temperatur können mehr Elektronen die Energielücke ΔE zwischen Valenz- und Leitungsband überspringen und zur Elektrizitätsleitung beitragen. Deshalb steigt die Leitfähigkeit von Halbleitern mit der Temperatur an (Abb. 7.63). Es gilt (Boltzmann-Verteilung):

$$\kappa(T) = \kappa_0 \cdot \exp\left(-\frac{\Delta E}{kT}\right).$$

3. *Ionenleiter.* Bei sehr hohen Temperaturen (4–5) liegt der Stoff als Schmelze vor und die Leitfähigkeit ist praktisch temperaturunabhängig (Abb. 7.64). Beim Erstarren (4–3) verkleinert sie sich sprunghaft um mehrere Zehnerpotenzen. Danach kommt die Leitfähigkeit hauptsächlich durch thermisch bedingte Fehlstellen im Gitter zustande *(Eigenleitung)*, deren Anzahl mit der Temperatur abnimmt (3–2). Bei noch geringeren Temperaturen (2–1) tritt nur noch die sogenannte *Störleitung* auf, die durch Gitterverunreinigungen, mechanische Beanspruchungen etc. hervorgerufen wird.

Im Gegensatz zu den Halbleitern kommt bei reinen Ionenkristallen praktisch keine Elektronenleitung vor, weil der Kristall schmilzt, bevor seine thermische Energie ausreicht, um Elektronen vom Valenzband ins Leitungsband anzuheben. Deshalb ist die elektrische Leitfähigkeit von reinen Ionenkristallen i. a. sehr gering.

7.4.5 Dotierung, Elektronen- und Defektelektronenleitung, Hall-Effekt

Versuch (K. Baedeker 1908): Ein Kupferiodidkristall wird zwischen zwei Elektroden eingespannt und an eine Spannung gelegt. Das Strommeßgerät zeigt keinen merklichen

Ausschlag. Bringt man die Anordnung aber in eine Ioddampfatmosphäre, so wächst die Stromstärke sprunghaft um mehrere Zehnerpotenzen an.

Interpretation: Aus der Ioddampfatmosphäre können neutrale I-Atome in den Cu^+I^--Ionenkristall hineindiffundieren; man spricht von einer *Dotierung* des Kupferiodids mit Iod. Damit ein solches neutrales Iodatom ins Kristallgitter eingebaut werden kann, muß es ein Elektron aus dem Valenzband des Kristalls aufnehmen, im Valenzband entsteht dann eine Elektronenfehlstelle („Loch"). Diese kann von einem Nachbarelektron aufgefüllt werden, wodurch wieder eine Fehlstelle entsteht etc. (Abb. 7.65).

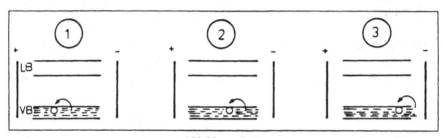

Abbildung 7.65

Eine Elektronenfehlstelle verhält sich wie eine positive Ladung und bewegt sich unter dem Einfluß eines äußeren Feldes auf die Kathode zu. Es fließt ein Strom durch den Kristall. Man nennt diesen Leitungsmechanismus *Defektelektronenleitung* oder *Löcherleitung*.

Technisch besonders wichtig ist die *Dotierung von Halbleitern*, die am Beispiel von Silizium besprochen werden soll.

Die Siliziumatome besitzen vier Elektronen in der äußersten Schale und werden durch kovalente Bindung zusammengehalten. Um zur Elektrizitätsleitung beizutragen, müssen die Elektronen die Energielücke zwischen Valenzband und Leitungsband überwinden, deshalb ist die Eigenleitfähigkeit von Silizium gering (siehe Abschnitt 7.4.4). Sie kann aber auch durch Zugabe geeigneter Fremdatome stark erhöht werden.

1. *Dotierung mit Phosphor.* Phosphor besitzt fünf Elektronen in der äußersten Schale. Wenn ein P-Atom in das Gitter eingebaut wird, ist ein Elektron überzählig. Es ist dann nur noch sehr schwach an sein Atom gebunden und kann mit minimalem Energieaufwand ins Leitungsband gelangen, wo es zur Stromleitung beiträgt.

   Phosphor wirkt als Elektronenspender *(Donator)*. Es stehen freie Elektronen zum Ladungstransport zur Verfügung. In diesem Fall spricht man von *Elektronenleitung* oder kurz *n-Leitung*.

2. *Dotierung mit Bor.* Bor besitzt drei Elektronen in der äußersten Schale. Beim Einbau ins Siliziumgitter „fehlt" ein Elektron. Es genügt jetzt ein geringer thermischer Energieaufwand, um ein Elektron aus dem Valenzband dem Boratom anzulagern und damit eine Elektronenfehlstelle zu schaffen.

Bor wirkt als Elektronenfänger *(Akzeptor).* Aufgrund des Loches im Valenzband kann der oben beschriebene Mechanismus der *Defektelektronenleitung (p-Leitung)* ablaufen.

In Abb. 7.66 wird das Bänderschema von Halbleitern mit Donatoren bzw. Akzeptoren zum Vergleich gegenübergestellt. Die *n*-Leitung findet im Leitungsband, die *p*-Leitung

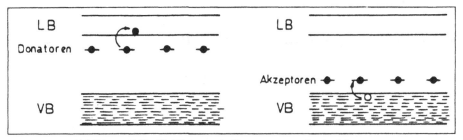

Abbildung 7.66: Halbleiter mit Donatoren und mit Akzeptoren

im Valenzband statt.

Versuch (R. W. Pohl 1935): Ein Kaliumiodidkristall wird in einem evakuierten Gefäß bis knapp unter den Schmelzpunkt erhitzt und an eine Spannung U gelegt (Abb. 7.67). Durch den Kristall fließt ein Strom. Außerdem sieht man eine bläuliche Wolke aus der Kathode und eine braune aus der Anode in den Kristall hineinwandern. Die Vermutung liegt nahe, daß es sich dabei um atomares Kalium (blau) bzw. Iod (braun) handelt.

Interpretation: Durch die hohe Temperatur werden thermische Gitterfehlstellen erzeugt. Fehlt beispielsweise irgendwo in der Nähe der Kathode ein I^--Ion, so kann ein Elektron aus der Kathode an diesen Platz gelangen (Abb. 7.68). Dieses Elektron reagiert dann mit einem angrenzenden K^+-Ion zu atomarem, blauem Kalium gemäß
$K^+ + e^- \longrightarrow K$.

Eine solche Stelle nennt man nach Pohl *F-Farbzentrum.* Das Kaliumatom kann nun im Einfluß des äußeren Feldes ein Elektron an ein benachbartes K^+-Ion abgeben etc. Auf diese Weise wandern die Elektronen zur Anode (*n*-Leitung) und die bläuliche Wolke neutraler Kaliumatome dehnt sich aus. Ganz analog kann man sich überlegen, daß fehlende K^+-Ionen in der Nähe der Anode zu einer braunen Wolke atomaren Iods führen.

Versuch (Hall-Effekt): Ein Metallstreifen der Breite b und der Dicke d wird von einem Strom I durchflossen. Ohne äußeres Magnetfeld liegt zwischen zwei gegenüberliegenden

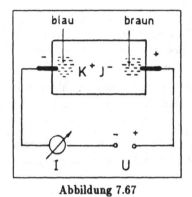

Abbildung 7.67

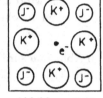

Abbildung 7.68

Punkten des Metallstreifens stets die Spannung $U_H = 0$. Wird der Metallstreifen

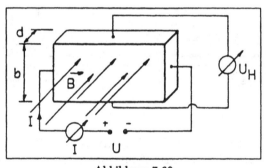

Abbildung 7.69

aber in skizzierter Weise senkrecht von einem Magnetfeld durchsetzt, so liegt zwischen gegenüberliegenden Punkten des Metalls eine Spannung $U_H \neq 0$. Diese Spannung bezeichnet man als *Hallspannung*. Das Experiment zeigt:

1. $U_H \sim B$, $U_H \sim I$.

2. Polt man das Magnetfeld um, so ändert die Hallspannung ihr Vorzeichen.

Interpretation: Es sei n die Ladungsträgerdichte im Metall und v die Geschwindigkeit der Ladungsträger. Für den Strom I gilt dann:

$$I = e_0 \cdot v \cdot n \cdot A = e_0 \cdot v \cdot n \cdot b \cdot d. \tag{7.11}$$

Im Magnetfeld erfahren die frei beweglichen Ladungsträger eine Lorentzkraft $F_L = e_0 \cdot v \cdot B$ und werden seitlich abgelenkt. Dadurch baut sich ein elektrisches Querfeld

E_H auf. Im stationären Zustand herrscht Kräftegleichgewicht:

$$e_0 \cdot v \cdot B = e_0 \cdot E_H = e_0 \cdot \frac{U_H}{b}. \tag{7.12}$$

Einsetzen von (7.11) in (7.12) liefert

$$U_H = v \cdot B \cdot b = \frac{1}{n \cdot e_0} \cdot \frac{I \cdot B}{d}$$
$$= R^\star \frac{I \cdot B}{d}.$$

$R^\star := 1/(n \cdot e_0)$ heißt *Hallkonstante*.

Durch Messen von $R^\star$ kann man die Zahl der Ladungsträger pro Volumeneinheit bestimmen.

Technisch ausgenutzt wird der Halleffekt vorwiegend zum Messen von Magnetfeldern.

Aus dem Vorzeichen der Hallspannung bzw. der Hallkonstanten eines Stoffes kann man ersehen, ob positive oder negative Ladungsträger für den Leitungsmechanismus verantwortlich sind.

7.4.6 Kontakte zwischen p- und n-leitenden Halbleitern

Bringt man einen p- und einen n-leitenden Halbleiter in Kontakt, so diffundieren freie Elektronen (in den Abbildungen 7.70–7.72 durch ⊖ angedeutet) von der n-Schicht in die p-Schicht und Elektronenfehlstellen (⊕) von der p- in die n-Schicht. Dadurch entsteht auf der p-Seite ein Überschuß an negativen, auf der n-Seite ein Überschuß an positiven Ladungen. Zwischen den beiden Schichten baut sich eine *Kontaktspannung*

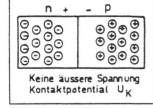

Keine äussere Spannung
Kontaktpotential U_K

Abbildung 7.70

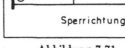

Sperrichtung

Abbildung 7.71

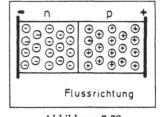

Flussrichtung

Abbildung 7.72

U_K auf, die im Gleichgewicht eine weitere Ladungsdiffusion verhindert. Die in die p-Schicht diffundierten freien Elektronen rekombinieren dort teilweise mit Elektronenfehlstellen; ebenso rekombinieren die in die n-Schicht eingedrungenen Fehlstellen mit freien Elektronen. Diese Vorgänge führen zu einer *Verarmung von Ladungsträgern in der Grenzschicht* (Abb. 7.70). Der elektrische Widerstand ist in diesem Gebiet wesentlich höher als im übrigen Kristall.

Legt man nun ein äußeres elektrisches Feld an die Anordnung, so werden die Elektronen zur Anode und die Elektronenfehlstellen zur Kathode hingezogen. Deshalb wird die Verarmungszone räumlich größer, wenn die n-Schicht mit der Anode verbunden wird (Abb. 7.71). Es kann dann praktisch kein Strom mehr fließen *(Sperrichtung)*.

Verbindet man die n-Schicht mit der Kathode, so bewirkt das äußere elektrische Feld eine Verkleinerung der Verarmungszone (Abb. 7.72); der Widerstand nimmt ab und es kann ein Strom durch die Anordnung fließen *(Flußrichtung)*.

Technische Anwendung von p-n-Kontakten:

1. *Halbleiter-Gleichrichter.* Legt man eine Wechselspannung $U_\sim$ an einen p-n-Übergang, so wird der Strom nur in einer Richtung durchgelassen. Ganz analog zu einer Diode (siehe Abschnitt 7.3.5) wirkt der p-n-Übergang als Gleichrichter. Deshalb nennt man solche Anordnung auch *Halbleiterdiode*.

2. *Fotoelement.* Ein p- und ein n-Gleichrichter werden in Kontakt gebracht (Abb. 7.73). Ihre äußeren Grenzflächen werden über ein Strommeßgerät miteinander verbunden. Bestrahlt man die Anordnung mit sichtbarem Licht, so fließt ein Strom in *Sperrichtung*, dessen Größe mit der Intensität des Lichtes wächst.

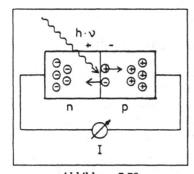

Abbildung 7.73

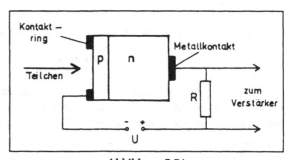

Abbildung 7.74

Interpretation: Durch die einfallenden Lichtquanten können in der Verarmungszone Elektronen vom Valenzband ins Leitungsband gehoben werden (innerer Fotoeffekt). Dadurch entstehen freie Elektronen und Elektronenfehlstellen, die unter dem Einfluß der Kontaktspannung in die n- bzw. p-Schicht wandern. Es fließt ein Strom in Sperrichtung, dessen Größe von der Zahl der einfallenden Lichtquanten, d. h. von der Intensität des Lichtes abhängt.

Fotoelemente verwendet man häufig zum Bau von Belichtungsmessern.

3. *Leuchtdiode.* Legt man eine Spannung in Flußrichtung an eine Halbleiterdiode, wandern Elektronen in die p-Schicht und können mit den dort vorhandenen Löchern rekombinieren. Die dabei freiwerdende Energie wird bei manchen Kristallen in Form von Licht freigesetzt; der Kristall leuchtet.

4. *Halbleiterzähler.* Ein Halbleiterzähler besteht aus einer in Sperrichtung geschalteten Halbleiterdiode (Abb. 7.74). Dabei wird die *p*-Schicht so dünn hergestellt, daß ein ionisierendes Teilchen, das man nachweisen will, durch sie hindurch in die Verarmungszone gelangen kann. Dort erzeugt es unter Energieabgabe freie Elektronen und Elektronenfehlstellen, die zu einem Stromimpuls führen.

Eigenschaften von Halbleiterzählern:

- Ist die Dicke der Verarmungszone mindestens genauso groß wie die Reichweite der Teilchen, so ist die Höhe des Stromimpulses proportional zur Teilchenenergie. Aufgrund dieser Eigenschaft kann man die Energie der einfallenden Teilchen messen.

- gute Energieauflösung: $\Delta E/E \approx 1\,\%$ für 5-MeV-α-Teilchen

- praktisch keine Totzeit (vgl. Geiger-Müller-Zähler)

- kleine Signalhöhen (einige mV). Sie müssen stark nachverstärkt werden.

5. *Transistor.* Ein Transistor besteht aus drei hintereinanderliegenden, verschieden dotierten Halbleiterschichten, die man *Emitter*, *Basis* und *Kollektor* nennt (s. Abb. 7.75). Der Übergang Emitter-Basis ist in Flußrichtung geschaltet, der

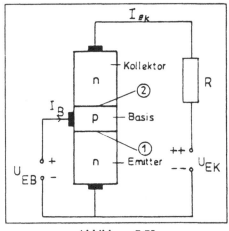

Abbildung 7.75

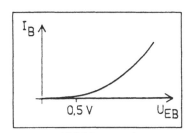

Abbildung 7.76

Übergang Basis-Kollektor in Sperrichtung ($U_{EK} > U_{EB}$). Die Basisschicht ist nun so dünn, daß die meisten freien Elektronen, die vom Emitter in die Basis gelangen, die Basis durchqueren können, ohne mit den dort vorhandenen Elektronenfehlstellen zu rekombinieren. Sie gelangen dann in den Kollektor und werden durch die Spannung U_{EK} wieder beschleunigt. Auf diese Weise kommt der Emitter-Kollektor-Strom I_{EK} zustande. Die wenigen mit den Löchern der Basisschicht rekombinierenden Elektronen bewirken den geringen Basisstrom I_B.

Schon eine geringe Veränderung der Emitter-Basis-Spannung U_{EB} beeinflußt die Ausdehnung der ladungsträgerarmen Zonen sehr stark und bewirkt deshalb eine kräftige Änderung des Emitter-Kollektor-Stroms I_{EK}. Aus diesem Grund läßt sich der Transistor — ganz analog zu der in Abschnitt 7.3.5 behandelten Triode — als Verstärker einsetzen.

Versuch: Man mißt die Abhängigkeit des Basisstroms von der Emitter-Basis-Spannung U_{EB} eines Transistors ohne Emitter-Kollektor-Spannung. Das Experiment liefert die in Abb. 7.76 skizzierte Kennlinie: Bei sehr kleinen Spannungen verhindert das Kontaktpotential zwischen der p- und der n-Schicht das Fließen eines Stroms.

Versuch: Man variiert den Basisstrom eines Transistors um 0,1 mA und beobachtet eine Veränderung des Emitter-Kollektor-Stroms um 10 mA. Die Stromschwankung wird also um den Faktor 100 verstärkt.

Transistoren haben die Trioden in der Technik praktisch vollständig abgelöst. Sie sind billiger, kleiner und störunanfälliger als Röhren und benötigen außerdem keinen Heizstrom.

Kapitel 8

Optik

8.1 Das elektromagnetische Spektrum

Die Optik beschäftigt sich mit den Erscheinungen des Lichtes. Licht ist elektromagnetische Strahlung; monochromatisches (einfarbiges) Licht wird beschrieben durch Angabe der Frequenz ν bzw. der Wellenlänge λ. Beide Größen sind durch die Beziehung

$$\nu \cdot \lambda = c$$

miteinander verknüpft. Dabei ist $c \approx 3 \cdot 10^8$ m/s die Ausbreitungsgeschwindigkeit des Lichtes im Vakuum.

Als elektromagnetische Strahlung wird die Lichtstrahlung charakterisiert durch Angabe des $\vec{E}$- bzw. $\vec{B}$-Vektors des elektromagnetischen Feldes.

Der Bereich des sichtbaren Lichtes bildet nur einen kleinen Abschnitt im elektromagnetischen Spektrum, das sich von Radiowellen bis hin zur γ-Strahlung erstreckt (vgl. Abb. 8.1).

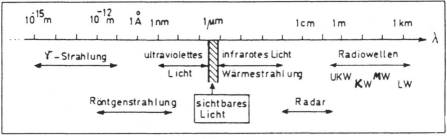

Abbildung 8.1

Das sichtbare Licht überdeckt den Wellenlängenbereich von ca. 0,4 μm = 400 nm =

4000 Å (violettes Licht) bis ca. 0,8 μm = 800 nm = 8000 Å (rotes Licht). Weißes
Licht ist nicht monochromatisch; es enthält Licht aller Wellenlängen zwischen rot und
violett.

Biologisch wirksam sind folgende Bereiche des elektromagnetischen Spektrums:

Mikrowellen, infrarotes Licht	$\longrightarrow$ Erwärmung
Sichtbares Licht	$\longrightarrow$ Photosynthese
Ultraviolettes Licht	$\longrightarrow$ Vitaminsynthese, Ionisation, Ozonbildung
Röntgen- u. γ-Strahlung	$\longrightarrow$ Ionisation von Molekülen in den Zellen

Bereits vor der Entdeckung des elektromagnetischen Charakters des Lichtes wurde
die Wellennatur des Lichtes aus den Interferenzeigenschaften erschlossen. Interferenz-
und Beugungserscheinungen, aber auch das endliche Auflösungsvermögen optischer
Instrumente und alle Erscheinungen auf dem Gebiet der Holographie sind typische
Wellenphänomene. Sie werden im Rahmen der *Wellenoptik* behandelt.

Eine Reihe von Eigenschaften des Lichtes (geradlinige Ausbreitung, Reflexion und Brechung, Abbildungen durch optische Geräte etc.) lassen sich im Rahmen der *geometrischen Optik* auch ohne Wellenvorstellung behandeln. Man charakterisiert dann die
Ausbreitungsrichtung der Welle durch *Lichtstrahlen*. Diese Näherung kann solange benutzt werden, wie die räumlichen Dimensionen des Experimentes nicht so klein sind,
daß sie in der Größenordnung der Wellenlänge des verwendeten Lichtes liegen.

Bei der Wechselwirkung des Lichtes mit Materie findet man Erscheinungen (Fotoeffekt,
Comptoneffekt u. a.), die sich nur verstehen lassen, wenn man eine Quantenbeschrei-
bung des Lichtes zugrundelegt: Licht der Frequenz ν besteht aus einzelnen Lichtquanten *(Photonen)* der Energie $h \cdot \nu$ ($h = 6{,}626 \cdot 10^{-34}$ Js = Plancksches Wirkungsquantum),
die sich mit Lichtgeschwindigkeit geradlinig ausbreiten (Quantenoptik).

Das Nebeneinander von Wellen- und Quantencharakter bezeichnet man als *Dualität*
des Lichtes. Diese Dualität findet ihre Analogie in der Dualität zwischen Teilchen- und
Welleneigenschaften der Materie, die in der Quantenmechanik bzw. Quantenfeldtheorie
beschrieben wird.

Der genaue Mechanismus der Lichtemission wird erst in der Atomphysik mit den Me-
thoden der Quantenmechanik untersucht. In der klassischen Beschreibung der Lichtemission nimmt man an, daß die Elektronen eines Atoms bei Lichtemission harmonische
Schwingungen ausführen. Das Atom verhält sich dann wie ein kleiner Hertzscher Dipol. Solche atomaren Dipole strahlen elektromagnetische Wellen ab, deren Wellenlänge
freilich nicht im sichtbaren Bereich liegen muß.

8.2 Geometrische Optik

8.2.1 Schatten, Reflexion, Beugung

In der geometrischen Optik geht man von einer *geradlinigen Ausbreitung des Lichtes* aus. Beleuchtet man einen lichtundurchlässigen Körper mit einer punktförmigen Lichtquelle (LQ), so bildet sich folglich hinter ihm ein *Schattenraum* S aus. Der Schattenraum wird von den Strahlen begrenzt, die den Körper gerade streifen. Bringt man hinter den beleuchteten Körper einen weißen Schirm, so sieht man auf diesem ein Schattenbild des Körpers.

Verwendet man statt einer punktförmigen Lichtquelle eine ausgedehnte (was in der Praxis fast immer der Fall ist), so ist der Bereich S, in den überhaupt kein Licht fällt *(Kernschatten)*, umgeben vom *Halbschatten* H, der nach außen hin allmählich in den vollerleuchteten Raum übergeht (Abb. 8.2).

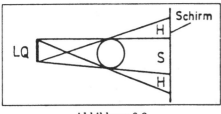 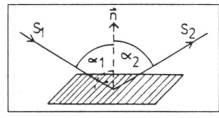

Abbildung 8.2   Abbildung 8.3

Das Reflexionsgesetz

Fällt ein Lichtstrahl S_1 auf eine ebene Fläche, die zwei Medien voneinander trennt, so wird er teilweise oder auch vollständig reflektiert. Den Winkel α_1 zwischen einfallendem Strahl S_1 und der Flächennormalen $\vec{n}$ nennt man *Einfallswinkel*; α_2 heißt *Reflexionswinkel* (Abb. 8.3).

Für den reflektierten Strahl gilt das *Reflexionsgesetz*:

1. $\alpha_1 = \alpha_2$

2. S_1, S_2 und $\vec{n}$ liegen in einer Ebene.

Herleitung des Reflexionsgesetzes im Wellenbild

Das Reflexionsgesetz für Lichtstrahlen kann auch im Wellenbild hergeleitet werden. Dabei gelten die gleichen Überlegungen wie bei der Behandlung von mechanischen Wellen.

Eine ebene Welle, die in Abb. 8.4 durch vier parallele Strahlen polarisiert ist, falle unter einem Winkel α_1 schräg auf einen ebenen Spiegel S. Wenn die Wellenfront den Spiegel in A_1 erreicht, wird dort ein Atom zu erzwungenen Schwingungen angeregt und strahlt Licht in Form einer Kugelwelle aus. Etwas später trifft Strahl 2 den Spiegel in A_2, noch etwas später Strahl 3 in A_3 und schließlich Strahl 4 in A_4. Da die Ausbreitungs-

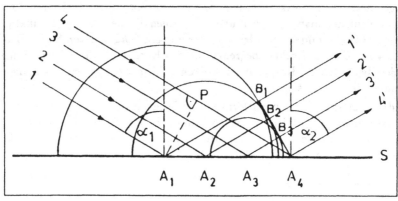

Abbildung 8.4

geschwindigkeit der Welle vor und nach der Reflexion gleich groß ist, ist der Radius $A_1 B_1$ der von A_1 ausgehenden Kugelwelle in diesem Augenblick gleich PA_4. Auch die Auftreffpunkte A_2 und A_3 sind in der Zwischenzeit Ausgangspunkte von Kugelwellen geworden; die Radien dieser Kugelwellen sind aber noch nicht so groß. Die Einhüllende aller Kugelwellen ergibt die Wellenfront der reflektierten Welle, die sich senkrecht dazu in Pfeilrichtung fortpflanzt.

Wegen $A_1 B_1 = PA_4$ sind die Dreiecke $PA_1 A_4$ und $B_1 A_1 A_4$ kongruent; also gilt insbesondere $\angle(PA_1 A_4) = \angle(B_1 A_4 A_1)$.

Andererseits ist $\angle(PA_1 A_4) = \alpha_1$ und $\angle(B_1 A_4 A_1) = \alpha_2$. Damit erhält man

$$\alpha_1 = \alpha_2.$$

Anwendungen des Reflexionsgesetzes

1. *Ebener Spiegel.* Betrachtet man einen Gegenstand G im Spiegel, verlaufen die vom Gegenstand ausgehenden Lichtstrahlen nach der Reflexion so, als ob sie von einem Bild B des Gegenstands hinter dem Spiegel herkämen (Abb. 8.5).

   Man nennt B das *virtuelle Bild* von G. Virtuelle Bilder können im Gegensatz zu *reellen Bildern* nicht auf einem Schirm aufgefangen werden.

2. *Sphärischer Hohlspiegel.* Das Reflexionsgesetz kann auch bei gekrümmten Flächen angewandt werden, wenn man sie sich aus infinitesimalen ebenen Flächenstücken zusammengesetzt denkt.

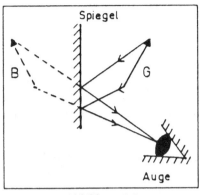

Abbildung 8.5

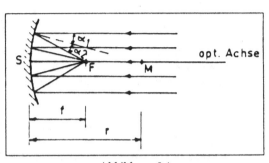

Abbildung 8.6

Als Beispiel für eine gekrümmte spiegelnde Fläche soll der in Abb. 8.6 skizzierte sphärische Hohlspiegel betrachtet werden. Es sei M der Mittelpunkt des Spiegels und r sein Krümmungsradius. Der Punkt S wird als *Scheitel*, die Gerade MS als *optische Achse* oder *Hauptachse* bezeichnet.

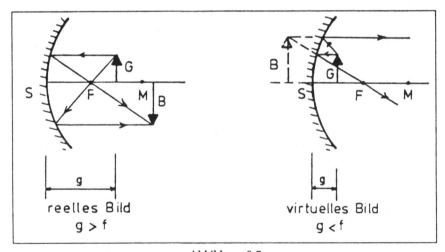

Abbildung 8.7

Mit dem Reflexionsgesetz kann gezeigt werden, daß sich alle achsennahen, parallel zur optischen Achse einfallenden Strahlen nach der Reflexion (näherungsweise) in einem Punkt F schneiden. F heißt *Brennpunkt*, der Abstand $f = FS$ *Brennweite* des Hohlspiegels. Es ergibt sich

$$f = \frac{1}{2}r.$$

Ein Hohlspiegel reflektiert alle von einem Punkt vor dem Spiegel ausgehenden Strahlen so, daß sie sich entweder wieder in einem Punkt schneiden (reelles Bild) oder von einem einzigen Punkt hinter dem Spiegel auszugehen scheinen (virtuelles Bild, Abb. 8.7).

3. *Parabolscheinwerfer.* Beim Parabolscheinwerfer ist eine Lichtquelle (LQ) im Brennpunkt eines verspiegelten Paraboloids angebracht (Abb. 8.9). Alle auf das Paraboloid auftreffenden Strahlen werden dann so reflektiert, daß sie anschließend parallel zur optischen Achse verlaufen. Auf diese Weise erreicht man eine gute Bündelung der Lichtstrahlen.

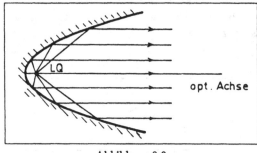

Abbildung 8.9

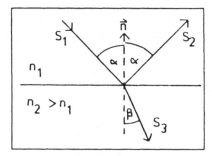

Abbildung 8.10

Das Brechungsgesetz

Die Ausbreitungsgeschwindigkeit des Lichtes im Vakuum beträgt $c = 2,99792458 \cdot 10^8$ m/s. In einem Medium pflanzt sich das Licht mit einer geringeren Geschwindigkeit $v < c$ fort. Die Materialkonstante $n := c/v$ nennt man *Brechungsindex* des betreffenden Stoffes.

In der Tabelle sind die Brechungsindizes einiger wichtiger Stoffe für Natrium-Licht bei 20 °C dargestellt:

Stoff	Brechungsindex n
Luft	1,0003 (≈ 1)
Wasser	1,3330
Kronglas BK 1	1,5100
Flintglas F 3	1,6128
Diamant	2,4173

Fällt ein Lichtstrahl auf die Trennungsfläche zweier Medien mit unterschiedlichem Brechungsindex, so wird ein Teil reflektiert, während der Rest ins andere Medium eindringt und dabei seine Ausbreitungsrichtung ändert (Abb. 8.10). Es gilt dabei das *Brechungsgesetz von Snellius*:

$$\frac{\sin\alpha}{\sin\beta} = \frac{v_1}{v_2} = \frac{c/n_1}{c/n_2} = \frac{n_2}{n_1} \tag{8.1}$$

$$S_1, S_2, S_3 \text{ und } \vec{n} \text{ liegen in einer Ebene.} \tag{8.2}$$

Herleitung des Brechungsgesetzes im Wellenbild

Eine ebene Welle falle unter dem Winkel α schräg auf die Grenzfläche zwischen Luft (Ausbreitungsgeschwindigkeit c) und einem lichtdurchlässigen Medium, in dem sie sich nur noch mit der Geschwindigkeit $v = c/n$ ausbreiten kann (Abb. 8.11). Wenn die

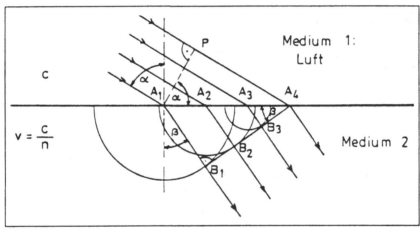

Abbildung 8.11

Wellenfront die Grenzfläche in A_1 erreicht, so wird dort ein Atom zu erzwungenen Schwingungen angeregt, A_1 ist dann Ausgangspunkt einer Kugelwelle. Entsprechendes gilt für A_2 und A_3. Die Wellenfront des gebrochenen Strahls ergibt sich als Einhüllende aller Kugelwellen. Da sich die Kugelwellen im Medium 2 nur mit der Geschwindigkeit $v = c/n$ ausbreiten, gilt für den Radius A_1B_1 der von A_1 ausgehenden Welle zu dem Zeitpunkt, in dem die einfallende Welle den Punkt A_4 erreicht,

$$A_1B_1 = \frac{1}{n} \cdot PA_4. \tag{8.3}$$

Aus Abb. 8.11 ergibt sich:

$$\sin\alpha \;=\; \frac{PA_4}{A_1A_4} \tag{8.4}$$

$$\sin\beta \;=\; \frac{A_1B_1}{A_1A_4}. \tag{8.5}$$

Einsetzen von (8.3) in (8.5) liefert

$$\sin\beta \;=\; \frac{1}{n}\cdot\frac{PA_4}{A_1A_4}. \tag{8.6}$$

Durch Division von (8.4) und (8.6) erhält man schließlich

$$\boxed{\frac{\sin\alpha}{\sin\beta} \;=\; n.}$$

Anwendungen des Brechungsgesetzes

1. *Bildhebung.* Eine Münze M wird so auf den Boden eines leeren Gefäßes gelegt, daß
   sie für den Beobachter durch die Seitenwand verdeckt wird. Gießt man Wasser

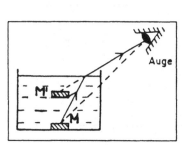

Abbildung 8.12

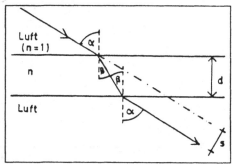

Abbildung 8.13

in das Gefäß, so wird die Münze sichtbar, weil die von der Münze kommenden
Lichtstrahlen beim Austritt aus dem Wasser gebrochen werden und dadurch zum
Auge gelangen können. Der Beobachter sieht die Münze in M' (Abb. 8.12).

2. *Parallelverschiebung an planparallelen Platten.* Beim schrägen Durchgang durch
   eine planparallele Glasplatte der Dicke d erfährt ein Lichtstrahl eine zweimalige
   Brechung, die im Endeffekt nicht zu einer Richtungsänderung, sondern nur zu
   einer Parallelverschiebung des Strahls um die Strecke s führt (vgl. Abb. 8.13).
   Durch elementare geometrische Überlegungen erhält man

$$s = d \cdot \sin \alpha \left(1 - \frac{\cos \alpha}{\sqrt{n^2 - \sin^2 \alpha}} \right).$$

3. *Prisma.* Beim Durchgang durch ein dreiseitiges Prisma wird ein Lichtstrahl zwei-mal gebrochen und erfährt dadurch eine Ablenkung um den Winkel δ (Abb. 8.14). Man kann zeigen, daß dieser Ablenkungswinkel minimal wird, wenn man den

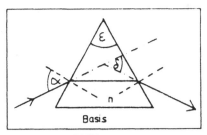

Abbildung 8.14

Einfallswinkel α so wählt, daß der Lichtstrahl im Innern des Prismas parallel zur Basis verläuft. Das Brechungsgesetz liefert für diesen Fall

$$n \cdot \sin \frac{\varepsilon}{2} = \sin \frac{\varepsilon + \delta}{2}.$$

Aus dieser Beziehung kann der Ablenkungswinkel δ bestimmt werden.

4. *Die Linse.* Eine (sphärische) Linse ist ein von zwei Kugelflächen begrenzter Körper, der aus einem lichtdurchlässigem Material besteht. Alle achsenparallel einfallenden Strahlen werden bei einer Linse so gebrochen, daß sie sich entweder hinter der Linse in einem Punkt F schneiden oder von einem Punkt F' vor der Linse auszugehen scheinen. Im ersten Fall liegt eine *Konvexlinse* vor, im zweiten Fall eine *Konkavlinse* (Abb. 8.15).

F bzw. F' nennt man den *Brennpunkt*, sein Abstand f bzw. f' von der Linsen-mitte heißt *Brennweite* der Linse.

Die Brennweite hängt von den Krümmungsradien r_1 und r_2 der Kugelflächen, die die Linse begrenzen, sowie vom Brechungsindex des Linsenmaterials ab. Aus dem Brechungsgesetz folgt der Zusammenhang

$$\boxed{\frac{1}{f} = (n-1)\left(\frac{1}{r_1} + \frac{1}{r_2}\right).}$$

Die Größe $D := 1/f$ nennt man *Brechkraft*. Ihre Einheit ist 1 Dioptrie = 1 m^{-1}. Bei einem System von mehreren Linsen addieren sich deren Brechkräfte.

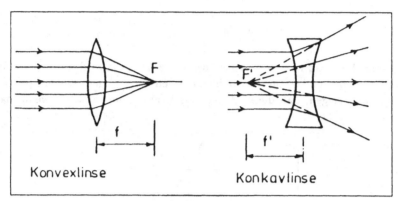

Abbildung 8.15

5. *Gekrümmte Lichtstrahlen.* In Medien, deren Brechungsindex sich über einen gewissen räumlichen Bereich kontinuierlich ändert (z. B. Luft abnehmender Dichte, Lösungen unterschiedlicher Konzentration), erfährt ein schräg einfallender Lichtstrahl fortlaufend infinitesimale Brechungen. Infolgedessen breitet er sich nicht geradlinig, sondern auf einer gekrümmten Bahn aus.

Dieser Effekt bewirkt beispielsweise die Fata Morgana und spielt auch bei astronomischen Beobachtungen eine Rolle.

6. *Totalreflexion.* Beim Übergang vom optisch dichteren (hier: Wasser) in ein optisch dünneres Medium (hier: Luft) werden Lichtstrahlen vom Einfallslot weg gebrochen. Bei einem bestimmten Einfallswinkel α_T beträgt der Brechungswinkel 90°. Ist der Einfallswinkel größer als α_T, so wird der Lichtstrahl nicht mehr gebrochen, sondern vollständig ins Wasser zurückgeworfen. Dann spricht man von *Totalreflexion* (Abb. 8.16).

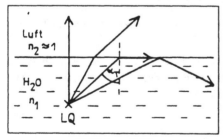

Abbildung 8.16   Abbildung 8.17

Der Grenzwinkel α_T der Totalreflexion läßt sich aus dem Brechungsgesetz ableiten:

$$\frac{\sin \alpha_T}{\sin 90°} = \frac{n_2}{n_1} \quad \Rightarrow \quad \sin \alpha_T = \frac{n_2}{n_1}$$

Speziell für $n_2 = 1$ gilt: $\quad \sin \alpha_T = \frac{1}{n}$.

Auf dieser Beziehung beruht ein Standardverfahren zur Bestimmung des Brechungsindex eines Stoffes: Man mißt mit sogenannten Refraktometern den Grenzwinkel der Totalreflexion.

Versuch: Ein Sender emittiert Radarstrahlen ($\lambda \approx 3{,}2$ cm), die senkrecht auf einen schräg durchgeschnittenen Paraffinquader (Brechungsindex für Radarstrahlen: $n \approx 1{,}5$) treffen (Abb. 8.18). Die gesamte Intensität der Radarstrahlung

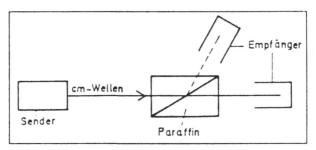

Abbildung 8.18

geht ungebrochen durch den Paraffinquader hindurch. Zieht man den Quader an seiner Schnittfläche auseinander, so wird die gesamte Intensität vom oberen Empfänger registriert; es tritt Totalreflexion an der Schnittfläche auf. Bringt man den rechten Quaderteil wieder bis auf einige Zentimeter an den linken heran, so daß die Spaltbreite in der Größenordnung der Wellenlänge liegt, wird in beiden Empfängern ein Teil der Intensität registriert. Offenbar wird ein Teil der Strahlung nicht totalreflektiert, sondern dringt durch den engen Luftspalt in die rechte Quaderhälfte ein. Dieser experimentelle Befund der klassischen Wellenoptik findet seine quantenmechanische Analogie im *Tunneleffekt*.

7. *Lichtleiter.* Gelangt ein Lichtstrahl unter einem kleinen Winkel in einen Stab aus Glas oder lichtdurchlässigem Kunststoff, so kann er infolge der Totalreflexion nicht durch die Seitenwände des Stabs austreten. Er verläßt den Stab erst am anderen Ende wieder (Abb. 8.17). Verwendet man einen biegsamen Kunststoffstab, so kann das Licht über mehrere Krümmungen hinweggeleitet werden. Diesen Effekt nutzt man vor allem in der Nachrichtentechnik (Glasfaserkabel) und in der Medizin (Magenspiegelung).

8.2.2 Dispersion

Versuch: Ein Spalt wird mit weißem Licht bestrahlt und wirkt dann selbst als Lichtquelle. Das von ihm ausgehende Licht wird mit einer Linse parallel und einem Farbfilter
monochromatisch gemacht und anschließend von einem Glasprisma abgelenkt. Hinter
dem Prisma werden die Strahlen von einer weiteren Linse gebündelt. Auf einem Schirm,
der in der Brennweite der zweiten Linse angebracht ist, sieht man dann ein farbiges
Bild des Spaltes.

Wird ein Rotfilter verwendet, beobachtet man das Spaltbild an einem anderen Ort auf
dem Schirm als bei Verwendung eines Blaufilters (s. Abb. 8.19). Entfernt man das

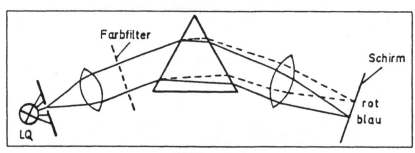

Abbildung 8.19

Farbfilter, so sieht man auf dem Schirm ein farbiges Spektrum.

Offensichtlich ist die Ablenkung des Lichtes durch das Prisma (und damit auch der Brechungsindex des Prismenmaterials) für kurzwelliges (blaues) Licht etwas größer als für
langwelliges (rotes). Weißes Licht wird deshalb durch ein Prisma in seine Bestandteile
zerlegt *(Spektralzerlegung)*.

Die Tatsache, daß der Brechungsindex eines Stoffes von der Frequenz des verwendeten
Lichtes abhängt, nennt man *Dispersion*.

Aus dem genauen Ort des Spaltbildes auf dem Schirm kann man über die Formel
$n \cdot \sin \frac{\varepsilon}{2} = \sin \frac{\varepsilon + \delta}{2}$ Rückschlüsse auf den Brechungsindex des Prismas für das verwendete
Licht ziehen und damit die Frequenz des Lichtes bestimmen. Auf diesem Prinzip beruht
der *Prismenspektralapparat*.

Für die Praxis sehr wichtig ist die Frage nach dem *Auflösungsvermögen* eines Prismas:
Welche Wellenlängendifferenz $\Delta \lambda$ müssen zwei monochromatische Bestandteile eines
Lichtstrahls haben, um hinter dem Prisma als zwei getrennte Linien beobachtet werden
zu können?

Man findet für das Auflösungsvermögen $\lambda / \Delta \lambda$ eines Prismas

$$\frac{\lambda}{\Delta \lambda} = -t \cdot \frac{dn}{d\lambda}.$$

Dabei bedeutet t die Basislänge des Prismas; der Differentialquotient $dn/d\lambda$ ist ein Maß für die Dispersion des Prismenmaterials.

Grundlagen der Dispersionstheorie

Die Abhängigkeit des Brechungsindex von der Frequenz soll nun näher untersucht werden.

a) *Die Maxwellsche Relation.* Die Ausbreitungsgeschwindigkeit v elektromagnetischer Wellen in einem Medium mit der Permeabilität μ und der Dielektrizitätskonstanten ε beträgt

$$v = \frac{c}{\sqrt{\varepsilon\mu}} = \frac{c}{n}.$$

Da für lichtdurchlässige Stoffe in guter Näherung $\mu \approx 1$ gilt, erhält man daraus $n = \sqrt{\varepsilon\mu} \approx \sqrt{\varepsilon}$. Schließlich gebraucht man noch die Beziehung $\varepsilon - 1 = \chi_{el}$ und erhält daraus

$$\boxed{n = \sqrt{\varepsilon} = \sqrt{1 + \chi_{el}}.}$$

Dabei ist χ_{el} die elektrische Suszeptibilität.

b) *Atomistische Deutung der Frequenzabhängigkeit der elektrischen Suszeptibilität.* Grundlage für die folgenden Überlegungen ist das Thomsonsche Atommodell (1904). J. J. Thomson stellte sich die Atome als kleine Kugeln mit einem Durchmesser von ungefähr 1 Å vor, in denen positive Ladung homogen verteilt ist. In diese Kugeln sind punktförmige, negative Ladungen (Elektronen) eingebettet, die bei einer Auslenkung aus ihrer Ruhelage um die Strecke x die rücktreibende Kraft $\vec{F_r} = -k \cdot \vec{x}$ erfahren.

Trifft nun eine elektromagnetische Welle auf ein Atom, so verursacht ihr elektrisches Feld $E = E_0 \sin \omega t$ erzwungene Schwingungen der Elektronen. Aus dem Atom wird ein elektrischer Dipol mit dem Dipolmoment $p = e_0 \cdot x$. Die Dipolmomente der einzelnen Atome addieren sich und ergeben die Polarisation $P = n \cdot p$. Dabei ist N die Zahl der Teilchen pro Volumeneinheit.

Für die erzwungene Schwingung des Elektrons unter dem Einfluß des einfallenden Lichtes erhält man die Differentialgleichung

$$\begin{aligned}
m\ddot{x} &= -k \cdot x + e_0 \cdot E \\
&= -\omega_0^2 \cdot m \cdot x + e_0 \cdot E_0 \sin \omega t.
\end{aligned}$$

Dabei ist $\omega_0 = \sqrt{k/m}$ die Eigenfrequenz des frei schwingenden Elektrons. Mit dem Lösungsansatz $x(t) = x_0 \sin \omega t$ erhält man

$$\begin{aligned}
-m\omega^2 x_0 \sin \omega t &= -\omega_0^2 m x_0 \sin \omega t + e_0 E_0 \sin \omega t \\
m\omega^2 x_0 &= m\omega_0^2 x_0 - e_0 E_0.
\end{aligned}$$

Damit wird die Amplitude x_0 der erzwungenen Schwingung

$$x_0 = \frac{e_0 E_0}{m(\omega_0^2 - \omega^2)}.$$

Für $\omega < \omega_0$ sind die Auslenkung $\vec{x}$ und die auslenkende Kraft $\vec{F}_{el} = e_0 \vec{E}$ gleichphasig, für $\omega > \omega_0$ gegenphasig. Das Dipolmoment eines Atoms beträgt dann

$$p(t) = e_0 \cdot x(t) = \frac{e_0^2 E_0 \sin\omega t}{m(\omega_0^2 - \omega^2)}.$$

Mit $N \cdot p(t) = P(t) = \varepsilon_0(\varepsilon - 1) \cdot E(t)$ ergibt sich daraus

$$N \frac{e_0^2 E_0 \sin\omega t}{m(\omega_0^2 - \omega^2)} = \varepsilon_0(\varepsilon - 1) \cdot E_0 \sin\omega t = \varepsilon_0 \cdot \chi_{el} \cdot E_0 \sin\omega t$$

bzw.

$$\chi_{el}(\omega) = \frac{N \cdot e_0^2}{\varepsilon_0 \cdot m(\omega_0^2 - \omega^2)}.$$

Somit erhält man schließlich die gesuchte Frequenzabhängigkeit des Brechungsindex:

$$n(\omega) = \sqrt{1 + \frac{N \cdot e_0^2}{\varepsilon_0 \cdot m(\omega_0^2 - \omega^2)}}.$$

Bei der Resonanzfrequenz $\omega = \omega_0$ tritt eine Unstetigkeitsstelle auf. Um das Verhalten des Brechungsindex auch im Resonanzgebiet richtig beschreiben zu können, muß man beim Aufstellen der Differentialgleichung der erzwungenen Schwingung zusätzliche Dämpfungskräfte berücksichtigen. Dann erhält man den in Abb. 8.20 skizzierten Verlauf des Brechungsindex $n(\omega)$.

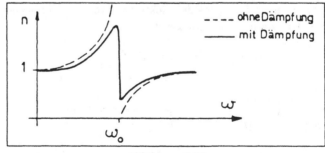

Abbildung 8.20

Bisher wurde der Mechanismus nur für den Fall einer einzigen Eigenfrequenz diskutiert. In Wirklichkeit treten bei Atomen immer mehrere Eigenfrequenzen auf. Dann gilt:

$$n(\omega) = \sqrt{1 + \frac{e_0^2}{\varepsilon_0 \cdot m} \cdot \sum_i \frac{N_i}{\omega_i^2 - \omega^2}}.$$

Die Abhängigkeit des Brechungsindex von der Frequenz unter Berücksichtigung mehrerer Eigenfrequenzen zeigt die nicht maßstäblich gezeichnete Abbildung 8.21 am Beispiel von Wasser ($\varepsilon \approx 81$).

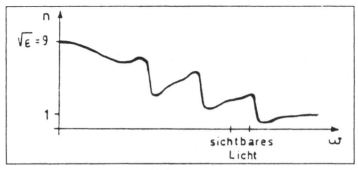

Abbildung 8.21

Frequenzbereiche, in denen der Brechungsindex mit der Frequenz wächst, heißen *Gebiete normaler Dispersion*. In der Nähe von Resonanzstellen fällt der Brechungsindex mit wachsender Frequenz. Man spricht von *Gebieten anomaler Dispersion*.

Die meisten Stoffe (z. B. Wasser, Glas, Schwefelkohlenstoff) zeigen im Bereich des sichtbaren Lichtes normale Dispersion. Eine Ausnahme bildet Fuchsin.

8.2.3 Abbildung durch optische Instrumente

Abbildungsgleichung einer Linse

Bei dünnen Linsen kann man sich die zweimalige Brechung von Lichststrahlen an der vorderen und hinteren Linsenbegrenzung in guter Näherung durch eine einmalige Ablenkung in der Linsenmitte ersetzt denken (vgl. Abb. 8.22). Wichtig zur Konstruktion von Abbildungen sind Parallelstrahlen (1), die nach der Brechung durch den Brennpunkt der Linse verlaufen, Mittelpunktstrahlen (2), die praktisch ungebrochen durch die Linse hindurchgehen und Brennstrahlen (3), die nach der Brechung parallel zur optischen Achse verlaufen.

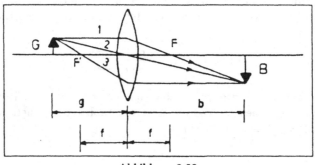

Abbildung 8.22

Bezeichnet g (Gegenstandsweite) den Abstand des Gegenstandes von der Linse und b
(Bildweite) die Entfernung Bild–Linse, so erhält man aus Abb. 8.22:

$$\frac{g-f}{G} = \frac{f}{B} \quad \text{bzw.} \quad \frac{g-f}{f} = \frac{G}{B} \tag{8.7}$$

$$\frac{G}{B} = \frac{g}{b}. \tag{8.8}$$

Einsetzen von (8.8) in (8.7) liefert

$$\frac{g-f}{f} = \frac{g}{b} \quad \text{bzw.} \quad g \cdot b - f \cdot b = g \cdot f.$$

Division durch $b \cdot f \cdot g$ liefert schließlich die *Abbildungsgleichung*:

$$\boxed{\frac{1}{f} = \frac{1}{g} + \frac{1}{b}.}$$

Das Verhältnis $\beta := B/G = b/g$ heißt *Abbildungsmaßstab*.

Analog zum sphärischen Hohlspiegel erhält man bei der Abbildung durch eine Linse
ein reelles Bild, falls $g > f$ bzw. ein virtuelles Bild für $g < f$ (vgl. Abschnitt 8.2.1).

Betrachtet man einen Gegenstand G mit dem Auge, so ist der *Sehwinkel* ε für den
Größeneindruck entscheidend (Abb. 8.23). Er kann vergrößert werden, wenn man den
Gegenstand näher an das Auge heranbringt. Wird der Abstand allerdings kleiner
als etwa 25 cm, so wird das Bild unscharf; der Akkomodationsbereich des Auges ist
unterschritten. Der Abstand l_0, in dem ein normalsichtiges Auge den Gegenstand
gerade noch scharf erkennen kann, heißt *deutliche Sehweite*.

Die *Vergrößerung* V eines optischen Instrumentes wird definiert als

$$\boxed{V := \frac{\tan \varepsilon}{\tan \varepsilon_0}.}$$

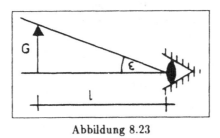

Abbildung 8.23

Dabei ist ε der Sehwinkel mit, ε_0 der Sehwinkel ohne Instrument.

Die Lupe

1. *Beobachtungsmöglichkeit: $g = f$.* Das Auge sieht bei dieser Beobachtungsart ein virtuelles, aufrechtes Bild des Gegenstandes im Unendlichen und kann sich beim Betrachten vollständig entspannen (Abb. 8.24). Für den maximalen Sehwinkel ohne Instrument gilt $\tan \varepsilon_0 = G/l_0$, wobei l_0 wie oben die deutliche Sehweite ist. Bringt man nun den Gegenstand in den Brennpunkt der Lupe, gilt für den Sehwinkel mit Instrument $\tan \varepsilon = G/f$. Also beträgt die Vergrößerung

$$V_{Lupe} \;=\; \frac{\tan \varepsilon}{\tan \varepsilon_0} \;=\; \frac{G/f}{G/l_0} \;=\; \frac{l_0}{f}.$$

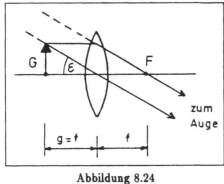

Abbildung 8.24

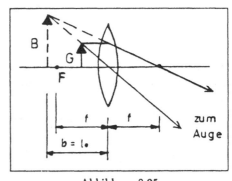

Abbildung 8.25

2. *Beobachtungsmöglichkeit: $g < f$.* Die Vergrößerung einer Lupe kann noch geringfügig gesteigert werden, wenn man den Gegenstand näher an sie heranbringt. Das Auge kann dann durch Akkomodation noch solange ein scharfes Bild sehen,

bis die Bildweite gleich der deutlichen Sehweite l_0 ist (Abb. 8.25). In diesem Fall erhält man unter Verwendung der Abbildungsgleichung $1/f = 1/g + 1/b$ für die Vergrößerung den Ausdruck

$$V = \frac{l_0}{f} + 1.$$

Mit Lupen lassen sich 20- bis 30-fache Vergrößerungen erzielen.

Das Keplersche Fernrohr

Das astronomische oder Keplersche Fernrohr (J. Kepler 1611) besteht aus einer lang-brennweitigen und einer kurzbrennweitigen Sammellinse, dem Objektiv und dem Okular. Diese sind im Abstand $f_1 + f_2$ voneinander angeordnet. Betrachtet wird ein sehr

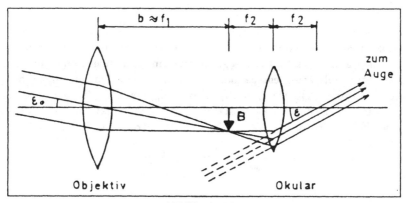

Abbildung 8.26

weit entfernter Gegenstand, der ohne Instrument unter dem Sehwinkel ε_0 erscheint. Das Objektiv entwirft in seiner Brennebene ein reelles, umgekehrtes Bild, das mit dem Okular als Lupe betrachtet wird. Abbildung 8.26 entnimmt man

$$\tan \varepsilon = \frac{B}{f_2} \qquad \tan \varepsilon_0 = \frac{B}{f_1}.$$

Damit wird die Vergrößerung V des Keplerschen Fernrohres

$$V_{Fernrohr} = \frac{f_1}{f_2}.$$

Der Beobachter sieht ein umgekehrtes Bild, was bei der Beobachtung irdischer Gegenstände stört, bei astronomischen Beobachtungen aber nicht ins Gewicht fällt (daher auch der Name „astronomisches Fernrohr").

Das Galileische Fernrohr

Beim holländischen oder Galileischen Fernrohr (H. Lipperhey 1608, G. Galilei 1609) besteht das Objektiv aus einer langbrennweitigen Konvexlinse und das Okular aus einer kurzbrennweitigen Konkavlinse. Objektiv und Okular sind, bei Betrachtung eines unendlich weit entfernten Gegenstandes, im Abstand $f_1 - f_2$ voneinander angeordnet (vgl. Abb. 8.27). Bevor die vom Gegenstand ausgehenden Lichtstrahlen in der Brenn-

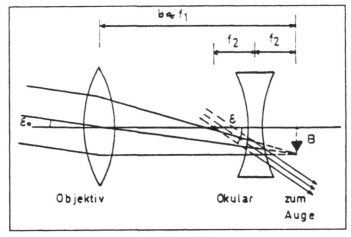

Abbildung 8.27

ebene des Objektivs ein reelles Bild B erzeugen können, werden sie vom Okular so abgelenkt, daß sie von einem im Unendlichen liegenden Bild herzukommen scheinen und dabei die optische Achse unter einem Winkel ε schneiden.

Ganz analog zum Keplerschen Fernrohr erhält man für die Vergrößerung des Galileischen Fernrohres den Ausdruck

$$V = \frac{f_1}{f_2}.$$

Im Gegensatz zum Keplerschen Fernrohr liefert das Galileische aufrechte Bilder.

Das Mikroskop

Mit einem Objektiv, von dem der betrachtete Gegenstand G nur wenig mehr als die Brennweite f_1 entfernt ist, wird ein reelles, vergrößertes Zwischenbild B entworfen. Dieses wird mit dem Okular als Lupe betrachtet. Für den Sehwinkel ε mit Mikroskop gilt $\tan \varepsilon = B/f_2$. Der maximale Sehwinkel ε_0 ohne Instrument ist erreicht, wenn man den Gegenstand im Abstand l_0 beobachtet. Dann gilt $\tan \varepsilon_0 = G/l_0$. Also ergibt sich für die Vergrößerung V des Mikroskops

$$V = \frac{\tan \varepsilon}{\tan \varepsilon_0} = \frac{B \cdot l_0}{f_2 \cdot G}. \tag{8.9}$$

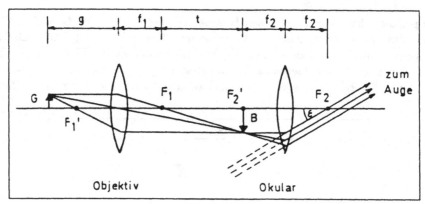

Abbildung 8.28

Weiterhin gilt

$$\frac{B}{G} = \frac{b}{g}.$$ (8.10)

Aus der Abbildungsgleichung für Linsen erhält man noch den Zusammenhang

$$\frac{b}{g} = \frac{b - f_1}{f_1} = \frac{t}{f_1}.$$ (8.11)

Den Abstand t der Brennpunkte F_1 und F_2' nennt man die *Tubuslänge* des Mikroskops. Durch Einsetzen von (8.10) und (8.11) in (8.9) erhält man schließlich

$$V_{Mikroskop} = \frac{t \cdot l_0}{f_1 \cdot f_2}.$$

Schreibt man diesen Ausdruck in der Form

$$V_{Mikroskop} = \frac{t}{f_1} \cdot \frac{l_0}{f_2},$$

so haben beide Faktoren eine einfache anschauliche Bedeutung: Nach (8.11) ist $t/f_1 = b/g = \beta_{Objektiv}$ der Abbildungsmaßstab des Objektivs, während $l_0/f_2 = V_{Okular}$ die Vergrößerung des Okulars darstellt. Es gilt also

$$V_{Mikroskop} = \beta_{Objektiv} \cdot V_{Okular}.$$

Durch Verwendung genügend kurzbrennweitiger Linsen lassen sich leicht bis zu 1000-fache Vergrößerungen erzielen. Wesentlich höhere Vergrößerungen sind nicht sinnvoll, weil man dann an die Auflösungsgrenze des Mikroskops stößt (s. Abschnitt 8.5).

Linsenfehler

Bisher wurde vorausgesetzt, daß jede sphärische Linse ein vollkommen scharfes Bild eines vor ihr befindlichen Gegenstandes entwirft. In der Praxis wird die optische Abbildung aber durch Linsenfehler beeinträchtigt, deren wichtigste nun kurz behandelt werden sollen.

- *Sphärische Aberration.* Bei sphärischen Linsen haben Randstrahlen eine geringere Brennweite als achsennahe Strahlen, es werden also nicht alle parallel zur optischen Achse einfallenden Strahlen so gebrochen, daß sie sich hinter der Linse in einem Punkt schneiden (Abb. 8.29). Diesen Mangel nennt man *sphärische*

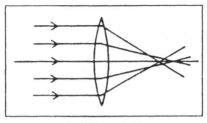

Abbildung 8.29

Aberration. Um ihn möglichst gering zu halten, sollte man das Strahlenbündel durch Blenden möglichst eng begrenzen (Nachteil: Intensitätsverlust).

- *Chromatische Aberration.* Ein paralleles Bündel roten Lichts fällt auf eine Linse. Hinter der Linse wird in der Brennebene ein Schirm aufgestellt, auf dem man dann einen roten Punkt sieht. Bestrahlt man die Linse nun mit blauem Licht, so ist auf dem Schirm kein Punkt, sondern eine kleine Scheibe zu sehen. Schiebt man ihn um ca. 2–3 mm zur Linse, beobachtet man wieder einen Punkt (Abb. 8.30).

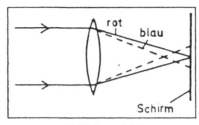

Abbildung 8.30

Erklärung: Aufgrund der Dispersion wird kurzwelliges (blaues) Licht von der

Linse stärker gebrochen als langwelliges. Deshalb ist die Brennweite der Linse für rotes Licht etwas größer als für blaues. Man spricht von *chromatischer Aberration*.

Die chromatische Aberration läßt sich durch Kombination mehrerer Linsen mit unterschiedlichem Brechungsindex und unterschiedlicher Dispersion (z. B. Kron- und Flintglas) weitgehend beheben. Solche Linsensysteme nennt man *Achromate*.

- *Astigmatismus.* Ist die Krümmung der Oberfläche einer Linse nicht rotations-symmetrisch zur optischen Achse, sondern weist sie beispielsweise in vertikaler und horizontaler Richtung einen unterschiedlichen Krümmungsradius auf, so wird parallel zur optischen Achse einfallendes Licht nicht ein *einem* Brennpunkt ver-einigt; man beobachtet eine Brenn*linie*. Dieser Astigmatismus genannte Lin-senfehler kann durch Kombination der Linse mit einer Zylinderlinse korrigiert werden.

Ein astigmatischer Bildfehler kann auch bei Verwendung sphärischer Linsen beob-achtet werden, wenn sich das abzubildende Objekt weit außerhalb der optischen Achse befindet, die Lichtstrahlen also schräg auf die Linse fallen („Astigmatismus schiefer Bündel").

Versuch: Ein Netz soll mit einer schräg zu den Lichtstrahlen stehenden sphäri-schen Sammellinse auf einen Schirm abgebildet werden. Man erreicht jedoch nur eine scharfe Abbildung entweder der horizontalen oder der vertikalen Striche des Netzes. Ein scharfes Bild des gesamten Netzes läßt sich durch Einbringen einer Zylinderlinse in den Strahlengang erzielen.

8.3   Die Polarisation von Licht

8.3.1   Linear polarisiertes Licht

Eine Lichtwelle, deren $\vec{E}$-Vektor immer nur in einer Ebene schwingt, heißt *linear polarisiert*. In diesem Fall nennt man die vom $\vec{E}$-Vektor und der Ausbreitungsrichtung $\vec{k}$ aufgespannte Ebene *Schwingungsebene* und die von $\vec{B}$ und $\vec{k}$ aufgespannte Ebene *Polarisationsebene* (Abb. 8.31).

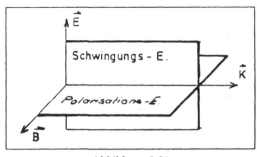

Abbildung 8.31

Die Polarisierbarkeit des Lichtes ist ein experimenteller Beweis dafür, daß es sich bei Lichtwellen um Transversalwellen handelt. Longitudinalwellen lassen sich nicht polarisieren.

Die Lichtemission eines Atoms ist vergleichbar mit der Aussendung von elektromagnetischen Wellen durch einen schwingenden Hertzschen Dipol (dabei schwingt der $\vec{E}$-Vektor der emittierten Welle parallel zur Dipolachse). Eine gewöhnliche Lichtquelle besteht aus einer sehr großen Anzahl solcher Oszillatoren, die völlig unabhängig voneinander schwingen und deren Schwingungsrichtungen sich im Mittel gleichmäßig auf alle Raumrichtungen verteilen. Aus diesem Grund sind in dem Licht, das z. B. eine Glühlampe aussendet, alle Polarisationsrichtungen gleichmäßig vertreten. Man spricht in diesem Fall von *natürlichem Licht*.

Geräte, mit denen man aus natürlichem Licht polarisiertes erzeugen kann, nennt man *Polarisatoren;* Geräte, mit denen man die Polarisation einer Lichtwelle nachweist, heißen *Analysatoren*.

Stehen Polarisator und Analysator senkrecht aufeinander, stehen also die Schwingungsebenen des vom Polarisator erzeugten und des vom Analysator durchgelassenen Lichtes senkrecht aufeinander, gelangt kein Licht durch den Analysator. Auf diese Weise kann man die Schwingungsebene einer linear polarisierten Welle einfach ermitteln (vgl. Abb. 8.32).

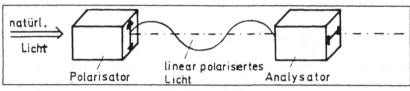

Abbildung 8.32

Es sollen nun einige Verfahren zur Erzeugung linear polarisierten Lichtes vorgestellt werden.

Linear polarisiertes Licht durch Streuung: Ein Bündel natürlichen Lichtes der Intensität I_0 fällt auf eine Glaswanne, in der sich eine kolloidale Suspension (z. B. trübes Wasser) befindet (Abb. 8.33). Durch die Kolloide wird ein Teil des Lichtes gestreut, der Rest geht geradlinig hindurch. Es werden folgende Beobachtungen gemacht:

1. Das nach oben und das zur Seite gestreute Licht ist linear polarisiert. Die Schwingungsebene ist in der Skizze jeweils durch Striche angedeutet.

2. Das gestreute Licht ist bläulich, das durchfallende gelblich.

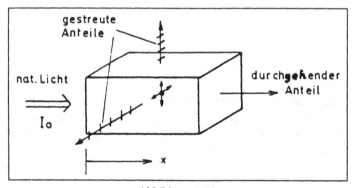

Abbildung 8.33

Erklärungen: Durch das einfallende natürliche Licht werden die Partikel in der Suspension zu erzwungenen Schwingungen angeregt. Sie verhalten sich wie kleine Hertzsche Dipole und können in jeder Richtung senkrecht zur Ausbreitungsrichtung des einfallenden Lichtstrahls schwingen (in Abb. 8.33 durch $\updownarrow$ und $\leftrightarrow$ angedeutet). Dipole strahlen aber in Schwingungsrichtung keine Welle ab (vgl. Strahlungscharakteristik eines Dipols, Abschnitt 6.6.4). Folglich ist im Streulicht senkrecht zur Einfallsrichtung jeweils nur eine Schwingungsrichtung vertreten; es ist linear polarisiert.

Durch die Streuung an den Kolloiden wird die Intensität des durchgehenden Strahls geschwächt, und zwar gilt $I(x) = I_0 \exp(-hx)$, wenn x die durchlaufene Strecke bezeichnet. Für die „Schwächungskonstante" h fand Lord Rayleigh $h \sim \nu^4$ (*Rayleigh-Streuung*, s. Abschnitt 9.4). Kurzwelliges (blaues) Licht wird also deutlich stärker gestreut als langwelliges. Mit dieser Tatsache kann man auch die blaue Färbung des Himmels erklären.

Linear polarisiertes Licht durch Reflexion: Natürliches Licht fällt schräg auf eine Glasplatte. Der Einfallswinkel α_B wird so gewählt, daß der reflektierte und der gebrochene Strahl aufeinander senkrecht stehen, d. h. $\alpha_B + \beta = 90°$. Mit einem Analysator weist man nach, daß der reflektierte Strahl dann vollständig polarisiert ist, und zwar steht seine Schwingungsebene senkrecht zu der durch einfallenden Strahl und Einfallslot aufgespannten Ebene (in Abb. 8.34 durch • angedeutet).

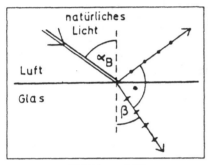

Abbildung 8.34

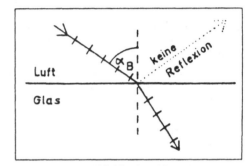

Abbildung 8.35

Erklärung: Durch das einfallende Licht werden die Elektronen der Atome im Glas zu erzwungenen Schwingungen angeregt. Da natürliches Licht angeboten wird, schwingen die Elektronen in allen Richtungen senkrecht zur Richtung des gebrochenen Strahls. Ein Hertzscher Dipol strahlt aber parallel zu seiner Schwingungsrichtung keine Energie ab (s. Abschnitt 6.6.4). Stehen nun reflektierter und gebrochener Strahl aufeinander senkrecht, so tragen zur Abstrahlung in Reflexionsrichtung nur die Elektronen bei, die senkrecht zu dieser Richtung schwingen: der reflektierte Strahl ist vollständig linear polarisiert.

Der Einfallswinkel α_B, bei dem der reflektierte Strahl vollständig polarisiert ist, heißt *Brewsterscher Winkel*. Wegen $\alpha_B + \beta = 90°$ gilt

$$n = \frac{\sin \alpha_B}{\sin \beta} = \frac{\sin \alpha_B}{\sin(90° - \alpha_B)} = \frac{\sin \alpha_B}{\cos \alpha_B}.$$

Damit

$$\boxed{n = \tan \alpha_B.}$$

Dies ist das *Brewstersche Gesetz*. Es wird häufig genutzt, um den Brechungsindex eines Stoffes zu bestimmen.

Für Glas mit dem Brechungsindex $n = 1,5$ beträgt der Brewstersche Winkel ungefähr $56,3°$. Fällt ein linear polarisierter Lichtstrahl, dessen E-Vektor in der durch den einfallenden Strahl und das Einfallslot aufgespannten Ebene schwingt (s. Abb. 8.35), unter diesem Winkel auf eine Glasplatte, so findet keine Reflexion statt.

Linear polarisiertes Licht durch Doppelbrechung: Manche Kristalle, wie beispielsweise Kalkspat ($CaCO_3$) sind *optisch anisotrop*, d. h. ihre optischen Eigenschaften, insbesondere die Ausbreitungsgeschwindigkeit des Lichtes, sind richtungsabhängig. Dies kommt dadurch zustande, daß aufgrund des Kristallaufbaus die Bindungskräfte zwischen Elektron und Atom richtungsabhängig sind, daß insbesondere die Kräfte in einer Richtung anders sind als in den beiden anderen dazu senkrecht stehenden Richtungen. Diese ausgezeichnete Richtung bezeichnet man als *optische Achse*.

Legt man das in Abschnitt 8.2.2 erläuterte Modell (erzwungene Schwingungen der Elektronen; atomare Dipole) zugrunde, so läßt sich die Richtungsabhängigkeit der Lichtgeschwindigkeit in anisotropen Kristallen so deuten: Auf Elektronen, die parallel zur optischen Achse schwingen, wirkt eine etwas andere Rückstellkraft als auf senkrecht zur optischen Achse schwingende Elektronen. Folglich ergeben sich für die verschiedenen Schwingungsrichtungen unterschiedliche Resonanzstellen und damit nach Abschnitt 8.2.2 unterschiedliche Brechungsindizes, d. h. unterschiedliche Ausbreitungsgeschwindigkeiten.

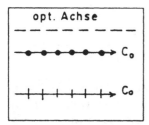

Abbildung 8.36: Ausbreitungsrichtung parallel zur optischen Achse

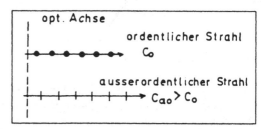

Abbildung 8.37: Ausbreitungsrichtung senkrecht zur optischen Achse

In Richtung der optischen Achse hat die Ausbreitungsgeschwindigkeit unabhängig von der Polarisationsrichtung den Wert c_o, da für beide Polarisationsrichtungen nur Dipole angeregt werden, die senkrecht zur optischen Achse schwingen (Abb. 8.36).

Quer zur optischen Achse ist die Ausbreitungsgeschwindigkeit abhängig von der Polarisationsrichtung. Das Licht breitet sich mit c_o aus, wenn seine Schwingungsebene senkrecht zur optischen Achse steht. Ein Lichtstrahl mit dieser Polarisationsrichtung heißt *ordentlicher Strahl*. Ist die Schwingungsebene aber parallel zur optischen Achse *(außerordentlicher Strahl)*, so werden Dipole angeregt, die in der ausgezeichneten Kristallrichtung schwingen. Der Lichtstrahl breitet sich dann mit einer anderen Geschwindigkeit c_{ao} aus (Abb. 8.37). In Kalkspat gilt $c_{ao} = 1,116 \cdot c_o$.

Die Wellenflächen ordentlichen Lichtes, das von einem Punkt ausgeht, sind wie gewohnt Kugeln. Für das außerordentliche Licht ergeben sich Rotationsellipsoide.

Es soll nun diskutiert werden, was mit einem senkrecht auf einen $CaCO_3$-Kristall auftreffenden Bündel natürlichen Lichtes geschieht.

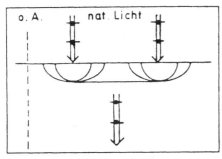

Abbildung 8.38

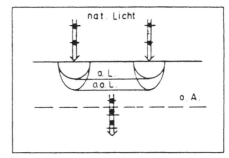

Abbildung 8.39

1.Fall: Optische Achse parallel zur Einfallsrichtung

Die Wellenflächen des ordentlichen und des außerordentlichen Lichtes ergeben sich als Einhüllende der jeweiligen Elementarwellen (Kugel- bzw. Ellipsoidwellen). Wie Abb. 8.38 zeigt, fallen diese Einhüllenden in diesem Fall zusammen. Der Lichtstrahl pflanzt sich für beide Polarisationsrichtungen ungebrochen und mit der selben Ausbreitungsgeschwindigkeit c_0 fort.

2. Fall: Optische Achse senkrecht zur Einfallsrichtung

Die Welle des außerordentlichen Lichtes eilt infolge ihrer höheren Ausbreitungsgeschwindigkeit der des ordentlichen Lichtes voraus. Wenn beide Strahlen den Kristall wieder verlassen, besteht zwischen ihnen ein Gangunterschied (Abb. 8.39).

3.Fall: Optische Achse schräg zur Einfallsrichtung

Wie die Konstruktion zeigt, wird das außerordentliche Licht trotz senkrechtem Einfall gebrochen und trennt sich vom ordentlichen. Dieses Phänomen nennt man *Doppelbrechung*. Der ordentliche Strahl genügt beim Einfall schräg zur optischen Achse dem Brechungsgesetz, der außerordentliche nicht (Abb. 8.40).

Um linear polarisiertes Licht durch Doppelbrechung zu erhalten, muß entweder der ordentliche oder der außerordentliche Strahl ausgeblendet werden. Dies gelingt beispielsweise mit dem *Nicolschen Prisma* (Abb. 8.41).

Nicolsches Prisma: Ein längliches, geeignet geschliffenes Kalkspatstück wird diagonal durchgesägt und dann mit einem Kitt wieder zusammengeklebt, dessen Brechungsindex kleiner ist als der von $CaCO_3$ für den ordentlichen Strahl. Trifft nun ein Bündel natürlichen Lichtes auf das Nicolsche Prisma, so spaltet es wie in Fall 3 in den ordentlichen und den außerordentlichen Strahl auf. Der ordentliche Strahl fällt so flach auf die

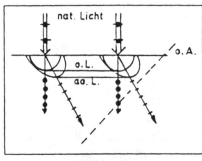

Abbildung 8.40

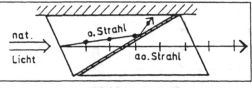

Abbildung 8.41

Kittschicht, daß er an ihr totalreflektiert wird; der außerordentliche Strahl tritt ohne merkliche Reflexionsverluste durch die Kittschicht hindurch.

Ein normalerweise völlig isotroper Stoff, z. B. Glas, wird doppelbrechend, wenn man ihn durch starke äußere Kräfte mechanischen Spannungen aussetzt. Man spricht von *Spannungs-Doppelbrechung*. Durch die äußeren Kräfte verliert der Stoff seine Isotropie, indem beispielsweise der Molekülabstand in einer Richtung verringert wird.

Manche doppelbrechenden Kristalle, z. B. Turmalin, absorbieren das ordentliche und das außerordentliche Licht verschieden stark. Man spricht von *Dichroismus*. In extremen Fällen wird der eine Strahl vollständig absorbiert, der andere ohne merkliche Schwächung durchgelassen. Ein solcher Kristall kann dann als Polarisator verwendet werden.

Durch parallele Einlagerung submikroskopischer, dichroitischer Kristalle in eine Folie lassen sich Polarisationsfolien herstellen.

8.3.2 Zirkular und elliptisch polarisiertes Licht

Läuft der $\vec{E}$-Vektor (und damit auch der $\vec{B}$-Vektor) einer Lichtwelle auf einer Schraubenlinie um die Ausbreitungsrichtung der Lichtwelle, spricht man von *zirkular polarisiertem Licht* (Abb. 8.42). Eine zirkular polarisierte Lichtwelle kann man als Überla-

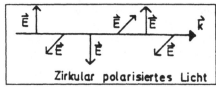

Zirkular polarisiertes Licht

Abbildung 8.42

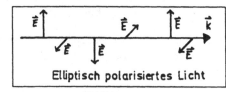

Elliptisch polarisiertes Licht

Abbildung 8.43

gerung zweier senkrecht aufeinander schwingenden, linear polarisierten Lichtwellen mit gleicher Amplitude und der Phasendifferenz $\pi/2$ ($\hat{=} \lambda/4$) auffassen. Wenn die Amplituden dieser beiden linear polarisierten Komponenten verschieden sind, so entsteht i. a.

eine *elliptisch polarisierte Lichtwelle* (Abb. 8.43). Zum Vergleich sind die Verhältnisse bei einer linear polarisierten Lichtwelle in Abb. 8.44 nochmals dargestellt.

Erzeugung von zirkular polarisiertem Licht

Linear polarisertes Licht wird so auf eine dünne Platte aus doppelbrechendem Material gestrahlt, daß die optische Achse der Platte senkrecht zur Einfallsrichtung der Welle steht und die Schwingungsebene des E-Vektors mit der optischen Achse einen Winkel von 45° bildet (damit sind die Schwingungsrichtungen • und — mit gleicher Intensität vertreten, vgl. dazu Abb. 8.45). Wie schon in Abschnitt 8.3.1 erklärt, weisen der

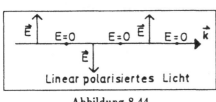

Abbildung 8.44

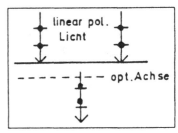

Abbildung 8.45

ordentliche und der außerordentliche Strahl, die senkrecht zueinander polarisiert sind, beim Verlassen der Platte dann eine Phasendifferenz auf, deren Größe natürlich von der Plattendicke abhängt. Man erhält zirkular polarisiertes Licht, wenn die Phasendifferenz zwischen ordentlichem und außerordentlichem Strahl gerade $\pi/2$ beträgt. Eine einfache Rechnung beweist, daß man dazu ein Plättchen der Dicke

$$d = \frac{\lambda_{Vak}}{4} \cdot \frac{1}{n_o - n_{ao}}$$

benötigt. Dabei sind n_o bzw. n_{ao} die Brechungsindizes des Plattenmaterials für den ordentlichen bzw. außerordentlichen Strahl. Ein solches Plättchen heißt $\lambda/4$-*Plättchen*.

Versuch: Linear polarisiertes Licht tritt durch ein $\lambda/4$-Plättchen hindurch und gelangt dann in einen Analysator. Der Analysator läßt unabhängig von seiner Stellung immer die gleiche Lichtintensität durch.

Interpretation: Der Analysator wird von zirkular polarisiertem Licht getroffen. Dieses kann man sich bei jeder Analysatorstellung in eine linear polarisierte Welle in Durchlaßrichtung und eine senkrecht zur Durchlaßrichtung schwingende Welle gleicher Intensität zerlegt denken. Deshalb ist die durchgelassene Lichtintensität unabhängig von der Analysatorstellung.

8.3.3   Optische Aktivität

Versuch: Monochromatisches, unpolarisiertes Licht wird mit einer Polarisationsfolie linear polarisiert und trifft dann auf einen Analysator. Polarisator und Analysator stehen senkrecht aufeinander, so daß kein Licht durch den Analysator hindurchtreten kann. Bringt man nun eine Rohrzuckerlösung zwischen Polarisator und Analysator, so läßt der Analysator Licht durch. Dreht man ihn um einen Winkel α, so herrscht wieder Dunkelheit (vgl. Abb. 8.46).

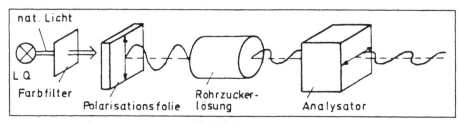

Abbildung 8.46

Das Licht ist nach dem Durchtritt durch die Rohrzuckerlösung also offensichtlich immer noch linear polarisiert, aber nicht mehr in der vom Polarisator vorgegebenen Schwingungsrichtung. Die Polarisationsebene wurde von der Rohrzuckerlösung gedreht. Diese Erscheinung nennt man *optische Aktivität*.

Sie tritt vor allem bei Lösungen von Kohlenstoffverbindungen, die ein asymmetrisch gebundenes C-Atom enthalten (z. B. Rohrzuckerlösung) und bei manchen Kristallen (z. B. Quarz, Zinnober) auf.

Kinematische Erklärung der optischen Aktivität: Jede linear polarisierte Welle (L) kann als Überlagerung einer links- (l) und einer rechtszirkular (r) polarisierten Welle aufgefaßt werden, die die gleiche Amplitude und Umlaufsfrequenz haben. Die Amplitude der linear polarisierten Welle wird dann doppelt so groß wie die ihrer beiden zirkular polarisierten Komponenten (Abb. 8.47).

In einer optisch aktiven Substanz pflanzen sich die rechts- und die linkszirkular polarisierte Komponente mit unterschiedlicher Geschwindigkeit fort; in Abb. 8.48 hat die rechtsdrehende Welle eine größere Ausbreitungsgeschwindigkeit als die linksdrehende. Folglich bildet sich zwischen den beiden zirkularen Wellen eine Phasendifferenz δ aus. Die Resultierende L liegt dann in einer Ebene, die um den Winkel $\alpha = \delta/2$ aus der ursprünglichen Richtung herausgedreht ist.

Für den Drehwinkel α einer linear polarisierten Welle durch eine optisch aktive Lösung gilt

$$\alpha = \alpha_0 \cdot q \cdot d.$$

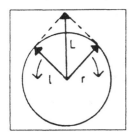

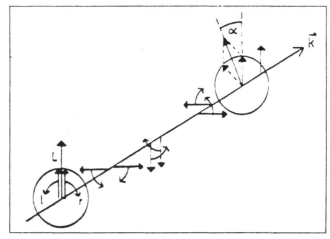

Abbildung 8.47   Abbildung 8.48

Dabei steht d für die Länge des Lichtweges in der Lösung und q für ihre Konzentration. Der Proportionalitätsfaktor α_0 heißt *spezifisches Drehvermögen*. Er ist stark frequenzabhängig *(Rotationsdispersion)*.

Die obige Beziehung wird in der Chemie und in der Medizin häufig genutzt, um die Konzentration von Zuckerlösungen zu bestimmen *(Saccharimetrie)*.

8.4   Interferenz und Beugung

8.4.1   Grundlagen, Kohärenz, Huyghens-Fresnelsches Prinzip

Treffen zwei Wellenzüge zusammen, so kann der von ihnen hervorgerufene resultierende Vorgang durch ungestörte Überlagerung der beiden Einzelwellen konstruiert werden. Erscheinungen, die durch ungestörte Überlagerung mehrerer Wellen zustande kommen, nennt man *Interferenzen*.

Wie alle Wellen zeigen auch Lichtwellen Interferenzerscheinungen. Andererseits ist die Beobachtung von Interferenzen ein experimenteller Beweis für den Wellencharakter des Lichtes.

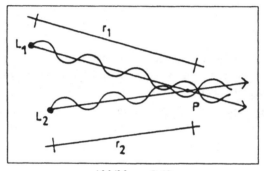

Abbildung 8.49

Als Beispiel soll die in Abb. 8.49 dargestellte Überlagerung zweier gleich polarisierter Wellen gleicher Frequenz ν, die von zwei punktförmigen Lichtquellen L_1 bzw. L_2 ausgehen, diskutiert werden. Im Punkt P gilt dann für die elektrische Feldstärke der jeweiligen Wellen:

$$E_1 = E_{10} \cdot \cos 2\pi \left(\frac{t}{T} - \frac{r_1}{\lambda} - \frac{\delta_1}{2\pi} \right) \tag{8.12}$$

$$E_2 = E_{20} \cdot \cos 2\pi \left(\frac{t}{T} - \frac{r_2}{\lambda} - \frac{\delta_2}{2\pi} \right). \tag{8.13}$$

Dabei bedeuten

E_{10}, E_{20}	Amplituden der jeweiligen Welle
r_1, r_2	Abstand des Punktes P von der Lichtquelle L_1 bzw. L_2
δ_1, δ_2	Phasenkonstanten
λ	Wellenlänge
T	Schwingungsdauer ($T = 1/\nu$).

Unter der *Intensität* einer elektromagnetischen Welle versteht man die Energie, die im zeitlichen Mittel pro Zeiteinheit durch die Einheitsfläche in Strahlungsrichtung fortschreitet. Für eine einzelne Welle mit $E = E_0 \cdot \cos 2\pi \left(\frac{t}{T} - \frac{x}{\lambda} - \frac{\delta}{2\pi} \right)$ ist die Intensität nach Maxwell gegeben durch den zeitlichen Mittelwert des Betrags ihres Poyntingvektors (s. Abschnitt 6.6.4):

$$I = \overline{S} = \sqrt{\frac{\varepsilon_0}{\mu_0}} \cdot \overline{E^2} = \sqrt{\frac{\varepsilon_0}{\mu_0}} \cdot E_0^2 \cdot \underbrace{\overline{\cos^2 2\pi \left(\frac{t}{T} - \frac{x}{\lambda} - \frac{\delta}{2\pi} \right)}}_{= \frac{1}{2}}$$

$$= \frac{1}{2} \sqrt{\frac{\varepsilon_0}{\mu_0}} \cdot E_0^2.$$

Entsprechend gilt bei der Überlagerung von zwei Wellen

$$I = \sqrt{\frac{\varepsilon_0}{\mu_0}} \cdot \overline{(E_1 + E_2)^2}. \tag{8.14}$$

Einsetzen von (8.12) und (8.13) in (8.14), Anwenden von Additionstheoremen für die cos-Funktion sowie zeitliche Mittelung liefert

$$I = I_1 + I_2 + 2\sqrt{I_1 \cdot I_2} \cdot \cos 2\pi \left(\frac{r_2 - r_1}{\lambda} + \delta_2 - \delta_1 \right). \tag{8.15}$$

Die Gesamtintensität ist i. a. nicht gleich der Summe der Einzelintensitäten. Das „Interferenzglied" $2\sqrt{I_1 \cdot I_2} \cdot \cos(\ldots)$ bewirkt, daß die Intensität an verschiedenen Orten um den Mittelwert $I_1 + I_2$ schwankt.

Die Intensität wird maximal, wenn gilt:

$$\cos 2\pi \left(\frac{r_2 - r_1}{\lambda} + \delta_2 - \delta_1 \right) = 1$$

$$\text{d. h.} \quad 2\pi \left(\frac{r_2 - r_1}{\lambda} + \delta_2 - \delta_1 \right) = Z \cdot 2\pi \quad (Z = 0, 1, 2, \ldots)$$

Für den Gangunterschied $\Delta = r_2 - r_1$ muß gelten

$$\Delta = Z \cdot \lambda - \lambda(\delta_2 - \delta_1).$$

Speziell für $\delta_2 = \delta_1$ erhält man folgende Bedingung für ein Maximum:

$$\Delta = Z \cdot \lambda.$$

Ein Minimum der Intensität tritt auf, wenn gilt:

$$\cos 2\pi \left(\frac{r_2 - r_1}{\lambda} + \delta_2 - \delta_1 \right) = -1.$$

Daraus erhält man analog zu obiger Rechnung für den Gangunterschied Δ die Bedingung

$$\Delta = (2Z + 1)\frac{\lambda}{2} - \lambda(\delta_2 - \delta_1).$$

Speziell für $\delta_2 = \delta_1$ ergibt sich

$$\Delta = (2Z + 1)\frac{\lambda}{2}.$$

Abbildung 8.50 zeigt die Abhängigkeit der Gesamtintensität I vom Gangunterschied $\Delta = r_2 - r_1$ unter der Annahme $\delta_2 = \delta_1$.

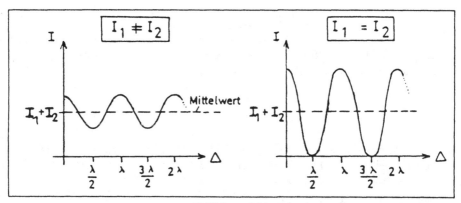

Abbildung 8.50

Es wird deutlich, daß beim Auftreten von Interferenzen Energie nie verlorengeht, sondern nur im Raum umverteilt wird.

Bei all diesen Überlegungen wurde für den Brechungsindex $n = 1$ vorausgesetzt. Im Fall $n \neq 1$ ist zu beachten, daß die Wellenlänge im Medium nur noch λ/n beträgt. Es gelten dann die gleichen Formeln, wenn man $\Delta = n(r_2 - r_1)$ setzt.

Kohärenz: Zwei Lichtsender gleicher Frequenz schwingen *kohärent*, wenn sie eine feste, d. h. zeitlich konstante Phasendifferenz besitzen. Man bezeichnet dann die von ihnen emittierten Wellensysteme als kohärent zueinander.

Die von verschiedenen Atomen einer gewöhnlichen Lichtquelle ausgehenden Lichtwellen sind nicht kohärent zueinander (Ausnahme: Laser), da die einzelnen lichtemittierenden

Atome immer nur ganz kurzzeitig und völlig unabhängig voneinander schwingen und deshalb keine feste Phasenbeziehung zwischen den einzelnen Emissionsakten besteht. Die gleiche Überlegung gilt für zwei verschiedene Lichtquellen. Aus diesem Grund gelingt das oben besprochene Interferenzexperiment mit Licht aus zwei gewöhnlichen Lichtquellen nicht, denn in diesem Fall muß man in Gleichung (8.15) noch über alle Differenzen der Phasenkonstanten mitteln. Dadurch fällt das Interferenzglied heraus und man erhält $I = I_1 + I_2$.

Interferenzerscheinungen mit Licht aus gewöhnlichen Lichtquellen lassen sich also nur dann beobachten, wenn die beiden zur Interferenz kommenden Wellenzüge aus dem gleichen elementaren Emissionsakt stammen. Dazu muß man das von einer einzigen punktförmigen Lichtquelle ausgehende Licht aufteilen und die Teilstrahlen wieder überlagern *(Lichtteilung)*. Dafür gibt es prinzipiell zwei Möglichkeiten:

- *Teilung der Amplitude.* Man verwendet einen halbdurchlässigen Spiegel und überlagert die durchgehende und die reflektierte Welle.

- *Teilung der Wellenfront.* Man läßt das Licht durch zwei nebeneinanderliegende Öffnungen (Spalte) hindurchtreten.

Als Beispiel zur Lichtteilung ist der *Fresnelsche Doppelspiegel* (A. Fresnel 1821) in Abb. 8.51 dargestellt. Aus einer punktförmigen Lichtquelle L werden durch Spiegelung an zwei gegeneinander geneigten Spiegeln S_1 und S_2 zwei virtuelle Lichtquellen L'_1 und L'_2 erzeugt. Die von diesen beiden Lichtquellen ausgehenden Wellensysteme sind kohärent und können miteinander interferieren.

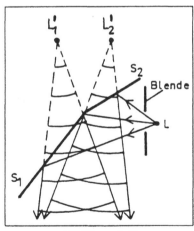
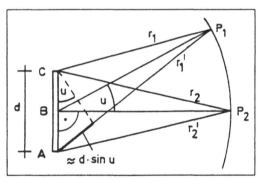

Abbildung 8.51   Abbildung 8.52

Um wirklich Interferenzerscheinungen zu beobachten, müssen zwei weitere Bedingungen erfüllt sein.

1. *Zeitliche Kohärenzbedingung.* Die Lichtemission eines Atoms dauert ungefähr $\tau \approx 10^{-8}$ s. In dieser Zeit strahlt es einen Wellenzug der Länge $l = c \cdot \tau \approx 3 \cdot 10^8$ m/s $\cdot 10^{-8}$ s $= 3$ m ab.

Ist die Weglängendifferenz $r_2 - r_1$ der interferierenden Teilstrahlen bei einem Experiment größer als die Länge eines Wellenzugs, stammen die sich überlagernden Wellen nicht mehr vom gleichen Emissionsakt und sind somit nicht mehr kohärent. Es treten dann keine Interferenzen auf. Aus diesen Überlegungen erhält man die *zeitliche Kohärenzbedingung*

$$r_2 - r_1 < l \approx 3 \text{ m.}$$

Die maximal zulässige Weglängendifferenz l nennt man *Kohärenzlänge*.

2. *Winkelkohärenzbedingung.* Bei den bisherigen Überlegungen wurde immer von punktförmigen Lichtquellen ausgegangen. In der Praxis arbeitet man jedoch stets mit leuchtenden Flächen endlicher Ausdehnung. Die Winkelkohärenzbedingung legt nun fest, unter welchen Voraussetzungen man auch mit ausgedehnten Lichtquellen Interferenzexperimente durchführen kann. Dazu betrachtet man die Unterschiede im Wellenfeld in der Umgebung einer punktförmigen und einer ausgedehnten Lichtquelle.

Die Lichtquelle habe den Durchmesser d und werde durch die drei Leuchtpunkte A, B und C repräsentiert. P_1 liege auf einem Kreis um B durch P_2, d. h. P_1 und P_2 sind Punkte gleicher Phase für die von B ausgehenden Wellen (vgl. Abb. 8.52). Damit P_1 und P_2 auch für die von A und C ausgehenden Wellen (näherungsweise) Punkte gleicher Phase sind, muß man

$$r_1 - r_2 \approx r_1' - r_2', \quad \text{genauer:}$$

$$|(r_1' - r_2') - (r_1 - r_2)| \ll \frac{\lambda}{2}$$

fordern. Mit $r_2 = r_2'$ und $r_1' - r_1 \approx d \cdot \sin u$ ergibt sich daraus die *Winkelkohärenzbedingung*:

$$\boxed{d \cdot \sin u \ll \frac{\lambda}{2}.}$$

u heißt *Apertur-* oder *Öffnungswinkel*.

Das Huyghens-Fresnelsche Prinzip besagt, daß ein einem Wellenfeld jeder Raumpunkt zum Ausgangspunkt einer neuen Kugelwelle, einer *Elementarwelle*, wird. Die resultierende Welle entsteht dann aus der Überlagerung aller dieser Elementarwellen; die Einhüllende aller Elementarwellen gibt die neue Wellenfront. Ist die Welle auf einen homogenen Raum beschränkt, ergibt sich nichts Neues: Die (phasenrichtige) Überlagerung aller Elementarwellen reproduziert die Primärwelle.

Die Bedeutung des Huyghens-Fresnelschen Prinzips liegt in der Beschreibung der Wellenausbreitung im inhomogenen Raum, bei Raumbegrenzungen. Es wurde deshalb bei der Ableitung des Reflexions- und des Brechungsgesetzes (Abschnitt 8.2.1) und bei der Doppelbrechung (Abschnitt 8.3.1) von diesem Prinzip Gebrauch gemacht.

8.4.2 Interferenzen an diskreten Sekundärquellen

Ein Eingangsspalt der Breite d wird mit monochromatischen Licht der Wellenlänge λ bestrahlt und stellt damit eine ausgedehnte Lichtquelle mit dem Durchmesser d dar. Das vom Spalt ausgehende Lichtbündel wird mit einer Linse parallel gemacht und trifft anschließend auf einen Doppelspalt (dabei muß natürlich die Winkelkohärenzbedingung $d \cdot \sin u \ll \lambda/2$ erfüllt werden). Der Abstand der beiden Spalte sei g und ihre Breite sei jeweils vernachlässigbar klein. Hinter dem Doppelspalt beobachtet man auf einem sehr weit entfernten Schirm Interferenzerscheinungen, und zwar weist der Intensitätsverlauf in Abhängigkeit vom Beobachtungswinkel α mehrere Maxima auf (s. Abb. 8.53).

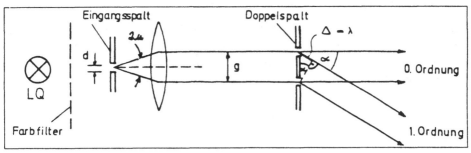

Abbildung 8.53

Interpretation: Nach dem Huyghens-Fresnelschen Prinzip kann man die beiden Spalte aus Ausgangspunkte von Elementarwellen auffassen; man hat also Sekundärquellen, die wie in dem in Abschnitt 8.4.1 besprochenen Beispiel interferieren. Die Intensität wird maximal, wenn für den Gangunterschied $\Delta = Z \cdot \lambda$ ($Z = 0, 1, 2, \ldots$) gilt. Sie wird minimal für $\Delta = (2Z + 1) \cdot \lambda/2$. Aus der Geometrie der Anordnung folgt $\Delta = g \cdot \sin \alpha$. Damit ergeben sich die Bedingungen für

$$\text{Maxima:} \qquad \boxed{g \cdot \sin \alpha = Z \cdot \lambda}$$

$$\text{Auslöschung:} \qquad \boxed{g \cdot \sin \alpha = (2Z + 1) \cdot \frac{\lambda}{2}}.$$

Die Zahl Z heißt *Ordnung* des Maximums bzw. Minimums.

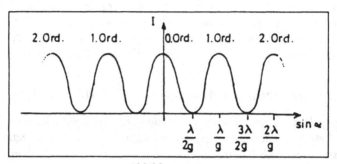

Abbildung 8.54

Abbildung 8.54 zeigt den Intensitätsverlauf hinter dem Doppelspalt in Abhängigkeit vom Sinus des Beobachtungswinkels α. Damit überhaupt merkliche Interferenzerscheinungen beobachtet werden können, muß der Abstand g der Spalte von der Größenordnung der Wellenlänge des verwendeten Lichtes sein.

Versuch: Verwendet man bei sonst gleichem Versuchsaufbau einen Dreifachspalt anstelle eines Doppelspaltes, so ändert sich nichts an den Winkeln, unter denen man maximale Intensität beobachtet. Jedoch lautet die Bedingung für das Auftreten von Auslöschung jetzt anders. Beträgt nämlich der Gangunterschied Δ zwischen Wellen,

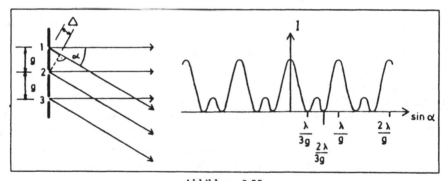

Abbildung 8.55

die von zwei benachbarten Spalten ausgehen, beispielsweise $\lambda/2$, können die von den Spalten 1 und 2 ausgehenden Wellen sich zwar auslöschen, Welle 3 bleibt aber übrig. Man erhält insgesamt keine vollständige Auslöschung, sondern ein sogenanntes „Nebenmaximum". Auslöschung tritt ein für $\Delta = \lambda/3$, $\Delta = 2\lambda/3$, $\Delta = 3\lambda/3$ etc. Die genaue Intensitätsverteilung zeigt Abb. 8.55.

Verallgemeinerung: Bei der Interferenz an N Spalten werden die Hauptmaxima unabhängig von der Zahl der Spalte immer unter den gleichen Winkel beobachtet. Für diese gilt $g \cdot \sin\alpha = Z \cdot \lambda$ ($Z = 0, 1, 2, \ldots$). Die Hauptmaxima werden umso schmäler, je größer die Zahl der Spalte ist. Zwischen den Hauptmaxima erhält man jeweils $N - 2$ kleine Nebenmaxima, die mit wachsendem N i. a. immer niedriger werden. Das erste Minimum erhält man für $g \cdot \sin\alpha = \lambda/N$. Es sei nochmals daran erinnert, daß bei all diesen Überlegungen eine vernachlässigbar kleine Breite der einzelnen Spalte vorausgesetzt wurde. Ohne diese Annahme werden die Intensitätsverteilungen komplizierter (s. Abschnitt 8.4.4).

Gitter: Unter einem Gitter versteht man ein System von sehr vielen ($N = 500 - 50000$), eng benachbarten Spalten in regelmäßigen Abständen. Der Abstand g benachbarter Spalte heißt *Gitterkonstante*.

Die Intensitätsverteilung für Interferenzen am Gitter ist in Abb. 8.56 dargestellt. Auf dem hinter dem Gitter aufgestellten Schirm beobachtet man ganz scharfe helle Streifen auf praktisch dunklem Untergrund. Die zahlreichen Nebenmaxima sind so schwach, daß sie vom Auge nicht mehr registriert werden können.

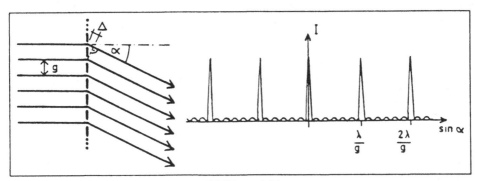

Abbildung 8.56

Für die Winkel, unter denen die Hauptmaxima bei einem Gitter mit der Gitterkonstanten g erscheinen, gilt die Beziehung

$$g \cdot \sin\alpha = Z \cdot \lambda \quad (Z = 0, 1, 2, \ldots).$$

Die Winkel, unter denen die Hauptmaxima auftreten, sind also abhängig von der Wellenlänge des verwendeten Lichtes.

Bestrahlt man ein Gitter mit einem parallelen Bündel weißen Lichtes, so entsteht beispielsweise das Maximum erster Ordnung für rotes Licht unter einem größeren Winkel als für blaues Licht. Auf einem weit hinter dem Gitter aufgestellten Schirm beobachtet man ein Spektrum (Gitterspektrum, vgl. Abb. 8.57). Andererseits kann man —

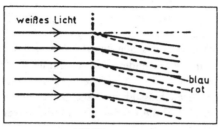

Abbildung 8.57

ähnlich wie bei dem in Abschnitt 8.2.2 beschriebenen Prismenspektralapparat — bei bekannter Gitterkonstante g die Wellenlänge des Lichtes bestimmen, indem man die Winkel mißt, unter denen die Hauptmaxima auftreten (Gitterspektrometer).

Für die Praxis sehr wichtig ist die Frage nach dem *Auflösungvermögen eines Gitters* $\lambda/\Delta\lambda$. Man geht von der Überlegung aus, daß zwei Linien (genauer: Intensitätsverteilungen, die zu zwei verschiedenen Wellenlängen λ und $\lambda + \Delta\lambda$ gehören) gerade dann noch getrennt wahrgenommen werden können, wenn das Hauptmaximum der einen Linie mit dem ersten Minimum der anderen zusammenfällt. Dann gilt:

$$Z(\lambda + \Delta\lambda) = Z \cdot \lambda + \frac{\lambda}{N}.$$

Dabei bezeichnet Z wie gewohnt die Ordnung der betrachteten Maxima und N die Zahl der Gitterspalte. Daraus erhält man folgende Beziehung für das *Auflösungsvermögen eines Gitters*:

$$\boxed{\frac{\lambda}{\Delta\lambda} = N \cdot Z.}$$

Das Auflösungsvermögen von guten Gittern ist etwa zehn- bis zwanzigmal so groß wie das der besten Prismen.

Es soll nun kurz auf die verschiedenen technischen Ausführungen von Gittern eingegangen werden.

Die bisher behandelten lichtdurchlässigen Gitter *(Transmissionsgitter)* werden hergestellt, indem man auf einer Glasplatte mit einem Diamant in gleichmäßigen Abständen feine Striche einritzt, die dann die undurchlässigen Teile des Gitters bilden. Auf diese Weise erreicht man bis zu 400 Striche pro Millimeter ($\Rightarrow g \approx 2,5~\mu m$).

Häufig verwendet man anstelle von lichtdurchlässigen Gittern sogenannte *Reflexionsgitter,* die durch Einritzen von äquidistanten Strichen in spiegelnde Metallflächen entstehen. Beobachtet werden dann die Interferenzen des reflektierten Lichtes. Reflexionsgitter können mit bis zu 1700 Strichen pro Millimeter hergestellt werden ($\Rightarrow g \approx 0,6~\mu m$).

Versuch: Ein kohärentes Lichtbündel falle unter dem *Glanzwinkel* ε_1 auf ein Reflexionsgitter mit der Gitterkonstanten g (Abb. 8.58). Geometrische Betrachtungen zeigen,

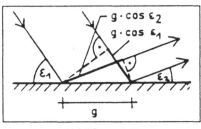

Abbildung 8.58

daß dann zwei Wellen, die von benachbarten Spalten unter dem Winkel ε_2 ausgehen, den Gangunterschied $\Delta = g \cdot \cos \varepsilon_1 - g \cdot \cos \varepsilon_2$ aufweisen. Am Reflexionsgitter tritt also ein Maximum der Intensität unter den Winkeln ε_2 auf, für die gilt:

$$g(\cos \varepsilon_1 - \cos \varepsilon_2) = Z \cdot \lambda \quad (Z = 0, 1, 2, \ldots).$$

Vorteile des Reflexionsgitters:

- Reflexionsgitter können mit kleinerer Gitterkonstanten g hergestellt werden als Transmissionsgitter.

- Durch streifenden Einfall des Lichtes (d. h. ε_1 sehr klein) kann man noch im Fall $g \gg \lambda$ Interferenzen beobachten. Das Gitter wirkt dann so, als ob es nur eine Gitterkonstante $g' = g \cdot \sin \varepsilon_1$ besäße. Damit können beispielsweise mit herkömmlichen Reflexionsgittern Interferenzversuche mit Röntgenstrahlen ($\lambda \approx$ 1 Å) durchgeführt werden (Compton 1898; erste Messung der Wellenlänge von Röntgenstrahlen).

- Zur Abbildung des Eingangsspaltes auf einen Schirm muß man beim Transmissionsgitter eine Linse hinter dem Gitter anbringen, die das parallele Licht in einem Punkt vereinigt. Glaslinsen absorbieren aber das ultraviolette Licht, so daß man den UV-Anteil des Spektrums nicht auf dem Schirm abbilden kann (Nachweis mit Fluoreszenzschirm). Diese Schwierigkeit läßt sich bei Reflexionsgittern umgehen, wenn man sie nicht auf eine ebene, sondern auf eine sphärische Fläche ritzt (Konkavgitter).

Kristallinterferenzen mit Röntgenstrahlen: Die Abstände der Atome in einem Kristall liegen gerade in der Größenordnung der Wellenlänge von Röntgenstrahlen (~ 1 Å). Aus diesem Grund sind Kristalle für Interferenzversuche mit Röntgenstrahlen sehr geeignet.

Jeder Kristall stellt ein regelmäßiges Punktgitter dar. Die Atome werden von der einfallenden Röntgenstrahlung zu erzwungenen Schwingungen angeregt und senden dann Strahlen aus, die miteinander interferieren. Eine lineare Kette von Atomen kann deshalb als Reflexionsgitter angesehen werden.

Trifft die Röntgenstrahlung unter dem Winkel ε_1 auf, muß für das Auftreten eines Maximums unter dem Winkel ε_2 wieder die Bedingung $g_1(\cos\varepsilon_1 - \cos\varepsilon_2) = Z_1 \cdot \lambda$ erfüllt sein (vgl. Reflexionsgitter). Sich verstärkende Strahlen liegen auf einem Kegelmantel mit gemeinsamer Spitze und Achse (s. Abb. 8.59).

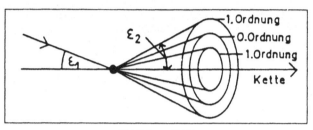

Abbildung 8.59

Verwendet man ein flächenhaftes Punktgitter anstelle einer linearen Kette, erhält man zwei aufeinander senkrecht stehende Systeme von Kegeln. Optimale Verstärkung erhält man nur in Richtung der Schnittpunkte der beiden Kegelscharen. Es muß die zusätzliche Bedingung $g_2(\cos\varepsilon_1' - \cos\varepsilon_2') = Z_2 \cdot \lambda$ erfüllt sein.

Betrachtet man schließlich die Interferenzen an einem räumlichen Gitter, wie es bei einem Kristall vorliegt, so muß man drei aufeinander senkrecht stehende Kegelscharen schneiden, um die Richtungen der Verstärkung zu finden, d. h. es muß auch noch $g_3(\cos\varepsilon_1'' - \cos\varepsilon_2'') = Z_3 \cdot \lambda$ gelten. Die drei Bedingungen

$$Z_1 \cdot \lambda = g_1(\cos\varepsilon_1 - \cos\varepsilon_2)$$
$$Z_2 \cdot \lambda = g_2(\cos\varepsilon_1' - \cos\varepsilon_2')$$
$$Z_3 \cdot \lambda = g_3(\cos\varepsilon_1'' - \cos\varepsilon_2'')$$

bezeichnet man als *Laue-Bedingungen*. Dabei bedeuten g_1, g_2, g_3 die Gitterkonstanten des Kristalls in x-, y- und z-Richtung, $\varepsilon_1, \varepsilon_1', \varepsilon_1''$ (bzw. $\varepsilon_2, \varepsilon_2', \varepsilon_2''$) sind die Winkel der einfallenden (bzw. gestreuten) Welle zu den drei Koordinatenachsen. Bei fest vorgegebener Wellenlänge λ und festen Winkeln lassen sich i. a. nicht alle drei Laue-Bedingungen simultan erfüllen, man erhält also in keiner Raumrichtung Verstärkung. Um trotzdem Interferenzen von Röntgenstrahlen an Kristallen zu beobachten, gibt es drei verschiedene Möglichkeiten:

1. Man gibt die Wellenlänge λ nicht fest vor, sondern läßt ein kontinuierliches Röntgenspektrum unter einem festen Winkel $(\varepsilon_1, \varepsilon_1', \varepsilon_1'')$ auf einen Kristall treffen *(Laue-Verfahren)*. Der Kristall „sucht" sich dann die Wellenlänge, für die sich alle drei Laue-Bedingungen erfüllen lassen, selbst heraus.

2. Man verwendet monochromatische Röntgenstrahlung, läßt diese aber nicht auf einen Einkristall, sondern auf ein Kristallpulver fallen *(Debye-Scherrer-Verfahren)*. Der Röntgenstrahl findet unter den vielen kleinen Kristallen immer solche vor, die so orientiert sind, daß sich alle drei Laue-Bedingungen simultan erfüllen lassen. Bei diesem Verfahren variiert man also sozusagen die Winkel $\varepsilon_1, \varepsilon_1', \varepsilon_1''$ der einfallenden Welle.

3. Man kann diese Winkel auch variieren, indem man monochromatische Röntgenstrahlung auf einen Einkristall auftreffen läßt und diesen dann in alle Richtungen dreht *(Bragg-Verfahren)*.

Interferenzuntersuchungen mit Röntgenstrahlen spielen in der Festkörperphysik eine sehr große Rolle (Bestimmung von Gitterabständen etc.).

Elektroneninterferenzen: Ein Elektronenstrahl durchläuft eine Beschleunigungsspannung U und fällt anschließend auf einen Kristall. Für den Intensitätsverlauf der gestreuten Elektronen in Abhängigkeit vom Streuwinkel ϑ erhält man keine monotone Kurve, sondern ganz ausgeprägte Maxima und Minima unter bestimmten Streuwinkeln. Die Lage der Maxima und Minima hängt von der durchlaufenen Spannung U ab. Auch Elektronen zeigen also Interferenzerscheinungen. Solche *Elektroneninterferenzen* wurden erstmals von Davisson und Germer im Jahre 1927 beobachtet.

Dieser Erscheinung bleibt unerklärlich, wenn man einen Elektronenstrahl als Teilchenstrahl auffaßt. Die Klärung gelingt mit Hilfe des von de Broglie im Jahre 1924 formulierten *Welle-Teilchen-Dualismus:* Genauso, wie man einer Lichtwelle Teilcheneigenschaften zuordnen kann (vgl. Fotoeffekt), läßt sich jeder Teilchenstrahl auch als *Materiewelle* auffassen. Die Wellenlänge λ einer solchen Materiewelle ist gegeben durch

$$\boxed{\lambda \; = \; \frac{h}{p}.}$$

Dies ist die *de-Broglie-Beziehung*. h ist hierbei das Plancksche Wirkungsquantum und $p = m \cdot v$ der Impuls der Teilchen.

Werden Elektronen durch eine Spannung U beschleunigt, so läßt sich die Wellenlänge der zugehörigen Materiewelle leicht berechnen. Aus dem Energieerhaltungssatz folgt

$$\frac{1}{2} m \cdot v^2 \; = \; e_0 \cdot U$$

$$\Rightarrow \quad v \; = \; \sqrt{\frac{2e_0 \cdot U}{m}}.$$

Einsetzen dieser Gleichung in die de-Broglie-Beziehung liefert

$$\lambda \; = \; \frac{h}{\sqrt{2 \cdot e_0 \cdot m \cdot U}}.$$

Einige Zahlenwerte gibt die folgende Tabelle an:

U in Volt	λ in Å
1	12,26
10	3,87
100	1,23
1000	0,39

8.4.3 Interferenzen an kontinuierlich verteilten Sekundär-quellen

Interferenzen an planparallelen Schichten: Ein Strahl 1 falle unter dem Winkel α auf eine planparallele Schicht der Dicke d und dem Brechungsindex n (vgl. Abb. 8.60). Er wird teilweise an der Oberfläche der Schicht reflektiert (1') und teilweise gebrochen;

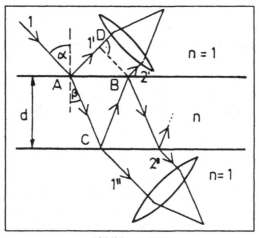

Abbildung 8.60

der gebrochene Anteil wird im Punkt C wieder teilweise reflektiert und teilweise nach außen gebrochen (1"). Der in C reflektierte Anteil tritt in B teilweise nach oben aus (2'), teilweise wird er dort wieder reflektiert etc. Da alle reflektierten und gebrochenen Strahlen durch Lichtteilung aus dem Strahl 1 entstanden sind, sind sie kohärent und können miteinander interferieren, wenn man sie mit einer Linse in einem Punkt zum Schnitt bringt.

Um zu erfahren, für welche Einfallswinkel α man bei der Reflexion Interferenzmaxima erhält, muß man den Gangunterschied Δ der Strahlen 1' und 2' berechnen. Abbildung 8.60 entnimmt man

$$\Delta = n(AC + CB) - AD + \frac{\lambda}{2}.$$

Der Summand $\lambda/2$ kommt daher, daß der Strahl 1' bei der Reflexion in A einen Phasensprung von π ($\hat{=} \lambda/2$) erfährt (Reflexion am dichteren Medium). Mit

$$AC = CB = \frac{d}{\cos \beta}, \quad AD = AB \cdot \sin \alpha = 2AC \cdot \sin \beta \cdot \sin \alpha, \quad \frac{\sin \alpha}{\sin \beta} = n$$

erhält man daraus nach elementarer Rechnung

$$\Delta = 2d \cdot \sqrt{n^2 - \sin^2 \alpha} + \frac{\lambda}{2}.$$

Daraus ergibt sich folgende Bedingung für die *Verstärkung bei Reflexion*:

$$\boxed{2d \cdot \sqrt{n^2 - \sin^2 \alpha} + \frac{\lambda}{2} = Z \cdot \lambda \quad (Z = 0, 1, 2, \ldots).}$$

Bei der Behandlung des durchgelassenen Lichtes ist zu beachten, daß kein Phasensprung auftritt. Die Bedingung für die *Verstärkung bei Transmission* lautet deshalb:

$$\boxed{2d \cdot \sqrt{n^2 - \sin^2 \alpha} = Z \cdot \lambda \quad (Z = 0, 1, 2, \ldots).}$$

Versuch: Eine dünne Glasplatte wird von einer Lichtquelle beleuchtet, wie es Abb. 8.61 zeigt. Man „bietet" der Platte alle möglichen Einfallswinkel α an. Für die durch die obige Bedingung gegebenen Winkel tritt Verstärkung bei Reflexion ein. Die Interferenzkurven, die man auf einem Schirm auffängt, sind konzentrische Kreise („Haidinger-Ringe", „Streifen gleicher Neigung"). Wenn die Lichtquelle weißes Licht aussendet, sind diese Ringe farbig, denn bei einem bestimmten Einfallswinkel α werden je nach Wellenlänge bestimmte Farben ausgelöscht und andere verstärkt.

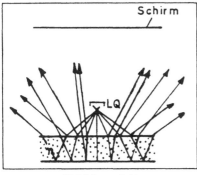

Abbildung 8.61

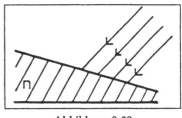

Abbildung 8.62

Versuch: Ein paralleles Lichtbündel trifft auf einen spitzen Glaskeil auf (Abb. 8.62). Der übrige Versuchsaufbau ist mit dem des vorigen Versuches identisch. Auf dem

Schirm beobachtet man ein System von Interferenzstreifen, die man als „Streifen gleicher Dicke" bezeichnet. Bei diesem Versuch ist der Einfallswinkel α für alle Strahlen gleich, aber die Dicke der Platte ist verschieden. Für manche Plattendicken tritt Verstärkung, für andere Auslöschung ein.

Anwendungen

1. *Vergütung von Linsen.* Trifft ein Lichtstrahl auf eine Linse, wird er teilweise reflektiert, was einen Intensitätsverlust zur Folge hat. Durch Aufbringen einer dünnen Schicht auf die Linse kann man eine erhebliche Reflexminderung erzielen.

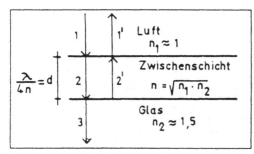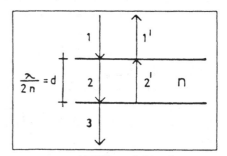

Abbildung 8.63   Abbildung 8.64

Fällt ein Strahl 1 senkrecht auf die Schicht (Abb. 8.63), so wird er teilweise reflektiert (1') und teilweise durchgelassen (2). Strahl 2 wird dann an der Grenzfläche zum Glas ebenfalls teilweise reflektiert (2') und der Rest dringt ins Glas ein. Wenn man die Zwischenschicht gerade so dick wählt, daß die Strahlen 1' und 2' einen Gangunterschied von $\lambda/2$ haben, löschen sie sich aus, vorausgesetzt, ihre Intensitäten sind gleich groß, was sich durch geeignete Wahl des Brechungsindex n des Schichtmaterials erreichen läßt.

Damit die Strahlen 1' und 2' einen Gangunterschied von $\lambda/2$ aufweisen, muß $2 \cdot n \cdot d = \lambda/2$ bzw.

$$d = \frac{\lambda}{4 \cdot n}$$

gelten. Eine etwas komplizierte Rechnung zeigt, daß die Intensität dieser beiden Strahlen gleich groß ist für

$$n = \sqrt{n_1 \cdot n_2}.$$

2. *Interferenzfilter.* Trifft Licht mit der Wellenlänge λ (1) senkrecht auf eine dünne Schicht mit der Dicke $d = \lambda/2n$, so haben die an der vorderen und hinteren Begrenzungsfläche reflektierten Strahlen 1' und 2' den Gangunterschied λ und verstärken sich damit, die Reflexion ist also besonders stark (vgl. Abb. 8.64).

Bestrahlt man eine solche Schicht mit kontinuierlichem (weißem) Licht, wird diejenige Farbe besonders stark reflektiert, für die $d = \lambda/2n$ gilt. Die Komplementärfarbe wird durchgelassen. Dies ist die Wirkungsweise eines Interferenzfilters.

8.4.4 Beugung

Was ergibt sich, wenn nicht nur die Sekundärquellen, sondern auch die Phasendifferenzen zwischen den interferierenden Strahlen kontinuierlich aufeinanderfolgen?

Beugung am Spalt: Eine ebene Welle falle senkrecht auf einen Spalt der Breite b (Abb. 8.65). Nach dem Huyghens-Fresnelschen Prinzip ist jeder Punkt des Spaltes Zen-

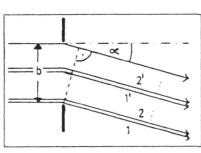

Abbildung 8.65

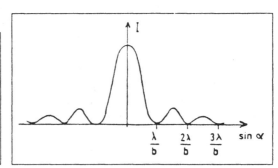

Abbildung 8.66

trum einer Elementarwelle (Kugelwelle). Um die Lichtintensität hinter dem Spalt unter einem Winkel α zu bestimmen, kann man sich die Welle in beliebig dicht beieinanderliegende Strahlen aufgeteilt denken. Man erhält unter dem Winkel α Auslöschung, wenn sich zu jedem Strahl ein anderer finden läßt, der zum ersten einen Gangunterschied von $\lambda/2$ aufweist. Haben beispielsweise der Randstrahl 1 und der Strahl 1' in der Mitte den Gangunterschied $\lambda/2$ (d. h. $\frac{b}{2} \sin \alpha = \lambda/2$), so haben ihn auch die Strahlen 2 und 2' etc. Unter diesem Beobachtungswinkel erhält man das erste Intensitätsminimum. Man kann sich leicht überlegen, daß für das *Z-te Minimum*

$$\boxed{b \cdot \sin \alpha \;=\; Z \cdot \lambda \qquad (Z = 0, 1, 2, \ldots)}$$

gelten muß. Zwischen diesen Minima liegen Maxima, deren Höhe mit der Ordnung stark abnimmt. Den qualitativen Intensitätsverlauf zeigt Abb. 8.66.

Modulation der Interferenzerscheinungen beim Gitter: Bei der Diskussion der Intensitätsverteilung hinter einem Gitter in Abschnitt 8.4.2 wurde davon ausgegangen, daß die Gitterspalte beliebig schmal sind, daß von jedem Spalt also nur eine einzige Elementarwelle ausgeht. Dies ist eine Idealisierung. In der Praxis gibt es keine unendlich schmalen Spalte; auch die Wellen, die von einem einzigen Gitterspalt ausgehen, können miteinander interferieren. Deshalb wird die Interferenzfigur eines Gitters noch moduliert durch die der Einzelspalte (s. Abb. 8.67).

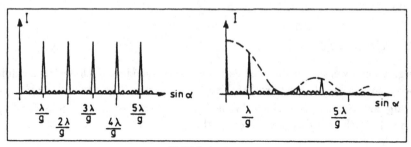

Abbildung 8.67

Infolge dieser Modulation sind die Hauptmaxima nicht mehr alle gleich hoch. Es können sogar einzelne Maxima ganz ausfallen. Dies geschieht, wenn sie in Richtungen, in denen die Intensitätsverteilung des Spaltes ein Minimum aufweist, liegen (in Abb. 8.67 etwa für $\sin \alpha = 5\lambda/g$).

8.5   Das Auflösungsvermögen des Mikroskops

8.5.1   Die Theorie von Helmholtz

Bei der Abbildung einer punktförmigen Lichtquelle durch optische Instrumente beobachtet man nie einen Punkt als Bild der Lichtquelle, sondern immer ein kleines Beugungsscheibchen. Dieses Phänomen kommt durch die Beugung des Lichtes an der kreisförmigen Begrenzung des Objektivs zustande. Darüberhinaus wird die Bildqualität noch durch Linsenfehler beeinträchtigt (vgl. Abschnitt 8.2.3), von denen aber bei dieser Betrachtung abgesehen werden soll.

Helmholtz (1874) ging bei seinen Überlegungen zum Auflösungsvermögen des Mikroskops von selbstleuchtenden Objekten aus. Der Einfachheit halber wird zunächst ein Spalt der Breite b vor das Objektiv gesetzt. Man kann dann bei der Behandlung der Beugungserscheinungen die Ergebnisse aus Abschnitt 8.4.4 benutzen.

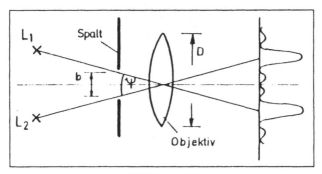

Abbildung 8.68

Als Bilder zweier Lichtquellen L_1 und L_2 erhält man jeweils eine Beugungsfigur wie in Abschnitt 8.4.4. Die Intensitäten der beiden Beugungsbilder überlagern sich (vgl. Abb. 8.68). Das Auge kann die Bilder gerade dann noch getrennt wahrnehmen, wenn das Hauptmaximum der einen Intensitätsverteilung ins erste Minimum der anderen fällt. Da für das erste Minimum bei der Beugung am Spalt $b \cdot \sin \alpha = \lambda$ gilt, muß der Winkelabstand ψ der beiden Lichtquellen mindestens

$$\psi_{min} \; = \; \alpha \; = \; \arcsin \frac{\lambda}{b} \; \approx \; \frac{\lambda}{b}$$

betragen, damit ihre Bilder vom Auge getrennt werden können.

Normalerweise ist die Linsenfassung rund. Man muß daher eigentlich von der Beugung an einer Lochblende mit dem Durchmesser D anstatt von der Beugung an einem Spalt ausgehen. Bei der Beugung an kreisförmigen Lochblenden beobachtet man konzentrische Ringe als Interferenzfiguren. Eine quantitative Behandlung liefert für den

Winkel α, unter dem der erste dunkle Ring (erstes Mininum) erscheint, die Beziehung $D \cdot \sin \alpha = 1,22 \cdot \lambda$. Dabei ist D der Durchmesser der Lochblende. Somit erhält man für den minimalen Winkelabstand ψ der beiden Lichtquellen

$$\psi_{min} = \frac{1,22 \cdot \lambda}{D}. \qquad (8.16)$$

Oft ist man an dem kleinsten Abstand d_{min} interessiert, den zwei leuchtende Objekte voneinander haben müssen, damit sie gerade noch getrennt werden können (vgl. dazu Abb. 8.69).

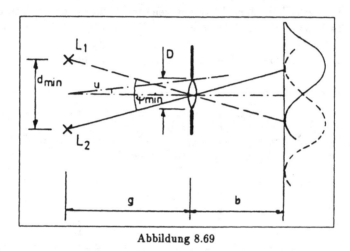

Abbildung 8.69

Es sei g der Abstand der Objekte vom Objektiv. Dann gilt für den Aperturwinkel u

$$\sin u \approx \tan u = \frac{D/2}{g} = \frac{D}{2g}. \qquad (8.17)$$

Weiterhin ist

$$\frac{\psi_{min}}{2} \approx \tan \frac{\psi_{min}}{2} = \frac{d_{min}/2}{g} = \frac{d_{min}}{2g}$$

$$\Rightarrow \quad \psi_{min} \approx \frac{d_{min}}{g}. \qquad (8.18)$$

Einsetzen von (8.17) und (8.18) in die Beziehung (8.16) liefert

$$d_{min} \approx \frac{1,22 \cdot \lambda}{2 \cdot \sin u}.$$

Bringt man ein Medium mit dem Brechungsindex n zwischen die leuchtenden Objekte und das Objektiv, so geht die Wellenlänge auf den n-ten Teil der Vakuumwellenlänge zurück. Dann ergibt sich für die *Auflösungsgrenze*

$$d_{min} \approx \frac{1,22 \cdot \lambda}{2n \cdot \sin u}.$$

Man bezeichnet $n \cdot \sin u$ als *numerische Apertur*.

Zu beachten ist der Zusammenhang mit der Winkelkohärenzbedingung (s. Abschnitt 8.4.1): Wenn $d \ll \lambda/2 \cdot \sin u$ ist, läßt sich ein Interferenzbild beobachten, man erhält also ein einheitliches Beugungsbild. Für die Auflösung bedeutet das: Die beiden leuchtenden Punkte im Abstand d lassen sich nicht getrennt wahrnehmen.

8.5.2 Die Theorie von Abbe

Im Gegensatz zu Helmholtz ging Abbe (1873) von nicht selbstleuchtenden, durchstrahlten Objekten aus. Als einfaches Beispiel kann man ein Gitter mit der Gitterkonstanten g betrachten, wie es in Abb. 8.70 geschieht.

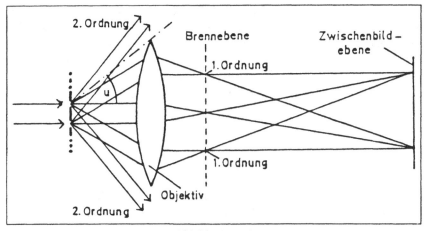

Abbildung 8.70

Bei der Entstehung des reellen Zwischenbildes im Mikroskop sind im Prinzip alle Beugungsordnungen beteiligt. Je weniger Beugungsanordnungen neben der nullten Ordnung in das Objektiv eintreten können, desto unschärfer wird das Bild; wenn nur das Maximum nullter Ordnung ins Objektiv gelangen kann, so ist das Gesichtsfeld gleichmäßig erleuchtet, ohne irgendwelche Struktur zu zeigen.

Versuch: Mit einem Mikroskop wird ein feinmaschiges, durchstrahltes Kreuzgitter als Objekt betrachtet. Zwischen das Kreuzgitter und das Objektiv bringt man einen vertikalen Spalt mit variabler Breite b. Bei weit geöffnetem Spalt sieht man ein scharfes Bild des Gitters (Abb. 8.71).

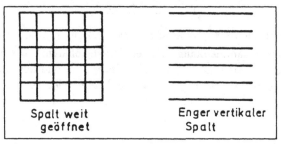

Abbildung 8.71

Wenn man den Spalt jedoch sehr eng macht, sind nur noch die horizontalen Striche zu erkennen. Die vertikalen Linien können nicht mehr abgebildet werden, weil ihre Beugungsordnungen bei zu engem Spalt nicht mehr in das Objektiv eintreten können.

Natürlich sind die Beugungsbündel niedriger Ordnung für das Entstehen des Bildes die wichtigsten, weil ihre Intensität am größten ist. E. Abbe konnte zeigen, daß zumindest das Beugungsmaximum erster Ordnung in das Objektiv gelangen muß. Dies bedeutet, daß der Aperturwinkel u mindestens so groß sein muß wie der Winkel, unter dem das erste Beugungsmaximum beim Gitter auftritt.

Für das erste Maximum beim Gitter gilt $g \cdot \sin\alpha = \lambda$, also ergibt sich die Bedingung

$$g \cdot \sin u \geq g \cdot \sin\alpha = \lambda.$$

Daraus folgt

$$g_{min} = \frac{\lambda}{\sin u}.$$

Gitter mit noch kleinerer Gitterkonstante können durch das Mikroskop nicht mehr so abgebildet werden, daß das Auge die einzelnen Gitterstriche erkennt. Die minimale Gitterkonstante kann noch geringfügig herabgesetzt werden, wenn man ein Medium mit dem Brechungsindex n zwischen das Objekt und das Objektiv bringt. Dann gilt:

$$g_{min} = \frac{\lambda}{n \cdot \sin u}.$$

Ein Vergleich mit dem Ergebnis der Helmholtzschen Überlegungen zeigt, daß aus beiden Theorien im wesentlichen das gleiche Resultat für den minimalen auflösbaren Abstand folgt. Dieser beträgt in der optischen Mikroskopie ungefähr 200–300 nm.

Zahlenbeispiel: $\lambda = 500$ nm, $n = 1{,}5$, $u = 80°$.

$$g_{min} = \frac{500 \text{ nm}}{1{,}5 \cdot \sin 80°} = 338 \text{ nm} \approx \frac{2}{3}\lambda$$

$$d_{min} = \frac{1{,}22 \cdot 500 \text{ nm}}{2 \cdot 1{,}5 \cdot \sin 80°} = 206 \text{ nm} \approx \frac{2}{5}\lambda$$

In der Elektronenmikroskopie kann man noch wesentlich kleinere Abstände auflösen, denn die durch die de-Broglie-Beziehung $\lambda = h/p$ gegebene Wellenlänge eines Elektronenstrahls ist i. a. beträchtlich kleiner als die von sichtbarem Licht, wie die Tabelle im Abschnitt 8.4.2 zeigt.

Zahlenbeispiel:

$$U = 100 \text{ V} \quad (\lambda = 1{,}23 \text{ Å}), \quad n = 1, u = 45°$$

$$g_{min} = \frac{1{,}23 \text{ Å}}{\sin 45°} = 1{,}73 \text{ Å}.$$

Kapitel 9

Lichtstrahlung

9.1 Temperaturstrahlung

Ein Körper tauscht auch dann Wärme mit seiner Umgebung aus, wenn er sich in einem evakuierten Raum befindet, wenn also die Wärmeleitung ausgeschlossen ist. Dies geschieht durch *Temperaturstrahlung*. Im folgenden Abschnitt soll darauf näher eingegangen werden.

Versuch: Ein Eisenstück wird mit einem Bunsenbrenner erhitzt. Ab einer bestimmten Temperatur beobachtet man Rotglut des Metalls, es strahlt dann elektromagnetische Wellen im roten Spektralbereich aus. Bei noch höheren Temperaturen tritt Weißglut auf. Die Wellenlänge der emittierten Strahlung ist also offensichtlich temperaturabhängig. Messungen mit einer Thermosäule zeigen, daß der Körper auch schon bei Zimmertemperatur Strahlung aussendet, und zwar im Wellenlängenbereich um ca. 10 μm (Infrarot).

Es sollen nun zunächst einige Begriffe eingeführt werden. Das *Emissionsvermögen* E eines Körpers ist definiert als die pro Einheitsfläche abgestrahlte Leistung; seine Einheit ist 1 W/m². Unter dem *Absorptionsvermögen* A eines Körpers versteht man das Verhältnis der absorbierten zur auffallenden Strahlung; es ist also eine reine Zahl. Ein Körper mit dem Absorptionsvermögen $A = 1$ absorbiert die auftreffende Strahlung vollständig. Man spricht in diesem Fall von einem *schwarzen Körper*.

Versuch: In einen Blechwürfel wird siedendes Wasser gefüllt. Eine Seitenfläche des Würfels ist mit Ruß geschwärzt, alle anderen sind verspiegelt. Mit einer Thermosäule wird die Intensität der Temperaturstrahlung an allen Seiten gemessen. An der schwarzen Würfelfläche beobachtet man eine wesentlich intensivere Abstrahlung als an den verspiegelten (Abb. 9.1).

Dieser Versuch legt die Vermutung nahe, daß Körper mit hohem Absorptionsvermögen auch ein großes Emissionsvermögen besitzen und umgekehrt. Kirchhoff fand heraus,

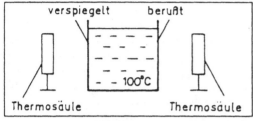

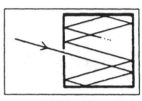

Abbildung 9.1   Abbildung 9.2

daß das Verhältnis dieser beiden Größen für alle Körper eine Konstante ist:

$$\frac{E}{A} = \text{const.}$$

Insbesondere gilt für jeden Körper

$$\frac{E}{A} = \frac{E_{schwarz}}{A_{schwarz}} = E_{schwarz}.$$

Daraus folgt

$$E = A \cdot E_{schwarz}.$$

Aufgrund dieser Beziehung genügt es, sich bei der Untersuchung der Temperaturstrahlung im folgenden auf schwarze Körper zu beschränken.

Körper, die unser Auge als schwarz empfindet, absorbieren zwar die gesamte auftreffende elektromagnetische Strahlung im sichtbaren Bereich, aber nicht notwendigerweise auch in anderen Wellenlängenbereichen. Sie müssen also keine schwarzen Körper im oben definierten Sinne sein.

Am besten kann man einen schwarzen Körper durch einen Hohlraum realisieren, der die Temperatur T besitzt und in dessen einer Wand sich ein kleines Loch befindet (Abb. 9.2). Alle von außen durch das Loch nach innen gelangende Strahlung wird an den Wänden vielfach reflektiert und schließlich absorbiert, damit $A = 1$. Die Strahlung, die den Hohlraum durch das Loch verläßt, ist damit die Strahlung eines schwarzen Körpers der Temperatur T. Aufgrund der geschilderten Anordnung heißt sie auch *Hohlraumstrahlung*.

Zur theoretischen Behandlung der spektralen Zusammensetzung der Hohlraumstrahlung müssen noch zwei weitere Begriffe eingeführt werden: Die *Energiedichte u*, die in einem Hohlraum der Temperatur T herrscht (Kirchhoff zeigte, daß die Energiedichte unabhängig ist von der Art des Hohlraumes), sowie die *spektrale Energiedichte u_ν* bzw. u_λ. Darunter versteht man diejenige Energiedichte, die durch Strahlung des Hohlraumes in dem infinitesimalen Frequenzbereich $\nu, \ldots, \nu + d\nu$ (bzw. im Wellenlängenbereich

$\lambda, \ldots, \lambda + d\lambda$ zustandekommt. Es gilt dann

$$u = \int\limits_0^\infty u_\nu \, d\nu = \int\limits_0^\infty u_\lambda \, d\lambda.$$

Abbildung 9.3 zeigt den experimentell gefundenen Verlauf der spektralen Energiedichte

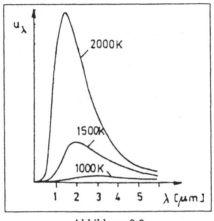

Abbildung 9.3

u_λ für verschiedene Temperaturen. Man erkennt, daß die Fläche unter den Kurven, also die gesamte abgestrahlte Energie, außerordentlich stark mit der Temperatur zunimmt. Es gilt das *Stefan-Boltzmannsche Gesetz*:

$$\boxed{u = \sigma \cdot T^4.}$$

Dabei ist σ eine allgemeine Naturkonstante.

Weiterhin fällt auf, daß sich das Maximum der spektralen Energiedichte bei hohen Temperaturen zu kleinen Wellenlängen hin verschiebt. Diesen Sachverhalt beschreibt das *Wiensche Verschiebungsgesetz*:

$$\boxed{\lambda_{max} \cdot T = \text{const.} \approx 2880 \; \mu\text{m} \cdot \text{K.}}$$

Auf diesem Zusammenhang beruht eine wichtige Methode zur Temperaturmessung, die beispielsweise in der Astronomie häufig benutzt wird: Man bestimmt die Wellenlänge, bei der die Temperaturstrahlung eines Körpers am intensivsten ist.

Beispiel: Die Sonne strahlt am stärksten bei $\lambda_{max} \approx 550$ nm (grün). Daraus schließt man auf eine Temperatur von etwa 5000 K.

Es bereitete den Physikern zum Ende des 19. Jahrhunderts große Schwierigkeiten, eine Formel zu finden, die die in Abb. 9.3 skizzierte Abhängigkeit der spektralen Energiedichte von der Frequenz richtig wiedergab. Nach Messungen von Lummer und Pringsheim für große Frequenzen fand *Wien* im Jahre 1896 einen Ausdruck, der aber den Verlauf für kleine Frequenzen nicht richtig wiedergab.

Rayleigh und Jeans hatten aus der klassischen Statistik die Formel

$$u_\nu = \frac{8\pi\nu^2}{c^3} \cdot k \cdot T$$

hergeleitet, wobei sie von klassischen Oszillatoren der Energie $k \cdot T$ ausgingen. Die Rayleigh-Jeanssche Strahlungsformel stimmt für kleine Frequenzen recht gut mit den Messungen überein, für große jedoch versagt sie vollständig.

Wegen $u_\nu \sim \nu^2$ würde $u = \int_0^\infty u_\nu \, d\nu$ unendlich groß, was offensichtlich Unsinn ist. Diese Unstimmigkeit bezeichnet man als *Ultraviolettkatastrophe*.

Den richtigen Ausdruck für die Strahlungsformel fand schließlich *Planck* im Jahre 1900:

$$\boxed{u_\nu = \frac{8\pi\nu^2}{c^3} \cdot \frac{h \cdot \nu}{\exp\left(\dfrac{h\nu}{kT}\right) - 1}}.$$

Die Wiensche und die Rayleigh-Jeanssche Strahlungsformel sind darin als Grenzfälle für große bzw. kleine Frequenzen enthalten.

Bei der Begründung seines Strahlungsgesetzes schloß sich Planck weitgehend an die Überlegungen von Rayleigh und Jeans an. Allerdings mußte er postulieren, daß ein harmonischer Oszillator mit der Frequenz ν nur die diskreten Energiewerte $\boxed{E_n = n \cdot h \cdot \nu}$ ($n \in \mathbb{N}$) annehmen kann (Quantisierung der Energie). Die Wahrscheinlichkeit p_n, daß der Oszillator den Energiezustand E_n annimmt, ist durch die Boltzmannverteilung gegeben ($p_n \sim \exp(-E_n/kT)$). Damit konnte Planck zeigen, daß die mittlere Energie eines Oszillators

$$\overline{E_{Osz}} = \frac{h \cdot \nu}{\exp\left(\dfrac{h\nu}{kT}\right) - 1}$$

beträgt und erhielt das richtige Strahlungsgesetz.

9.2 Das Bohrsche Atommodell

9.2.1 Frühere Atommodelle

In der kinetischen Gastheorie stellt man sich die Atome als vollelastische, gleichmäßig mit Materie gefüllte Kugeln von etwa 1 Å Durchmesser vor.

Einfache Erscheinungen, wie z. B. die Elektrolyse, zeigen aber, daß in den Atomen Ladungen vorhanden sein müssen. Dies berücksichtigt das *Thomsonsche Atommodell* (1904). Thomson stellte sich das Atom so vor, daß in einer gleichmäßig mit positiver Ladung erfüllten Kugel von ca. 1 Å Durchmesser negativ geladene Teilchen (Elektronen) schwingungsfähig eingebettet sind. Mit diesem Modell lassen sich zahlreiche Erscheinungen, beispielsweise die in Abschnitt 8.2.2 behandelte Dispersion, befriedigend erklären. Es wurde aber erschüttert durch die Ergebnisse der *Rutherfordschen Streuversuche* (1911).

Rutherford untersuchte die Streuung von α-Teilchen an einer dünnen Goldfolie und stellte überraschenderweise fest, daß die meisten α-Teilchen fast ohne Ablenkung durch die Folie hindurchtraten, daß aber einige unter großen Winkeln rückgestreut wurden. Daraus schloß er, daß die Masse eines Atoms im wesentlichen in seinen positiv geladenen Kern auf einem Raum von höchstens 10^{-15} m Durchmesser konzentriert sein muß. Um den Kern bewegen sich Elektronen auf Kreisbahnen von etwa 10^{-10} m Durchmesser. Der größte Teil des Raums im Atom ist leer.

Das Rutherfordsche Atommodell ist aus zwei Gründen sehr unbefriedigend:

1. Die Existenz stabiler Atome kann nicht erklärt werden. Bei ihrer Kreisbewegung, d. h. beschleunigten Bewegung um den Kern müßten die Elektronen nach den Gesetzen der klassischen Elektrodynamik laufend Energie in Form elektromagnetischer Wellen ausstrahlen, die nur aus dem Energievorrat des kreisenden Elektron stammen kann. Folglich verringerten sich die potentielle und kinetische Energie des Elektrons rasch, und es fiele schließlich in den Kern.

2. Im Spektrum, das ein zum Leuchten angeregtes Gas aussendet, beobachtet man nur ganz bestimmte, diskrete Frequenzen *(Linienspektrum)*. Auch dies kann mit dem Rutherfordschen Atommodell nicht erklärt werden.

9.2.2 Das Bohrsche Atommodell

Im Jahre 1913 löste Bohr die Schwierigkeiten, die sich aus dem Rutherfordschen Atommodell ergaben, indem er zwei mit der klassischen Physik unvereinbare Postulate einführte:

1. Die Elektronen bewegen sich auf ganz bestimmten, *stationären* Kreisbahnen um den Kern und strahlen auf diesen Bahnen nicht. Der Radius dieser Bahnen wird

durch die Forderung festgelegt, daß der Drehimpuls gleich einem ganzzahligen Vielfachen des Planckschen Wirkungsquantums h geteilt durch 2π ist:

$$m \cdot v \cdot r = \frac{n \cdot h}{2\pi} = n\hbar \qquad (n = 1, 2, \ldots).$$

2. Die Emission von Licht erfolgt beim Übergang von einer Bahn höherer Energie $E_{n'}$ zu einer Bahn niedrigerer Energie E_n. Dabei gilt für die Frequenz $\nu_{nn'}$ der ausgesandten Strahlung

$$h \cdot \nu_{nn'} = E_{n'} - E_n.$$

Die Bahn mit $n = 1$ heißt *K-Schale*, entsprechend spricht man für $n = 2, 3, 4, \ldots$ von der *L-*, *M-*, *N*, ...-*Schale*. In jeder Schale können sich höchstens $2 \cdot n^2$ Elektronen aufhalten, d. h. in der K-Schale höchstens zwei, in der L-Schale höchstens acht etc. *(Pauli-Prinzip)*.

9.2.3 Behandlung des Wasserstoffspektrums nach Bohr

Mit dem Bohrschen Atommodell erklären sich die diskreten Frequenzen der von einem Atom emittierten Strahlung ganz einfach. Sie sollen hier am Beispiel des Wasserstoffs berechnet werden.

Auf einer stationären Bahn ist die Coulombkraft, die auf ein Elektron wirkt, betragsmäßig gleich der Zentrifugalkraft:

$$\frac{1}{4\pi\varepsilon_0} \cdot \frac{e_0^2}{r_n^2} = \frac{m \cdot v_n^2}{r_n}. \qquad (9.1)$$

Dabei ist r_n der Radius der Bahn und m die Elektronenmasse. Aus der Quantisierungsbedingung für den Drehimpuls

$$\boxed{m \cdot v_n \cdot r_n = n \cdot \hbar} \qquad (9.2)$$

ergibt sich

$$\boxed{v_n = \frac{n \cdot \hbar}{m \cdot r_n}.}$$

Durch Einsetzen von (9.2) in (9.1) ergibt sich für den Radius der n-ten Bahn

$$\boxed{r_n = \frac{4\pi\varepsilon_0 \cdot \hbar^2}{m \cdot e_0^2} \cdot n^2.} \qquad (9.3)$$

Für $n = 1$ erhält man $r_1 \approx 0,53$ Å. r_1 heißt *Bohrscher Radius*. Für die Geschwindigkeit v_n und die Frequenz des Kreisumlaufs ν_n errechnet man

$$v_n = \frac{e_0^2}{4\pi\varepsilon_0 \cdot \hbar} \cdot \frac{1}{n}, \tag{9.4}$$

$$\nu_n = \frac{v_n}{2\pi r_n} = \frac{m \cdot e_0^4}{32\pi^3\varepsilon_0^2 \cdot \hbar^3} \cdot \frac{1}{n^3}. \tag{9.5}$$

Zur Berechnung der potentiellen Energie des Elektrons wählt man das Nullniveau bei $r = \infty$. Dann gilt:

$$E_{pot} = \int\limits_{\infty}^{r_n} F\,dr = \int\limits_{\infty}^{r_n} \frac{1}{4\pi\varepsilon_0} \cdot \frac{e_0^2}{r^2}\,dr$$

$$= -\frac{1}{4\pi\varepsilon_0} \cdot \frac{e_0^2}{r_n}.$$

Die kinetische Energie kann man durch Multiplikation von Gleichung (9.1) mit dem Faktor $r_n/2$ berechnen:

$$E_{kin} = \frac{1}{2}mv_n^2 = \frac{1}{4\pi\varepsilon_0} \cdot \frac{e_0^2}{2 \cdot r_n}.$$

Damit ergibt sich für die Gesamtenergie des Elektrons auf der n-ten Bahn:

$$E_n = E_{pot} + E_{kin} = -\frac{1}{4\pi\varepsilon_0} \cdot \frac{e_0^2}{2r_n}. \tag{9.6}$$

Durch Einsetzen von (9.3) in (9.6) wird daraus:

$$\boxed{E_n = -\frac{m \cdot e_0^4}{32\pi^2\varepsilon_0^2 \cdot \hbar^2} \cdot \frac{1}{n^2}.}$$

Die Frequenz beim Übergang vom Zustand n' in den Zustand n ist dann nach dem zweiten Bohrschen Postulat gegeben durch

$$\boxed{\nu_{nn'} = \frac{E_{n'} - E_n}{2\pi\hbar} = \frac{m \cdot e_0^4}{64\pi^3\varepsilon_0^2 \cdot \hbar^3}\left(\frac{1}{n^2} - \frac{1}{n'^2}\right) = R\left(\frac{1}{n^2} - \frac{1}{n'^2}\right).}$$

Die Konstante R nennt man *Rydberg-Konstante*.

Die so berechneten Frequenzen stimmen gut mit den experimentell beobachteten überein. Berücksichtigt man noch, daß der Atomkern in Wirklichkeit nicht in Ruhe bleibt, sondern daß sich Kern und Elektron um den gemeinsamen Schwerpunkt bewegen, ist die

Übereinstimmung perfekt. Allerdings bleibt der Mechanismus der Strahlungsemission völlig ungeklärt. Eine Ausnahme macht der Grenzfall hoher Quantenzahlen n, also kleiner Strahlungsfrequenzen $\nu_{nn'}$ mit $n' = n + 1 \gg 1$: Dann gilt mit

$$\frac{1}{n^2} - \frac{1}{n'^2} = \frac{(n+1)^2 - n^2}{n^2(n+1)^2} \approx \frac{2n}{n^4} = \frac{2}{n^3}$$

für die Frequenz des ausgestrahlten Lichtes $\nu_{nn'}$

$$\nu_{nn'} = R \cdot \frac{2}{n^3} = \frac{m \cdot e_0^4}{32\pi^3 \varepsilon_0^2 \cdot \hbar^3} \cdot \frac{1}{n^3}.$$

Diese Frequenz stimmt überein mit der Umlaufsfrequenz ν_n des Elektrons auf der n-ten Bahn (s. Ausdruck (9.5)): Bei großen Quantenzahlen stimmt die Frequenz des emittierten Lichtes mit der Umlaufsfrequenz des Elektrons und damit mit der Frequenz des schwingenden Dipols überein. Für große Quantenzahlen geht die Quantenphysik in die klassische Physik über *(Bohrsches Korrespondenzprinzip)*.

9.3 Röntgenstrahlung

Versuch: In einer evakuierten Glasröhre befinden sich eine Anode und eine Glühkathode, die durch die Spannung U_H geheizt wird. Zwischen Anode und Kathode liegt eine Spannung von $U \approx 10$ kV, die die aus der Glühkathode austretenden Elektronen stark beschleunigt. Mit einem Zählrohr kann man nachweisen, daß die Anode Röntgenstrahlen aussendet. Deshalb spricht man bei dieser Anordnung auch von einer *Röntgenröhre* (Abb. 9.4).

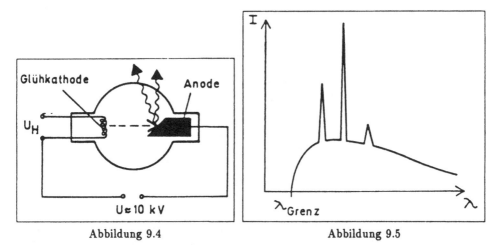

Abbildung 9.4   Abbildung 9.5

Eine genauere Untersuchung der von der Anode emittierten Röntgenstrahlung liefert die in Abb. 9.5 dargestellte spektrale Zusammensetzung. Die ausgeprägten, diskreten Intensitätsmaxima sind eine Folge der *charakteristischen Röntgenstrahlung*, das kontinuierliche Spektrum eine Folge der *Röntgenbremsstrahlung*. Das Zustandekommen dieser beiden Bestandteile des Röntgenemissionsspektrums soll nun diskutiert werden.

Röntgenbremsstrahlung: Sie entsteht, wenn ein mit der Energie $e_0 \cdot U$ auf die Anode auftreffendes Elektron im Coulombfeld der Atomkerne des Anodenmaterials abgelenkt wird. Dabei wird nach den Gesetzen der Elektrodynamik Strahlung emittiert. Je nachdem, wieviel kinetische Energie das Elektron verliert, ist die Strahlungsenergie (und damit die Wellenlänge) verschieden. Die kleinste Wellenlänge λ_{Grenz} ergibt sich, wenn das Elektron seine *gesamte* kinetische Energie abgibt:

$$e_0 \cdot U = h \cdot \nu_{Grenz} = h \cdot \frac{c}{\lambda_{Grenz}}$$

$$\Rightarrow \lambda_{Grenz} = \frac{h \cdot c}{e_0 \cdot U}.$$

Charakteristische Röntgenstrahlung: Trifft ein Elektron hinreichend hoher Energie auf ein Atom des Anodenmaterials, so kann es durch Stoß ein Elektron aus einer der inneren Schalen aus dem Atomverband herausschlagen. Dadurch entsteht in der entsprechenden Schale eine Lücke, die durch ein Elektron aus einer höheren Schale unter Aussendung elektromagnetischer Strahlung wieder aufgefüllt wird. Diese Strahlung ist die charakteristiscbe Röntgenstrahlung.

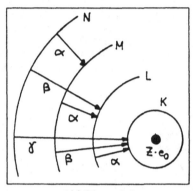

Abbildung 9.6

Wurde beispielsweise ein Elektron aus der K-Schale herausgeschlagen, so spricht man von K_α-, K_β-, ...-Strahlung, je nachdem, von welcher Schale die entstandene Lücke aufgefüllt wird (s. Abb. 9.6). Entsprechend entsteht L_α-, L_β-, ...-Strahlung etc.

Für die Frequenz der K_α-Strahlung gilt das *Moseleysche Gesetz*

$$\nu_{K_\alpha} = R(Z-1)^2\left(\frac{1}{1^2} - \frac{1}{2^2}\right) = \frac{3}{4}R(Z-1)^2$$

mit $n = 1$ und $n' = 2$. Dabei ist R die Rydbergkonstante und Z die Kernladungszahl. Nach den in Abschnitt 9.2.3 ausgeführten Berechnungen wäre eine Frequenz von $\nu_{K_\alpha} = \frac{3}{4}RZ^2$ zu erwarten. Der Faktor $(Z-1)^2$ kommt dadurch zustande, daß das Coulombfeld des Kerns von dem auf der K-Schale zurückbleibenden Elektron geschwächt wird. Es ist lediglich die Ladung $(Z-1) \cdot e_0$ wirksam.

9.4 Die Wechselwirkung von Strahlung mit Materie

Als Wechselwirkung von Lichtstrahlung mit Materie wurde bisher Brechung und Dispersion behandelt (s. Abschnitt 8.2.2): An der Grenzfläche zweier Medien wird das einfallende Lichtbündel um einen bestimmten Winkel abgelenkt. Die Brechung wird durch den Brechungsindex $n = n(\vartheta)$ beschrieben; dieser läßt sich mit der Vorstellung einer erzwungenen Schwingung der Atomelektronen berechnen.

Extinktion

Andererseits wird beim Durchgang durch Materie die Intensität I der Strahlung im Lichtbündel auch geschwächt ($I = W/t \cdot A = P/A, [I] = 1 \text{ W/m}^2$). Die Intensitätsabnahme ΔI längs eines kurzes Wegstückes Δx ist proportional zur einfallenden Intensität I und zur Länge des Wegstückes Δx; der Proportionalitätsfaktor α heißt *Extinktionskoeffizient*:

$$\Delta I = -\alpha \cdot I \cdot \Delta x.$$

Für eine größere Schichtdicke x ergibt sich durch Integration

$$\boxed{I(x) = I_0 \exp(-\alpha x).}$$

Dies ist das *Lambertsche Gesetz*. Der Extinktionskoeffizient α ist stark frequenzabhängig: $\alpha = \alpha(\nu)$. Die Intensitätsabnahme im Strahl kann ihre Ursache entweder darin haben, daß ein Teil der Strahlung seitlich herausgestreut wird (Streuung), oder darin, daß ein Teil der Lichtenergie in andere Energieformen umgewandelt wird (Absorption).

Beträgt der Lichtweg in Materie gerade $x = w = 1/\alpha$, so folgt aus dem Lambertschen Gesetz, daß die Intensität auf den e-ten Teil, d. h. auf 37 % der Primärintensität abnimmt. Man nennt w die *mittlere Reichweite der Strahlung*. Für sichtbares Licht beträgt sie in Wasser etwa 40 cm ($\rightarrow \alpha \approx 2,5 \cdot 10^{-2}$ cm^{-1}), in Gold etwa 0,01 μm ($\rightarrow \alpha \approx 10^6$ cm^{-1}): Dünne Metallfolien sind durchsichtig.

Betrachtet man die Lösung eines Stoffes in einem gut durchsichtigen Lösungsmittel (z. B. Wasser), so ist der Beitrag des gelösten Stoffes an der Extinktion proportional zur Zahl der gelösten Teilchen, damit zur Konzentration $\alpha = \varepsilon \cdot c$. Mißt man c in mol/l, so nennt man die Größe ε den *molaren Extinktionskoeffizienten*. Dann gilt

$$I(x) = I_0 \exp(-\varepsilon \cdot c \cdot x).$$

Dies ist das *Beersche Gesetz*; auf seiner Anwendung beruht ein Verfahren zur Messung von Lösungskonzentrationen.

Im folgenden sollen nun kurz die wichtigsten Prozesse zusammengestellt werden, die im Frequenzbereich des sichtbaren Lichtes und der Röntgenstrahlen für Streuung und Absorption verantwortlich sind.

Streuung von sichtbarem Licht: Die Lichtstreuung wurde bereits im Abschnitt 8.3.1 im Zusammenhang mit der Polarisation des Lichtes behandelt. Ursache für die Streuung ist — wie bei der Brechung — die durch die Primärstrahlung hervorgerufene erzwungene Schwingung der Atomelektronen. Zusätzlich zur Lichtbrechung beobachtet man Streuung, wenn die Teilchendichte im durchstrahlten Medium statistischen Schwankungen unterliegt. Dann muß man neben der kohärenten Überlagerung der Lichtwellen (Überlagerung der Amplituden), die zur Lichtbrechung führt und mit dem statistischen Mittelwert der Teilchendichte verknüpft ist, auch eine inkohärente Überlagerung (Addition der Intensitäten) berücksichtigen, die mit dieser statistischen Schwankung der Teilchendichte um den Mittelwert herum verknüpft ist. Die Rechnung ergibt für den Streukoeffizienten α eine starke Frequenzabhängigkeit:

$$\alpha \sim \nu^4 \qquad \textit{Rayleigh-Streuung}.$$

Blaues Licht wird stärker gestreut als rotes; das gestreute Licht ist linear polarisiert.

Absorption von sichtbarem Licht: In Abschnitt 9.2.2 wurde die Bohrsche Vorstellung der spontanen Lichtemission behandelt. Der Übergang von einem höheren zu einem niedrigeren Energiezustand des Atoms führte zur spontanen Lichtemission, man beobachtet ein Linienspektrum in Emission.

Bietet man umgekehrt einem Atom weißes Licht an, das alle Frequenzen enthält, so kann das Atom Licht der Frequenzen absorbieren, die Übergängen zu höheren Energiezuständen im Atom entsprechen: *Resonanzabsorption.* Die dunklen Fraunhofer-Linien im Sonnenspektrum sind eine Folge dieser Resonanzabsorption: Aus dem weißen Emissionsspektrum, das aus dem unter hohem Druck stehenden Sonneninneren stammt, wird an der Sonnenoberfläche ein Linienspektrum herausabsorbiert.

Versuch zur Resonanzabsorption der (gelben) Na-D-Linie aus dem (kontinuierlichen) Spektrum einer Bogenlampe: Durch die Resonanzabsorption werden die absorbierenden Atome angeregt; diese geben ihre Energie wieder in Form von Lichtstrahlung der gleichen Frequenz ab *(Resonanzfluoreszenz).* Bei absorbierenden Festkörpern kann — beispielsweise durch den Einbau des angehobenen Elektrons in eine Elektronenfalle — eine große zeitliche Verzögerung zwischen Anregung und Reemission auftreten *(Phosphoreszenz).* Fluoreszenz und Phosphoreszenz faßt man unter dem Namen *Lumineszenz* zusammen.

Aus der Absorption von Licht in Festkörpern kann man Aussagen über den Abstand von Valenz- und Leitfähigkeitsband gewinnen (s. Abschnitt 7.4.4), auf dem Elektronenübergang vom Valenz- zum Leitfähigkeitsband durch Einstrahlung von Licht beruht der *Fotowiderstand* („Innerer Fotoeffekt").

Reicht die Energie $h \cdot \nu$ des absorbierten Photons aus, um das Elektron aus dem Atomverband zu entfernen, so spricht man von *Fotoionisation* oder — bei Festkörpern — vom *Fotoeffekt.*

Streuung durch Röntgenstrahlung: Auch bei Röntgenstrahlung setzt sich der

Extinktionskoeffizient α aus einem Streukoeffizienten σ und einem Absorptionskoeffizienten τ zusammen. Für die Streuung im Röntgenbereich gilt, daß σ unabhängig von der Frequenz ν *(Thomson-Streuung)* und proportional zur Dichte ρ (d. h. zur Zahl der zur erzwungenen Schwingung angeregten Elektronen) ist.

Aus dem experimentell gefundenen Zahlenwert für den *Massenstreukoeffizienten* σ/ρ

$$\frac{\sigma}{\rho} \approx 0,02 \text{ m}^2\text{kg}^{-1}$$

folgerte J. J. Thomson (1906), daß für ein (leichtes) Atom mit der relativen Atommasse A die Zahl der Elektronen Z (= Ordungszahl) $Z = A/2$ ist.

Wie bei der Rayleigh-Streuung für das sichtbare Licht ist auch im Röntgenbereich das gestreute Licht linear polarisiert. Für Luft ($\rho \approx 1,2$ kg/m³) beträgt der Streukoeffizient $\sigma \approx 0,024$ m^{-1}, die mittlere Reichweite $w = 1/\sigma \approx 40$ m. In 40 m Luftweglänge wird damit (bei Vernachlässigung der Absorption (s. u.)) 63 % der Primärintensität I_0 eines Röntgenstrahlbündels nach außen gestreut. Die Röntgenstreustrahlung stellt damit eine nicht zu vernachlässigende Gefahrenquelle dar!

Absorption von Röntgenstrahlung: Eine Resonanzabsorption von Röntgenstrahlung, durch Anregung von Elektronen in innere Elektronenschalen des Atoms (z. B. Anregung von $K \to L$: s. Abschnitt 9.3) ist nicht möglich, da die inneren Schalen eines — nicht zu leichten — Atoms voll besetzt sind (Pauli-Prinzip). Es können also keine mit den Fraunhoferschen Linien vergleichbaren Absorptionslinien beobachtet werden. Eine Absorption von Röntgenstrahlung ist nur möglich, wenn sie zu einer Anregung des Atoms in eine äußere Schale (d. h. in eine Schale nahe der Ionisationsgrenze) oder zu einer Ionisation des Atoms führt. Betrachtet man die Abhängigkeit des Absorptionskoeffizienten τ von der Wellenlänge λ der Röntgenstrahlung und von der Ordnungszahl Z des absorbierenden Mediums, so findet man näherungsweise folgende Gesetzmäßigkeit:

$$\tau \sim \lambda^3 \cdot Z^3, \qquad w = \frac{1}{\tau} \sim \frac{\nu^3}{Z^3}.$$

Die mittlere Reichweite der Röntgenstrahlung aufgrund der Absorption ist umso größer, je „härter" die Strahlung ist: Doppelte Frequenz → achtfache Reichweite. Für Strahlung mit $\lambda = 0,5$ Å $= 0,5 \cdot 10^{-10}$ m beträgt w in Luft etwa 50 m, d. h. für diese Strahlung ist die Reichweite aufgrund von Streuung und von Absorption etwa gleich groß.

Die Z^3-Abhängigkeit bedeutet, daß Stoffe mit hoher Ordnungszahl wesentlich stärker absorbieren als Stoffe mit kleinem Z:

$$\tau(\text{Pb: } Z{=}81) \approx 200 \cdot \tau(\text{Al: } Z{=}13), \text{ entsprechend } w(\text{Pb}) \approx 0,005 \, w(\text{Al}).$$

Aus diesem Grund verwendet man Blei zur *Abschirmung von Röntgenstrahlung*. Auch die bekannteste Anwendung von Röntgenstrahlung, die „Durchleuchtung" von Gegenständen, ist eine Folge der Z^3-Abhängigkeit des Absorptionskoeffizienten τ: Der

Kontrast auf der Röntgenaufnahme beruht auf der unterschiedlichen Absorption von Stoffen mit verschiedenem Z.

Eine genaue und detaillierte Besprechung aller Emissions- und Absorptionsphänomene der Lichtstrahlung muß der Atomphysik vorbehalten bleiben. Die klassische und halb-klassische Darstellung reicht allerdings für die Beschreibung dieser Vorgänge nicht aus. Die richtige Beschreibung liefert erst die Quantentheorie.

Anhang A

Literatur

Alonso-Finn: Fundamental University Physics, Addison-Wesley, 1992. Deutsche Übersetzung: Physik, Addison-Wesley, 3. Aufl. 1980

Bergmann-Schäfer: Lehrbuch der Experimentalphysik (6 Bde.), de Gruyter

Berkeley Physics Course, McGraw Hill, 1965. Deutsche Übersetzung: Vieweg, 4. Aufl. 1989

Brandt-Dahmen: Physik, Bd. 2 (Elektrodynamik), Springer, 2. Aufl. 1986

Dransfeld-Kienle-Vonach: Physik, Oldenbourg, 4. Aufl. 1991

Feynman-Lectures on Physics, Addison-Wesley, 1963. Deutsche Übersetzung: Oldenbourg, 1991

Fleischmann: Einführung in die Physik, Physik-Verlag – Verlag Chemie, 2. Aufl. 1980

Frauenfelder-Huber: Einführung in die Physik, Bd. 2, Reinhardt, 2. Aufl. 1967

Gerthsen-Kneser-Vogel: Physik, Springer, 16. Aufl. 1989

Gönnenwein: Experimentalphysik, rororo-Vieweg, 1977

Hänsel-Neumann: Physik, Spektrum Akademischer Verlag, 1993

Kneubühl: Repetitorium der Physik, Teubner, 4. Aufl. 1990

Lüscher: Experimentalphysik II, BI-Taschenbuch 115, 1987

Martienssen: Einführung in die Physik, Akadem. Verlagsgesellschaft, 6. Aufl. 1992

Niedrig: Physik, Springer, 1992

Orear: Physik, Carl-Hanser-Verlag, 1982

Pohl: Einführung in die Physik, Bd. 2, Springer, 21. Aufl. 1975

Wegener: Physik für Hochschulanfänger, Teubner, 3. Aufl. 1991

Westphal: Physik, Springer, 26. Aufl. 1970

Anhang B

Konstanten und Vorsätze

Lichtgeschwindigkeit im Vakuum	c	$:=$	$2{,}99792458 \cdot 10^8$ m/s (festgelegt)
Elementarladung	e	$=$	$1{,}6021892(46) \cdot 10^{-19}$ C
Ruhemasse des Elektrons	m_e	$=$	$9{,}109534(47) \cdot 10^{-31}$ kg
Ruhemasse des Protons	m_p	$=$	$1{,}6726485(86) \cdot 10^{-27}$ kg
Elektrische Feldkonstante	ε_0	$=$	$8{,}85418782(7) \cdot 10^{-12}$ As/Vm
Magnetische Feldkonstante	μ_0	$=$	$1{,}25663706 \cdot 10^{-6}$ Vs/Am
Avogadro-Konstante	N_A	$=$	$6{,}0221358(41) \cdot 10^{23}$ 1/mol
Plancksches Wirkungsquantum	h	$=$	$6{,}626176(36) \cdot 10^{-34}$ Js
Boltzmann-Konstante	k	$=$	$1{,}380662(44) \cdot 10^{-23}$ J/K

Zehner-potenz	Vorsatz	Vorsatz-zeichen	Zehner-potenz	Vorsatz	Vorsatz-zeichen
10^{-1}	Dezi	d	10^1	Deka	da
10^{-2}	Zenti	c	10^2	Hekto	h
10^{-3}	Milli	m	10^3	Kilo	k
10^{-6}	Mikro	μ	10^6	Mega	M
10^{-9}	Nano	n	10^9	Giga	G
10^{-12}	Piko	p	10^{12}	Tera	T
10^{-15}	Femto	f	10^{15}	Peta	P
10^{-18}	Atto	a	10^{18}	Exa	E

Index

Übungsaufgaben

Die nachfolgenden Aufgaben sind nach den Inhalten des in diesem Buch beschriebenen Stoffs geordnet. Der Schwierigkeitsgrad wurde so gewählt, daß die Aufgaben sowohl von Studierenden der Physik im Nebenfach, als auch von Physikstudenten gelöst werden können. Die Lösungsansätze sollten nach Lektüre des Buches keine Schwierigkeit bereiten; durch komplexere Aufgaben wird der Leser anhand von Teilaufgaben Schritt für Schritt auf die physikalische relevanten Größen geführt. Eine Unterteilung dieser einzelnen Teilaufgaben in a), b) usw. wurde daher so weit wie möglich vermieden. Bei größeren Problemen ist es hilfreich, zunächst nochmals das entsprechende Kapitel im Buch sorgfältig durchzulesen. **Verwenden Sie bei der Angabe Ihrer Lösung immer die zu berechnende physikalische Größe mit dem Zahlenwert und der Einheit.**

Aufgaben zu Kapitel 6+7:

Wie kann man feststellen, ob ein Körper elektrisch geladen ist; ob er positiv oder negativ geladen ist?

Wie kann man prüfen, ob zwei Metallkugeln gleich stark geladen sind?

Vier Ladungen $q_1 = q_3 = -q$ und $q_2 = q_4 = +q$ mit $q = 7\ \mu C$ sind an den Ecken eines Quadrats mit der Seitenlänge $a = 1,9$ m befestigt. Wie groß sind die x- und y-Komponenten des resultierenden elektrischen Feldes am Mittelpunkt M auf der Seitenfläche des Quadrates? (Skizze) Welche Kraft wird durch die übrigen Ladungen insgesamt auf q_4 ausgeübt? Wie groß ist die Kraft auf eine Probeladung $Q = -0,6$ μC, die sich am Punkt M' befindet?

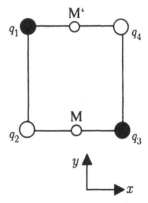

Einem negativ geladenen Elektroskop nähert man von oben eine positiv geladene Metallkugel. Weshalb wird der Ausschlag kleiner? Ist es denkbar, daß der Aus-

schlag Null erreicht? Kann es bei diesem Versuch vorkommen, daß das Zeiger-
system positiv geladen wird?

Einem isoliert aufgehängten, leitenden neutralen Kügelchen wird eine negativ
geladene Kugel genähert. Das Kügelchen wird angezogen, berührt die Kugel und
wird dann abgestoßen. Erklären Sie dieses Verhalten.

Zwei Ladungen Q_C und $- Q_C$ ($Q_C = 5{,}5$ µC) sind an der x-Achse bei $x = -5$ cm
und $x = 5$ cm befestigt. Eine dritte Achse $Q_B = 4{,}5$ µC befindet sich im Ursprung. Ein geladenes Teilchen mit $q = 0{,}6$ µC und der Masse $m = 5$ g befinde
sich zunächst auf der y-Achse bei $y = 12$ cm und wird dann losgelassen. Wie
groß ist die Anfangsbeschleunigung des Teilchens, wenn die Schwerkraft nicht
berücksichtigt wird?

Von einer Ladung $Q_1 = 3 \times 10^{-9}$ C befindet sich 2 m entfernt eine Ladung
$Q_2 = -2 \times 10^{-9}$ C. Wie groß ist die elektrische Feldstärke im Mittelpunkt der
Verbindungslinie zwischen den beiden Ladungen?

Ein Atomkern hat die Gesamtladung $Q = 3{,}2 \times 10^{-19}$ C. Wie viele Protonen
besitzt der Kern? Wie groß ist das elektrische Feld in einem Abstand von
$r = 1{,}37 \times 10^{-19}$ m vom Mittelpunkt des Kerns? Wie groß ist die
Umlaufgeschwindigkeit eines Elektrons (Ladung: $q = -1{,}6 \times 10^{-19}$ C und
Masse: $m = 9{,}11 \times 10^{-31}$ kg), das auf einer Bahn im Abstand r um den Kern
läuft?

Eine Ladung $Q_B = -3$ µC befindet sich auf der positiven x-Achse im Abstand
$a = 18$ cm entfernt von der Ladung $Q_A = 2$ µC im Ursprung. Wie groß ist das
resultierende elektrische Feld am Punkt $x = -14$ cm? Beide Ladungen seien
nun mit den Enden einer Feder verbunden, die im entspannten Zustand 18 cm
lang ist. Die Feder weist mit beiden Ladungen eine Länge von 10 cm auf. Wie
groß ist die Federkonstante der Feder?

Eine Punktladung $q = -3$ µC befindet sich im Zentrum einer dicken, leitenden
Kugelschale (Hohlkugel). Der Radius der Innenschale beträgt 2 cm, der Radius
der Kugeloberfläche beträgt 3 cm. Die leitende Schale weist eine resultierende
Ladung von $Q = 5$ µC auf. Wo genau befindet sich die Ladung Q (Äußere oder
innere Oberfläche der Schale, auf beiden Oberflächen, im Volumen zwischen den
Oberflächen)?

Wie oben. Wie groß sind die Oberflächenladungsdichten auf der inneren und äußeren Oberfläche der Hohlkugel? Berechnen Sie die resultierende Komponente des elektrischen Feldes im Abstand $r = 1$ cm, $r = 2{,}5$ cm und $r = 6$ cm vom Zentrum.

Eine unendlich lange Ladungskette mit einer Ladungsdichte von -2 µC befindet sich im Inneren eines leitenden Rohrs (Hohlzylinder) mit 2 cm Innendurchmesser und 3 cm Außenradius. Das Rohr sei unendlich lang und weist eine resultierende Gesamtladung (beide Oberflächen) pro Längeneinheit entlang der Symmetrieachse von 5 µC auf. Wie ist das Vorzeichen der Flächenladungsdichte auf der inneren Oberfläche? Ändert sich der Betrag des elektrischen Feldes im Abstand r von der Symmetrieachse, wenn die Ladungen vertauscht werden?

Wie oben. Berechnen Sie die Flächenladungsdichten der inneren und äußeren Oberfläche des Hohlzylinders. Wie groß sind die resultierenden Komponenten des elektrischen Feldes im Abstand $r = 1{,}5$ cm, $r = 2{,}5$ cm und $r = 7$ cm von der Symmetrieachse?

Eine unendlich ausgedehnte, geladene Scheibe befindet sich senkrecht zur x-Achse am Punkt $x = 0$. Die Oberflächenladungsdichte beträgt $\sigma = -2$ µC/m². Eine ebenfalls unendlich ausgedehnte, leitende Platte der Dicke 1 cm ist parallel zur Scheibe auf der positiven x-Achse angebracht. Die Innenseite der Platte ist 2 cm vom Ursprung entfernt, die Außenseite befindet sich bei $x = 3$ cm. Die Platte weist insgesamt eine Oberflächenladungsdichte von $\sigma = -5$ µC/m² auf. Berechnen Sie die resultierende x-Komponenten des elektrischen Feldes an den Positionen $x = -1$ cm, $x = 1{,}5$ cm, $x = 2{,}5$ cm und $x = 7$ cm. Wie groß sind die einzelnen Oberflächenladungsdichten der Innen- und Außenseite der Platte?

Eine Punktladung $q = 3$ µC befindet sich im Zentrum einer dünnen, nicht-leitenden Hohlkugel vom Radius 0,15 m, welche eine Oberflächenladungdichte von $\sigma = 1$ µC/m² aufweist. Eine dicke Kugelschale (innerer Radius: 0,4 m, Radius der äußeren Oberfläche: 0,5 m) umgibt die Hohlkugel konzentrisch. Die Kugelschale trägt eine Ladung von 6 µC. Berechnen Sie die Gesamtladung der nicht-leitenden Hohlkugel. Wie groß ist das elektrische Feld im Abstand r von der Punktladung, für $r = 0{,}04$ m, $r = 0{,}25$ m, $r = 0{,}43$ m und $r = 1{,}5$ m? Bestimmen Sie die Ladungsdichten der inneren und äußeren Oberfläche der leitenden Kugelschale.

Zwei positive Ladungen von je $q = 15$ μC befinden sich auf der x-Achse bei $x = -\,a$ und $x = a$, wobei $a = 4$ cm beträgt. Wie groß ist das elektrische Potential an einem Punkt B, auf der y-Achse bei $y = 5$ (Der Potentialnullpunkt sei im Unendlichen)? Ein Teilchen der Ladung $Q = -\,4$ μC und mit der Masse $m = 1{,}5 \times 10^{-3}$ kg wird vom Punkt B aus frei dem elektrischen Feld ausgesetzt. Wie groß ist die Geschwindigkeit des Teilchens im Ursprung? Kann das Teilchen sich unendlich weit entfernen?

Eine unendlich ausgedehnte Kette mit einer linearen Ladungsdichte von 3 μC befindet sich auf der Symmetrieachse (z-Achse) eines unendlich langen, dicken, leitenden Hohlzylinders (innerer Radius: $a = 2$ cm, äußerer Radius: $b = 3$ cm, gemessen von der Symmetrieachse). Der Hohlzylinder besitzt eine Gesamtladung Null. Das elektrostatische Potential auf der äußeren Oberfläche des Zylinders verschwinde. Wie groß ist das Potential in einem Abstand $r = (a + b)/2$ senkrecht zur z-Achse? Wie groß ist das elektrostatische Potential auf der Innenseite des Hohlzylinders und im Abstand $r = a/2$ bzw. $r = 2b$ senkrecht zur z-Achse?

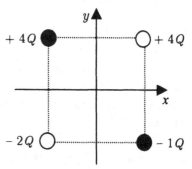

Vier geladene Teilchen befinden sich auf den Ecken eines Quadrates der Seitenlänge 7 m, dessen Mittelpunkt im Ursprung liegt. Berechnen Sie die x- und y-Komponente des resultierenden elektrischen Feldes im Ursprung. Wie groß ist das elektrostatische Potential im Ursprung, wenn der Potentialnullpunkt im Unendlichen liegt?

Eine Glühlampe für 18 V hat eine Leistung von 5,0 W. Wie groß ist die elektrische Ladung, die in einer halben Stunde durch die Glühlampe transportiert wird?

Beschreiben Sie ein Experiment zur Entstehung einer Induktionsspannung. Welche Energieumwandlungen treten dabei auf?

Beschreiben Sie an je einem Beispiel die Umwandlung mechanischer Energie in elektrische und umgekehrt.

Mit einem Transformator soll eine Wechselspannung von 220 V auf 36 V transformiert werden. Für seinen Aufbau stehen ein Eisenkern und Spulen mit $N = 250$ (500, 750, 1000, 1500, 3000) zur Verfügung. Geben Sie mehrere Möglichkeiten an, mit welchen Spulen dieser Transformator aufgebaut werden kann.

An einem Transformator werden im Leerlauf eine Primärspannung von 220 V und eine Sekundärspannung von 9,8 V gemessen. Bei Kurzschluß beträgt die Primärstromstärke 0,2 A. Wie groß sind das Verhältnis der Windungszahlen und die Kurzschlußstromstärke im Sekundärkreis?

Wie verändert sich der elektrische Widerstand in einem Stromkreis, wenn in diesem ein Aluminiumdraht durch einen Kupferdraht gleicher Länge und gleichen Querschnitts ersetzt wird?

Zwei Drähte unterscheiden sich nur in ihrer Länge. Der erste Draht ist viermal so lang wie der zweite Draht. Vergleichen Sie die elektrischen Widerstände beider Drähte.

Nachdem in einem Stromkreis ein Leiter gegen andere Leiter aus einem anderen Material ausgewechselt wurde, zeigt der Strommesser a) eine kleinere Stromstärke, b) die gleiche Stromstärke, c) eine größere Stromstärke an. Wie kann man das erklären?

Eine Weihnachtsbaumbeleuchtung besteht aus 16 Lämpchen. Sie ist mit 14V/3W Lampen bestückt. Am Heiligabend stellt man fest, daß ein Lämpchen kaputt ist. Es steht ein Ersatzlämpchen 14V/5W zur Verfügung. Was passiert mit den anderen Lampen nach dem Auswechseln der kaputten Lampe?

Ein Trafo soll aus der Netzspannung eine Niederspannung von 5V erzeugen. Damit wird ein Motor betrieben, durch den bei dieser Spannung einen Strom von 100 mA fließt. Der Trafo hat eine Primärwindungszahl von 600. Wie groß muß die Sekundärwindungszahl sein? Welcher Primärstrom fließt? Welchen Widerstand hat der Motor?

Erklären Sie, warum in reinem Wasser kein Stromfluß möglich ist.

In reinem Wasser wird Kochsalz aufgelöst. Beschreiben Sie den nun möglichen Leitungsvorgang und die dabei ablaufenden chemischen Prozesse.

Durch eine Glühlampe fließt bei einer Spannung von 6 V ein Strom von 150 mA. Wie groß ist der Widerstand der Glühlampe? Bei einer Spannung von 2 V fließt ein Strom von 70 mA. Wie groß ist der Widerstand jetzt. Erklären Sie, warum ein und dieselbe Glühlampe unterschiedliche Widerstände hat.

Zeichnen Sie eine Elektronenstrahlröhre, benennen Sie die Teile und erklären Sie die Wirkungsweise. Nennen Sie eine Anwendung der Elektronenstrahlröhre.

Wodurch unterscheidet sich ein metallischer Leiter von einem Halbleiter? Nennen Sie zwei Stoffe, die Halbleiter sind.

An einen horizontal liegenden Plattenkondensator wird eine Gleichspannung so gelegt, daß die obere Platte positiv geladen ist. In einem Punkt zwischen den Platten des Kondensators befindet sich ein negativ geladenes Teilchen der Masse m zunächst in Ruhe und wird dann freigegeben. Skizzieren Sie das Feldlinienbild im Innern des Plattenkondensators. Nennen Sie die Kräfte, die auf das Teilchen wirken und zeichnen Sie die entsprechenden Kraftvektoren ein. Geben Sie eine Gleichung für die resultierende Kraft an, die auf das Teilchen wirkt und beschreiben Sie die qualitativ mögliche Bewegung des Teilchens (unter Vernachlässigung der Reibung). Stellen Sie ein Gleichung zur Berechnung der Beschleunigung des Teilchens auf.

Ein gerades Drahtstück (homogen, mit konstantem Querschnitt) besitzt den elektrischen Widerstand 16 Ω. Es wird zu einem Rechteck gebogen und zusammengelötet. In welchem Verhältnis stehen die Längen der Rechteckseiten zueinander, wenn der Widerstand zwischen den Endpunkten einer Rechteckseite 2,0 Ω, beträgt?

Ein Plattenkondensator (Plattenabstand 5 mm; Plattenfläche 500 cm²; Dielektrikum Luft) wird bei einer Ladespannung von 2000 V aufgeladen und nach dem Ladevorgang wieder von der Spannungsquelle getrennt. Berechnen Sie die Kapazität des Kondensators sowie den Betrag der Ladung. In den Innenraum wird nun eine 5 mm dicke Glasplatte geschoben. In welcher Weise ändert sich dadurch die Kapazität? Begründen Sie Ihre Aussage. ($\varepsilon_r = 5$).

Berechnen Sie die Kapazität jeweils für den Fall, daß die Glasplatte den Innenraum vollständig bzw. genau zur Hälfte ausfüllt. Die im Kondensator gespeicherte Energie sei nach einer gewissen Zeit auf ein Viertel ihres Ausgangswertes gesunken. Welche Ladung befindet sich zu diesem Zeitpunkt noch auf dem Kondensator?

Die kreisförmigen, vertikal angeordneten Platten eines Kondensators haben einen Durchmesser von 1 m und einen Abstand von 20 cm. In der Mitte zwischen den Platten befindet sich ein Metallkügelchen mit der Masse 0,5 g. Das Kügelchen trägt die Ladung 2×10^{9} C. Es hängt an einem 1 m langen, isolierenden Faden. An die Platten wird nun eine Spannung angelegt. Das Kügelchen wird dadurch um 4 cm ausgelenkt. Welche Kapazität besitzt der Kondensator? Welche einfache Beziehung besteht zwischen auslenkender Kraft F und Auslenkung bei kleinem Auslenkwinkel φ? Wie groß ist die elektrische Kraft, die auf das geladenen Metallkügelchen, nach Anlegen der Spannung, wirkt? Geben Sie die Feldstärke des homogenen elektrischen Feldes zwischen den Platten an. Wie groß ist die an den Platten anliegende Spannung? Sie dürfen annehmen, daß das elektrische Feld zwischen den Platten stets homogen ist.

In einer Elektronenstrahlröhre werden Elektronen durch eine Spannung von 900 V beschleunigt. Der Abstand zwischen Kathode und Anode beträgt 50 mm. Berechnen Sie die Endgeschwindigkeit der Elektronen, und die Zeit, die zum Erreichen der Endgeschwindigkeit benötigt wird. (Hinweis: Setzen Sie die kinetische Energie des Elektrons nach der Beschleunigung gleich der Energie des elektrischen Feldes $E = Q U$.)

Ein Elektronenstrahl tritt mit einer Geschwindigkeit von $v = 1,96 \times 10^{6}$ m/s senkrecht zu den Feldlinien in ein homogenes Magnetfeld mit der magnetischen Flußdichte $B = 1,6 \times 10^{2}$ T ein. Begründen Sie, warum sich der Elektronenstrahl auf einer Kreisbahn weiterbewegt. Berechnen Sie den Radius der Kreisbahn. Wie würde sich der Radius ändern, wenn an Stelle der Elektronen Protonen in das Magnetfeld fliegen?

Wie groß ist die magnetische Flußdichte in einer 60 cm langen, mit Luft gefüllten Spule mit 1000 Windungen beim Erregerstrom 0,2 A? Wie groß wird die magnetische Flußdichte, wenn man die Spule mit Eisen ($\mu_{rel} = 1000$) ausfüllt?

Zwei eisenfreie Zylinderspulen A und B haben die gleiche Induktivität. Spule A hat 300 Windungen. Ihre Länge und ihr wirksamer Durchmesser sind jeweils dreimal so groß wie die entsprechenden Abmessungen von Spule B. Berechnen Sie die Windungszahl der Spule B.

In einer langen zylindrischen Spule (Feldspule) der Länge 0,3 m, dem Querschnitt 0,6 cm² und 600 Windungen befinde sich eine deutlich kürzere Spule (Induktionsspule) mit 2000 Windungen und einer Querschnittsfläche 5 cm². Die Spulenachsen seien parallel zueinander. Durch die Feldspule fließe ein Strom I, der in 1/40 s gleichmäßig von Null auf 5 A anwächst. Welche Induktionsspannung wird an den Enden der Induktionsspule erzeugt? Das Medium in den Spulen sei Luft.

Ein Proton bewegt sich mit einer Geschwindigkeit von $1,96 \times 10^6$ m/s. Senkrecht zur Bewegungsrichtung wirkt ein Magnetfeld mit $B = 0,0160$ T. Berechnen Sie den Radius der Kreisbahn.

An einen Plattenkondensator mit der Plattenfläche $A = 300$ cm² und dem Plattenabstand $d = 3,5$ mm im Vakuum wird die Spannung $U = 200$ V angelegt. Welche Ladung nimmt der Kondensator auf? Welche Feldstärke hat das elektrische Feld im Kondensator? Wie ändert sich die Ladung und die Feldstärke, wenn der Plattenabstand bei Beibehaltung der Verbindung zur Spannungsquelle auf 6 mm vergrößert wird? Wie ändert sich die Ladung, die Feldstärke und die Spannung, wenn die Vergrößerung des Plattenabstandes nach Abklemmen der Spannungsquelle erfolgt?

Das elektrische Feld in einem Plattenkondensator soll einem darin befindlichen Elektron die gleiche Beschleunigung erteilen wie das Schwerefeld der Erde einem fallenden Stein. Welche Spannung muß zwischen den in 1 cm Abstand befindlichen Platten bestehen?

Interpretieren Sie folgende Aussagen: Ein Trafo wird im Leerlauf betrieben; ein Trafo wird im Kurzschluß betrieben. In welchen Zustand wird ein Trafo normalerweise betrieben?

Beschreiben Sie, wie man den Wirkungsgrad eines Trafos bestimmt.

Ein Kondensator mit der Kapazität 4,0 μF und ein Drahtwiderstand von 1,2 kΩ sind in Reihe geschaltet und an eine Wechselspannungsquelle mit konstanter

Effektivspannung sowie der ursprünglichen Frequenz $f_1 = 0{,}10$ kHz angeschlossen. Bei welcher neuen Frequenz f_2 beträgt die Effektivstromstärke nur noch die Hälfte ihres ursprünglichen Wertes?

Ein Kondensator mit der Kapazität 600 µF soll zunächst an einer Spannungsquelle mit der Klemmspannung 12 V aufgeladen werden. Über den Widerstand 10 kΩ erfolgt anschließend die Entladung. Dabei soll die Entladekurve (das I-t-Diagramm) aufgenommen werden. Geben Sie eine mögliche Schaltskizze an und beschreiben Sie die experimentelle Vorgehensweise. Skizzieren Sie die erwartende Entladekurve. Wie groß ist die Stromstärke zu Beginn des Entladevorgangs?

Mit einem Plattenkondensator, dessen Kapazität mit dem Dielektrikum Luft 0,115 nF beträgt, soll die relative Dielektrizitätskonstante einer Flüssigkeit ermittelt werden: Man bringt die Flüssigkeit als Dielektrikum zwischen die Platten und verbindet den Kondensator mit einer Spule der Induktivität 50 mH zu einem Schwingkreis. Dessen Eigenfrequenz beträgt 20 kHz. Berechnen Sie aus diesen Angaben die relative Dielektrizitätskonstante der Flüssigkeit. ($\varepsilon_{rel} = 11$)

An einem Widerstand wurden folgende Werte gemessen:

U in V	0	2	3	4	5	6	7
I in mA	0	154	234	310	392	468	546

Skizzieren Sie für dieses Experiment eine Schaltung. Zeigen Sie, daß für diesen Widerstand das Ohmsche Gesetz gilt. Wie groß ist der Widerstand? Der Widerstand besteht aus einen Konstantandraht mit 0,7 mm² Querschnitt. Wie lang ist der Draht? An den Draht wird eine Spannung von 20V angelegt. Wie groß ist der fließende Strom?

Eine Glühlampe 6V/3W soll an eine Spannung von 20 V angeschlossen werden. Zeichnen Sie den Schaltplan und berechnen Sie den Vorwiderstand.

Eine Lampe für 6 V wird von einem Strom der Stärke 0,2 A durchflossen. Welche Leistung hat die Lampe? Die Batterie ist nach 7 Stunden leer. Wieviel Arbeit wurde verrichtet?

In einer Küche soll ein Mikrowellengerät mit 800 W und eine Kochplatte mit 2 kW gleichzeitig betrieben werden. Mit welchen Strom muß die Sicherung für die Küche mindestens belastet werden können?

An einem Konstantandraht mit 0,2 mm² Querschnitt wird eine Spannung von 2V angelegt. Es fließt ein Strom von 145 mA. Wie lang ist der Draht?

Weshalb sind Überlandleitungen nicht durch eine Ummantelung elektrisch isoliert?

Eine 3 km lange Telefonleitung aus Kupfer soll einen Widerstand von höchstens 25 Ω besitzen. Welchen Querschnitt muß die Leitung mindestens haben?

Ein Luftkondensator wird mit 80 V geladen, von der Spannungsquelle abgetrennt und mit einem Öl von $\varepsilon = 2{,}1$ gefüllt. Wie ändert sich die Ladung und die Spannung?

Die in einem Kondensator bei einer Ladespannung von 6,0 V gespeicherte elektrische Feldenergie soll für die Zündung einer Blitzlichtlampe genutzt werden. Die während der Zeitdauer eines Lichtblitzes von 80 µs abgegebene elektrische Leistung beträgt 200 W. Berechnen Sie die Kapazität des Kondensators.

In einem einfachen Modell des Wasserstoffatom umkreist das Elektron das Proton. Welche beiden Kräfte wirken zwischen diesen beiden Teilchen? Berechnen Sie eine der beiden Kräfte. (Der Abstand Elektron-Proton beträgt 10^{10} m)

Eine Spule mit $L = 0{,}44$ H und dem ohmschen Widerstand $R = 500$ W wird mit einem Kondensator in Reihe an eine Spannungsquelle $U_{\mathrm{eff}} = 16$ V geschaltet. Bei einer Frequenz $f_0 = 350$ Hz ist die Stromstärke im Stromkreis maximal. Berechnen Sie die Kapazität des Kondensators und die Effektivwerte der Teilspannungen an Kondensator und Spule. Nun wird zusätzlich eine Glühlampe ($R = 200$ Ω) mit der Spule und dem Kondensator in Reihe geschaltet. (Der Widerstand der Lampe kann als konstant betrachtet werden). Wie groß ist die Stromstärke jetzt?

Eine Spule mit dem ohmschen Widerstand R_{Sp} und der Eigeninduktivität L, ein ohmscher Widerstand mit $R_0 = 10\ \Omega$ und ein Kondensator mit der Kapazität C werden in Reihe geschaltet und an einen Sinusgenerator der Spannung $U(t)$ angeschlossen. Bei der Bestimmung des Gesamtwiderstandes Z in Abhängigkeit von der Frequenz f ergibt sich folgende Tabelle:

f in Hz	10	20	30	40	50	60	70	80	90	100
Z in Ohm	512	228	123	69	50	64	89	116	142	168

Stellen Sie die Meßergebnisse in einem Z–f-Diagramm dar. Begründen Sie den Kurvenverlauf für große und kleine Werte der Frequenz sowie das Auftreten des Minimums. Berechnen Sie den ohmschen Widerstand R_{Sp} der Spule und die Kapazität C des Kondensators, wenn die Eigeninduktivität der Spule den Wert $L = 0{,}34$ H besitzt.

Ein Kondensator von 20 µF, eine Spule von 0,2 H und eine Lampe von 100 Ω liegen parallel an 20 V, 50 Hz. Bestimmen Sie mit Hilfe eines Zeigerdiagramms den durch die Schaltung fließenden Gesamtstrom.

Ein Kondensator soll bei Netzspannung (220 V, 50 Hz) als Vorwiderstand für eine Glühlampe mit den Betriebsdaten $U = 6{,}1$ V und $I = 0{,}15$ A verwendet werden. Welchen Vorteil bietet die Verwendung eines Kondensators an Stelle eines Ohmschen Widerstandes? Welche Kapazität muß der Kondensator haben?

Erklären Sie, warum bei Elektromotoren, die mit Wechselstrom betrieben werde, parallel zum Motor ein Kondensator geschaltet wird.

Erklären Sie die Wirkungsweise des dargestellten Dämmerungsschalters. Der Fotowiderstand (FW) ist ein Halbleiterbauelement, daß bei Beleuchtung seinen Widerstand verkleinert. Bei Dunkelheit gilt: $R << R_{FW}$.

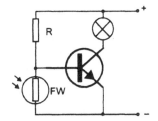

An einer Fernsehbildröhre liegt zwischen Kathode und Anode eine Spannung von 15 kV. Welche Geschwindigkeit erreicht ein Elektron durch diese Beschleunigungsspannung?

In einer Spule ($\mu_{rel} = 1$) mit 800 Windungen, einer Länge von 5 cm und einem Widerstand von 45 Ω soll ein magnetisches Feld mit einer magnetischen Flußdichte von 12 mT erzeugt werden. Welche Spannung muß an die Spule angelegt werden?

Unter welchen Voraussetzungen erfährt ein Strahl positiver Ionen in einem homogenen Magnetfeld eine ablenkende Kraft? Wie groß ist der Betrag dieser Kraft?

Beschreiben Sie ein Experiment zur Bestimmung der spezifischen Ladung des Elektrons! Leiten Sie die zur Berechnung von e/m_e notwendige Gleichung her!

Berechnen Sie den Betrag der Feldstärke eines homogenen elektrischen Feldes in Vm^{-1}, wenn ein Elektron in diesem eine Beschleunigung von $2{,}0 \times 10^{15}$ ms^{-2} erhält! Nach welcher Zeit erlangt das Elektron in diesem Feld die Geschwindigkeit $5{,}0 \times 10^6$ ms^{-1}, wenn die Anfangsgeschwindigkeit Null ist?

Ein Proton bewegt sich mit einer Geschwindigkeit von $2{,}5 \times 10^6$ ms^{-1}. Senkrecht zur Bewegungsrichtung wirkt ein Magnetfeld mit $B = 0{,}0380$ T. Berechnen Sie den Radius der Kreisbahn des Protons!

Eine Quelle emittiert negativ geladene Teilchen verschiedener Geschwindigkeiten. Skizzieren und beschreiben Sie eine Anordnung, die nur Teilchen einer bestimmten Geschwindigkeit v_0 durchläßt. Leiten Sie eine Beziehung zur Berechnung der Geschwindigkeit v_0 her. Kann die gleiche Anordnung auch als Geschwindigkeitsfilter ohne Abänderung der Felder bei positiv geladenen Teilchen verwendet werden? Begründen Sie Ihre Antwort.

Wird die kinetische Energie eines positiv geladenen Teilchens beim Durchfliegen eines homogenen Magnetfeldes geändert? Begründen Sie Ihre Antwort.

Ein geladenes Staubteilchen mit einer Masse von $1{,}2 \times 10^{-8}$ g schwebt im Feld eines Plattenkondensators, an dem eine Spannung von 600 V angelegt wird. Die Platten sind horizontal in einem Abstand von 5,0 mm angeordnet. Berechnen Sie die Ladung des Staubteilchens.

In einer Schaltung 1 sind zwei Widerstände R_1 und R_2 in Reihe geschaltet, in einer weiteren Schaltung 2 sind die beiden Widerstände parallel angeordnet. Die

Gesamtwiderstände in den beiden Schaltungen verhalten sich wie 4 : 1. In welchem Verhältnis stehen R_1 und R_2? Begründen Sie Ihre Aussage.

Erklären Sie, warum in einem Gas, in dem der Druck viel kleiner ist als der Luftdruck, ein Strom fließen kann! Warum fließt in Luft unter normalem Druck erst bei einer sehr hohen Spannung ein Strom?

Erklären Sie mit Hilfe von Skizzen, warum eine Halbleiterdiode den Strom nur in einer Richtung durchläßt.

Um die Eigeninduktivität einer Spule zu messen, legt man zuerst die Gleichspannung 4 V an; es fließt ein Strom von 0,1 A. Bei der effektiven Wechselspannung 12 V und 50 Hz sinkt die Stromstärke auf 30 mA. Erklären Sie, warum die Stromstärke bei Wechselspannung kleiner wird. Berechnen Sie die Induktivität der Spule. Wie groß ist die Phasenverschiebung? Zeichnen Sie ein Zeigerdiagramm.

Wie groß sind die Resonanzfrequenzen f_0 von Reihenschaltung und Parallelschaltung, die aus einem Kondensator (1,0 μF) und einer Spule 81,0 H) aufgebaut wurden? Wie muß man C verändern, damit f_0 halbiert wird?

Jemand kauft eine Glühlampe (Nennwert 130 V, 100 W), das Stück um DM 0,50 verbilligt. Er betreibt eine Lampe mit einem ohmschen Vorwiderstand an 220 V. Welche Leistung geht in dem Vorwiderstand verloren? Nach wieviel Betriebsstunden wird das Geschäft unrentabel? (bei DM 0,28 pro kWh [1]) Welche Kapazität müßte ein vor die Lampe geschalteter Kondensator haben, der den Vorwiderstand ersetzt?

Ein Motor läuft bei 220V, 50 Hz mit 3,0 A und dem Leistungsfaktor cos φ = 0,8. Welche Kapazität müßte ein parallel gelegter Kondensator haben, damit die Phasenverschiebung kompensiert wird?

Im Jahr 1882 nahm Oskar von Miller (Gründer des Deutschen Museums) die erste Fernübertragung elektrischer Energie in Betrieb. In Miesbach (57 km von München entfernt) trieb eine Dampfmaschine einen 1400 V-Generator an, der 1,5 PS elektrischer Leistung in eine Leitung aus zwei Kupferdrähten einspeiste. Im Münchner Glaspalast wurde mit der übertragenen Energie ein künstlicher Wasserfall von 2 m Höhe betrieben. In der Leitung ging ein Drittel der eingespeisten Leistung verloren. Machen Sie nähere Angaben über den Wasserfall: Welche Größen können Sie aus den Angaben erschließen? Die übrigen Größen kombinieren Sie sinnvoll. Machen Sie nähere Angaben über die Leitungsdrähte. Wie erreicht man heutzutage, daß die Übertragungsverluste nicht mehr so hoch sind?

Ein Sonderangebot bietet einen elektrischen Durchlauferhitzer an, der 8 l heißes Wasser pro Minute liefern soll. Der Hauptvorteil sei, daß Sie nicht einmal Ihre 10-A-Sicherung auswechseln brauchen. Kaufen Sie das Gerät, wenn ja (nein), warum?

Eine Kupferplatte von 400 cm² Oberfläche soll einen Silberüberzug von 0,010 mm Dicke erhalten. Welches Volumen hat diese Silberschicht? Wie groß ist ihre Masse (Dichte 10,5 gcm^{-3})? 1 C scheidet 1,118 mg Silber ab. Wie lange dauert der Vorgang, wenn die Stromstärke höchstens 0,7 A betragen darf? (Bei zu großen Stromstärken haftet der Überzug nicht ausreichend.)

Ein Durchlauferhitzer kann maximal mit 75 A bei 220 V Spannung betrieben werden. In welcher Zeit kann er 5l Wasser liefern, wenn dieses von 10°C auf 85°C erhitzt werden soll?

Erklären Sie folgende Beobachtung: Vögel sitzen (unbeschadet) mit beiden Füßen auf einer Starkstromleitung. Warum zweigt sich kein für sie merklicher Strom von der Leitung ab und fließt durch den Körper von einem Fuß zum anderen? Hinweis: Das Kupferdrahtstück zwischen beiden Füßen ist 5 cm lang und hat 8,5 mm² Querschnittsfläche. Vergleiche seinen Widerstand mit dem des (nassen) Vogels von etwa 1000 Ohm. Wie verhalten sich die Teilströme? Welcher Strom fließt durch den Vogel, wenn in dem Leitungsstück die Stromstärke 1000 A beträgt? Welche Spannung ist zwischen seinen Beinen?

Welche Beschleunigungsspannung U_0 ist erforderlich, um ein Elektron aus der Ruhe heraus auf die Geschwindigkeit $v_0 = 1,5 \times 10^7$ ms^{-1} zu beschleunigen? Wie lange dauert in einem homogenen elektrischen Feld der Beschleunigungsvorgang auf einer 1,0 cm langen Beschleunigungsstrecke?

Die effektive Spannung unseres Wechselstromnetzes beträgt 230 V. Wie groß ist die Scheitelspannung?

Ein 40 W Lötkolben soll durch Vorschalten eines Kondensators in seiner Leistung gedrosselt werden, damit thermisch empfindliche Bauelemente nicht zerstört werden. Dazu wird die ursprüngliche Betriebsspannung von 220 V auf 160 V herabgesetzt. Die Frequenz der Netzspannung beträgt 50 Hz. Wie groß muß die Kapazität des Kondensators gewählt werden? Welche Leistung gibt der Lötkolben danach ab? Die Leistung kann auch durch die Reihenschaltung einer Halbleiterdiode in die Netzzuleitung gesenkt werden. Erklären Sie, warum.

Wie groß ist Selbstinduktionsspannung, die beim Ausschalten einer Spule der Induktivität 0,2 H auftritt, wenn die Stromstärke von 2 A innerhalb von 10^4 s linear auf Null absinkt?

Ein ohmsches Bauelement mit 200 Ω, ein Kondensator mit 4 µF und eine Spule mit 0,1 H werden in Reihe geschaltet und es wird eine Gesamtspannung mit dem Effektivwert 10 V und der Frequenz 150 Hz angelegt. Berechnen Sie die drei Teilspannungen U_R, U_C und U_L sowie die Stromstärke I. Zeichnen Sie das Spannungszeigerdiagramm. Messen Sie die Phasenverschiebung zwischen der Gesamtspannung und der Stromstärke. Berechnen Sie die Phasenverschiebung zwischen der Gesamtspannung und der Stromstärke!

Erklären Sie, warum man beim Anschluß einer Spule im Wechselstromkreis zwischen Wirk- und Scheinleistung unterscheiden muß.

In einem Kassettenrecorder werden sechs Batterien zu je 1,5V eingelegt. Drei davon werden in Reihe zu drei anderen parallel geschaltet. Wie groß ist die Gesamtspannung und warum wählt man diese Schaltungskombination?

Ein Staubsauger habe bei 220 V einen eine Leistung von 1200 W. Wie groß ist der fließende Strom? Durch einen Kabelbruch entsteht ein Kurzschluß mit einem Restwiderstand von 1,5 Ohm. Berechne den Kurzschlußstrom.

Ein Meßwerk mit einem Innenwiderstand von 33 Ohm zeigt bei 100 mA Vollausschlag. Welche Widerstände müssen gewählt werden, um 1000 V Spannung und 10 A Strom messen zu können?

Eine Autobatterie mit einer Quellenspannung von 12,2 V habe einen Innenwiderstand von 0,03 Ωm. Beim Anlassen fließt ein Strom von 240 A. Wie hoch ist dann die Klemmspannung?

Welchen Kurzschlußstrom muß man bei einer 12-V-Autobatterie mit einem Innenwiderstand von 0,01 Ohm erwarten?

Ein Siliziumkristall wird mit Aluminium und ein anderer mit Phosphor dotiert. Welche Leiter entstehen?

Eine Teilchen der Masse $m = 1,5 \times 10^{-8}$ kg und der Ladung 1 µC befindet sich im Ursprung und wird dem elektrischen Feld ausgesetzt. Wie groß ist die Geschwindigkeit des Teilchens im Unendlichen? Betrachten Sie den umgekehrten Fall, daß sich das Teilchen zunächst im Unendlichen in Ruhe befindet. Wieviel Arbeit muß aufgebracht werden, um das Teilchen von dort zum Ursprung zu bringen?

Gegeben sei eine elektrische Schaltung, wie nebenstehend dargestellt. Berechnen Sie die Gesamtkapazität zwischen a und b, wenn $C_1 = 5$ µF, $C_2 = 2$ µF und $C_3 = 3$ µF. Eine Batterie (12 V) wird an die Enden a und b der Schaltung angeschlossen. Wie groß ist die Energie,

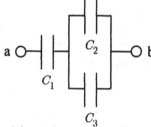

die jeweils in jedem der Kondensatoren gespeichert ist, wenn dieser voll aufgeladen wurde. Wie groß ist die Gesamtenergie?

Gegeben sei eine elektrische Schaltung aus Plattenkondensatoren, wie nebenstehend dargestellt. Berechnen Sie die Gesamtkapazität zwischen a und b, wenn $C_1 = 5$ µF, $C_2 = 2$ µF, $C_3 = 6$ µF und $C_4 = 1$ µF. Eine 12 V-Batterie wird nun an a und b angeschlossen. Wieviel Ladung befindet sich auf der positiven Platte des Kondensators C_1, wenn alle Kondensatoren vollständig aufgeladen sind? Beantworten Sie diese Frage für alle weiteren drei Kondensatoren.

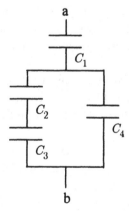

Eine Punktladung $q = -6$ µC ist von zwei dicken, leitenden Kugelschalen (Hohlkugeln) umgeben. Die erste (zweite) Kugelschale hat einen inneren Radius von $r_1 = 0,3$ m ($r_3 = 0,9$ m) und einen äußeren Radius von $r_2 = 0,4$ m

($r_4 = 1,0$ m). Die erste Hohlkugel ist ungeladen, die äußere Hohlkugel trägt eine Ladung von insgesamt $Q = -8$ µC. Das elektrostatische Potential im Unendlichen ist unbekannt, aber ungleich Null. Berechnen Sie folgende Potentialdifferenzen: $U(r_4) - U(\infty)$, $U(0,15 m) - U(r_1)$, $U(r_1) - U(r_2)$, $U(r_3) - U(r_4)$, $U(r_2) - U(r_3)$. Wie lautet das elektrostatische Potential am Ort $r_5 = 0,4$ m, wenn $U(\infty) = 0,5 \times 10^5$ V beträgt?

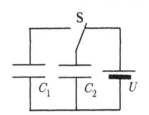

Zwei Kondensatoren ($C_1 = 50$ µF und $C_2 = 100$ µF) sind mit einer 12-Volt-Batterie in nebenstehender Schaltung verbunden. Der Kondensator C_1 ist zunächst ungeladen. Wie groß ist die Ladung des Kondensators C_2, wenn der Schalter S so umgelegt wird, daß C_2 mit der Batterie verbunden ist? Nun wird der Schalter in die andere Richtung umgelegt, so daß C_2 von der Batterie getrennt und mit C_1 verbunden wird. Wie groß ist jeweils die Ladung auf den positiven Platten der beiden Kondensatoren im Gleichgewicht? Wieviel Energie ist dann an den Stromkreis verloren worden?

Eine 12-Volt-Batterie und zwei gleich dimensionierte Plattenkondensatoren mit $C_1 = C_2 = 5$ µF werden parallel geschaltet. Wie groß ist jeweils die Ladung beider Kondensatoren? Wie groß ist die Energie, die in der Schaltung gespeichert ist, wenn die Batterie nun komplett entfernt wird? Zusätzlich wird ein Dielektrikum mit $\kappa = 1,7$ in den einen Kondensator eingeführt, so daß kein Luftspalt zwischen den Platten verbleibt. Wie groß ist nun jeweils die Ladung der Kondensatoren? Welche Energie ist in dieser Schaltung gespeichert? Aus dem Vergleich der Energien vor und nach Einführen des Dielektrikums soll bestimmt werden, ob das Dielektrikum in den Kondensator gezogen wird oder hinein gedrückt werden muß.

Berechnen Sie den resultierenden Widerstand der gezeigten elektrischen Schaltung, mit den Einzelwiderständen $R_1 = 2$ Ω, $R_2 = 4$ Ω, $R_3 = 6$ Ω und $R_4 = 5$ Ω. Welcher Strom fließt durch R_1, wenn eine Batterie (10 V) mit der Schaltung ver-

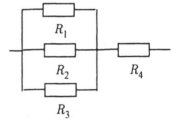

bunden wird? Der Innenwiderstand der Batterie sein vernachlässigbar.

In der nebenstehenden Schaltung sind zwei Batterien mit 5 V und 10 V eingebaut. Die Widerstände sind $R_1 = 2\ \Omega$, $R_2 = 3\ \Omega$ und $R_3 = 4\ \Omega$. Welcher Strom fließt durch die Batterien? Wie groß ist die Spannungsdifferenz zwischen den Punkten a und b?

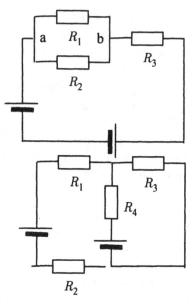

In der nebenstehenden Schaltung sind zwei Batterien mit 6 V und 12 V eingebaut. Die Einzelwiderstände sind $R_1 = 60\ \Omega$, $R_2 = 20\ \Omega$, $R_3 = 30\ \Omega$ und $R_4 = 55\ \Omega$. Welcher Strom fließt durch R_1? Welcher Strom fließt durch R_3?

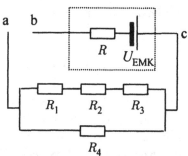

Gegeben sei nachfolgende Schaltung. Die Stromquelle mit den Anschlüssen b und c besitzt eine elektromotorische Kraft U_{EMK} und einen Innenwiderstand R. Die Widerstände betragen $R_1 = 22\ \Omega$, $R_2 = 31\ \Omega$, $R_3 = 45\ \Omega$ und $R_4 = 55\ \Omega$. Ein (ideales) Voltmeter, das zwischen b und c geschaltet wird, zeigt eine Spannungsdifferenz von 10 V an. Wie groß ist U_{EMK}?

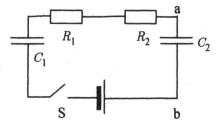

Welchen Widerstand zeigt ein Ohmmeter zwischen den Punkten a und c an? Ein (ideales) Ampèremeter wird zwischen a und b geschaltet und zeigt 0,17 A an. Wie groß ist der Innenwiderstand R der Spannungsquelle? Was zeigt nun das Voltmeter zwischen b und c an? Wie groß ist der Strom durch R_2? Mit welcher Rate wird thermische Energie in Form von Wärme *in* der Stromquelle produziert? Welche Leistung wird von der Stromquelle dem äußeren Stromkreis bereitgestellt?

Der nebenstehende elektrische Schaltkreis besteht aus einer (idealen) Batterie (12 V) zwei Widerständen (je 6.000 Ω) und zwei Kondensatoren ($C_1 = 5\ \mu F$, $C_2 = 8\ \mu F$).

Beide Kondensatoren sind zunächst ungeladen. Zur Zeit $t = 0$ wird der Schalter S umgelegt, so daß der Stromkreis geschlossen ist. Wie groß ist der Strom im Stromkreis, unmittelbar und sehr lange nachdem der Schalter geschlossen wurde? Wie groß ist nach sehr langer Zeit die Spannungsdifferenz zwischen a und b? Wie groß ist die Zeitkonstante dieses Stromkreises?

Aufgaben zu Kapitel 8+9:

Mit einer dünnen Sammellinse soll ein Gegenstand auf einem Schirm vergrößert abgebildet werden. Skizzieren Sie den Strahlenverlauf! Wo muß sich der Gegenstand befinden? Geben Sie Art, Lage und Ort des entstehenden Bildes an!

Mit einer Linse der Brennweite 110 mm wird ein Dia mit den Abmessungen 5,0 cm × 5,0 cm auf einer Projektionswand, die 2,5 m von der Linse entfernt ist, scharf abgebildet. Berechnen Sie die Abmessungen des Bildes!

Auf eine Seitenfläche eines gleichseitigen Prismas aus leichtem Kronglas ($n = 1,51$) fällt unter einem Winkel von 30° zum Einfallslot Licht. Berechnen Sie die beiden Brechungswinkel, zeichnen Sie den Verlauf des Lichtstrahls! Entscheiden Sie, ob beim Variieren des Einfallswinkels eine Totalreflexion an der Grenzfläche Glas-Luft möglich ist und begründen Sie Ihre Entscheidung.

Ein 1 cm hoher Pfeil wird durch eine Lupe der Brennweite 30 mm betrachtet. Man sieht ein aufrechtes, dreifach vergrößertes, virtuelles Bild. Berechnen Sie die Gegenstandsweite. (Hilfe: Fertigen Sie dazu eine Zeichnung an.)

Beschreiben Sie den Aufbau und erklären Sie die Wirkungsweise folgender Geräte: Mikroskop, astronomisches Fernrohr, Projektor, Photoapparat.

Eine Kleinbildkamera mit Normalobjektiv (Brennweite $f = 50$ mm) befindet sich auf einem Stativ befestigt am Straßenrand. Im rechten Winkel zu ihrer optischen Achse fährt in einer Entfernung von 12 m ein Motorrad vorbei. Bei einer Belichtungszeit von 1/250 s hinterläßt ein charakteristischer Punkt des Motorradfahrers auf dem entwickelten Film eine Spur von 0,24 mm Länge. Entscheiden Sie durch Rechnung, ob sich der Motorradfahrer an die Höchstgeschwindigkeit von 50 km/h in geschlossenen Ortschaften gehalten hat!

Beschreiben Sie an einer selbstgewählten Experimentieranordnung, wie kohärentes Licht erzeugt werden kann. Erklären Sie dabei auch den Begriff Kohärenz!

Bei einem Beugungsversuch mit einem optischen Gitter wird grünes Licht mit der Wellenlänge 527 nm verwendet. Der Auffangschirm ist 120 cm vom Gitter entfernt. Der Abstand der beiden hellen Beugungsstreifen 2. Ordnung voneinander beträgt 50 mm. Berechnen Sie die Gitterkonstante.

Ein quaderförmiges Glasgefäß aus leichtem Kronglas ist mit Wasser gefüllt. Das Wasser wird durch eine in der Mitte des Gefäßbodens montierte Lichtquelle von unten beleuchtet. Welcher Öffnungswinkel des Lichtkegels (Skizze) darf höchstens eingestellt werden, damit kein Licht durch die Seitenwände nach außen dringt?

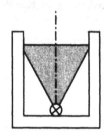

Normalobjektive von Kleinbildkameras haben in der Regel eine Brennweite von 50,00 mm. Eine solche Kamera wird auf die Gegenstandsweite 400 cm eingestellt. Als Schärfentiefenbereich bezeichnet man den Entfernungsbereich, in dem (bei einer bestimmten Kameraeinstellung) die Gegenstände scharfe Bilder auf dem Film erzeugen.Berechnen Sie diesen Bereich, wenn Bilder in der Filmebene im Intervall 0,20 mm als scharf gelten sollen.

Auf ein Prisma aus leichtem Flintglas fällt weißes Licht. Wie breit ist das Spektrum auf der Wand hinter dem Prisma? (Brechzahlen: dunkelrot 1,603; orange 1,608; grün 1,619; violett 1,645)

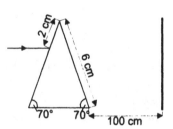

Zwischen Gehäuse und Objektiv einer Kleinbildkamera von $f = 5$ cm, deren Objektiv für Gegenstandsweiten zwischen 50 cm und verstellbar ist, wird ein 1,5 cm langer Zwischenring eingesetzt. Welche Gegenstandsweiten können nunmehr erfaßt werden?

Konstruieren Sie den Gegenstand zu einem Bild, das 10 cm vor der Linse mit einem Schirm aufgefangen wird und das 3 cm hoch ist. Die Brennweite der Sammellinse beträgt 4 cm. Charakterisieren Sie das Bild. (reell, virtuell, größer, kleiner...) Überprüfen Sie die Konstruktion durch eine Berechnung .

Welche von zwei Linsen mit $f_1 > f_2$ muß man verwenden, um von einem Gegenstand der gegebenen Größe G bei gegebener, maximaler Bildweite b (zum Beispiel in einem Zimmer) ein möglichst großes Bild zu erhalten (Diaprojektor)?.

Wie groß ist die Querverschiebung (Strahlversatz) q eines schräg durch eine Parallelplatte von der Dicke d laufenden Lichtstrahls? Geben Sie eine allgemeine Formel an und berechnen Sie den Strahlversatz für $d = 6$mm, einen Einfallswinkel von 40° und $n = 1,5$.

Auf ein optisches Gitter mit der Gitterkonstante $4,00 \times 10^6$ m fällt senkrecht Licht der Wellenlänge 694 nm ein. Das Interferenzbild wird auf einem 2 m entfernten, ebenen Schirm beobachtet, der parallel zum Gitter steht. Berechnen Sie den Abstand der auf dem Schirm sichtbaren Helligkeitsmaxima 1. Ordnung voneinander. Bis zur wievielten Ordnung können theoretisch Helligkeitsmaxima auftreten? Weisen Sie rechnerisch nach, daß die Spektren 2. und 3. Ordnung einander überlappen, wenn sichtbares Licht aus dem Wellenlängenintervall 400 nm bis 750 nm verwendet wird!

Die Spektralanalyse ist eine wichtige Methode, um die stoffliche Zusammensetzung lichtaussendender Objekte zu erforschen. Vom Licht einer Glühlampe werden ein Beugungsspektrum und ein Dispersionsspektrum erzeugt. Skizzieren Sie dazu je eine mögliche Experimentieranordnung und erklären Sie die Entstehung des jeweiligen Spektrums.

Atomarer Wasserstoff wird unter vermindertem Druck in einem Gasentladungsröhrchen zum Leuchten gebracht und ein Spektrum des emittierten Lichtes erzeugt. Beschreiben Sie das erzeugte Spektrum und erklären Sie sein Zustandekommen mit Hilfe des Energieniveauschemas vom Wasserstoffatom. Berechnen Sie Frequenz und Wellenlänge einer der Spektrallinien, die im sichtbaren Bereich des Wasserstoffspektrums (zwischen 400 nm und 800 nm) liegt.

Wasserstoff kann im Weltall durch Absorption von Photonen ionisiert werden. Berechnen Sie die Energie, die ein solches Photon mindestens haben muß.

Wie groß ist bei der Reflexion am ebenen Spiegel der Einfallswinkel a, wenn der Winkel zwischen reflektiertem Strahl und Spiegel 40° beträgt?

Vor einer Sammellinse mit einer Brennweite $f = 40$ mm steht in einer Entfernung von 5 cm ein 1,5cm hoher Gegenstand. Konstruieren Sie das Bild. Wie weit ist es von der Linse entfernt und wie groß ist es? Beschreiben Sie das Bild. Nennen Sie eine Anwendung für diesen Fall der Bildentstehung.

Die Mittelpunkte zweier Lampen sind 3,5 cm voneinander entfernt. 2,5 cm vor den Lampen steht ein 2,2 cm hoher, lichtundurchlässiger Gegenstand. Wie breit ist das Kernschattengebiet, das auf einem 5cm vor den Lampen befindlichen Schirm entsteht?

Ein Doppelspalt wird mit Licht der Wellenlänge 546 nm senkrecht beleuchtet. Wie ändert sich das Interfernzmuster, wenn das Licht vor einer der beiden Spaltöffnungen zuerst ein Glimmerblatt der Dicke $d = 8{,}19 \times 10^{-3}$ mm durchläuft? (Brechzahl von Glimmer $n = 1{,}50$) Anleitung: Wie viele Wellenlängen gehen in Luft bzw. in Glimmer auf die Strecke d? Welche Phasendifferenz haben dann die Wellen in den Spalten?

Ein optisches Gitter mit 2000 Strichen pro cm wird von parallelem weißen Licht senkrecht beleuchtet (400 nm $\leq \lambda \leq$ 800 nm). Wie breit erscheint das Spektrum 1. Ordnung auf einem 3,20 m entfernten Schirm? Zeigen Sie, daß sich die sichtbaren Spektren 2. und 3. Ordnung überlappen! Bis zu welcher Wellenlänge ist das Spektrum 2. Ordnung noch ungestört zu sehen?

Ein durchsichtiges Gefäß ist mit einer Flüssigkeit gefüllt. Ein optisches Gitter mit 1000 Strichen pro cm, das zur Hälfte in diese Flüssigkeit getaucht ist, wird mit parallelem Licht aus einer Quecksilberdampflampe senkrecht beleuchtet. Ein Teil des Lichtes geht also nach der Beugung am Gitter durch die Luft, ein anderer durch die Flüssigkeit. Auf einem zum Gitter parallelen 1,50 m entfernten Schirm, der zum Teil in die Flüssigkeit taucht, entstehen zwei übereinanderliegende, verschieden stark gespreizte Linienspektren. In der 1. Ordnung erscheinen die gelbe Linie ($\lambda_1 = 577$ nm) des einen Spektrums und die blaue ($\lambda_2 = 436$ nm) des anderen direkt übereinander. Welche Brechungszahl hat die Flüssigkeit? Erscheinen die beiden Linien auch in den höheren Ordnungen direkt übereinander? Wie weit sind die obere und die untere blaue Linie in der 3. Ordnung gegeneinander versetzt?

Beschreiben Sie je eine Erscheinungen des Lichtes, die sich nur mit dem Wellenmodell oder nur mit dem Teilchenmodell erklären lassen.

Was versteht man unter optischer Aktivität. Beschreiben Sie, wie man die optische Aktivität zur Konzentrationsbestimmung benutzen kann.

Der Einfallswinkel eines Lichtstrahls auf eine ebene Grenzfläche beträgt 53°. Wie groß ist der Winkel zwischen dem reflektierten und dem gerochenen Strahl, wenn die Brechzahl $n = 1,5$ ist?

Wie weit muß ein Gegenstand vom Scheitel des Hohlspiegels ($r = 20$ cm) entfernt sein, damit ein 5mal so großes a) reelles, b) virtuelles Bild entsteht? In welcher Entfernung vom Scheitel befinden sich diese Bilder?

Wie weit muß eine 1,80 m große Person vom Objektiv ($f = 5$ cm) einer Kleinbildkamera mindestens entfernt sein, wenn sie auf dem 24 mm x 36 mm großen Film (Hochformat) vollständig abgebildet werden soll?

Warum haben die Projektionswände für Dias oder Film eine rauhe und weiße Oberfläche? Warum verwendet man hierfür nicht Spiegel, die doch das Licht sehr gut reflektieren können?

Ein kugelförmiger Hohlspiegel reflektiert nicht alle parallelen Strahlen durch einen Punkt. Um welche handelt es sich? Welche Spiegel weisen diesen Nachteil nicht auf?

Wodurch entsteht der Eindruck, daß die Sonne morgens und abends nicht rund, sondern abgeplattet ist?

Vor einer Sammellinse mit $f = 10$ cm steht ein $G = 15$ cm hoher Gegenstand. Er ist $g = 45$ cm entfernt. Konstruiere sein Bild im passenden Maßstab. Geben Sie an, um was für ein Bild es sich handelt. Wie groß ist das Bild und welche Entfernung hat es von der Linsenmitte?

Wie ändert sich die Brennweite gleichgeformter Linsen, wenn eine Glassorte, die das Licht stärker bricht, verwendet wird?

Von einer Linse mit der Brennweite $f = 1$ m wird die Sonne (Entfernung etwa 150 Millionen km) in der Brennebene als eine rund 1 cm große Kreisscheibe abgebildet. Wie groß ist die Sonne?

Wie verändert sich das reelle Bild eines Gegenstandes, wenn man die abbildende Linse zum Teil verdeckt? Was geschieht, wenn man nur den Rand bzw. nur die Mitte der Linse abdeckt?

In Stabtaschenlampen befindet sich ein Hohlspiegel, der sich gegenüber der feststehenden Glühlampe verschieben läßt. Wann laufen die Randstrahlen des Lichtbündels auseinander, wann sind sie parallel und wann laufen sie zusammen?

Im Licht einer Quecksilberlampe beobachtet man auf dem vom Doppelspalt (der Abstand der beiden Spalte beträgt 1,2 mm) 2,7 m entfernten Schirm für den Abstand vom hellsten Streifen bis zum 5. hellen Streifen im grünen Licht 6,2 mm und im blauen Licht 4,96 mm. Berechnen Sie die Wellenlängen der beiden Quecksilberlinien.

Die gelbe Quecksilberlinie mit einer Wellenlänge von 578,0 nm fällt in der dritten Ordnung fast genau mit der blauen Linie des Quecksilbers in der 4. Ordnung zusammen. Berechnen Sie daraus die Wellenlänge der blauen Linie.

Fotografen verwenden zum Ausblenden von unerwünschten Spiegelungen auf Glasflächen vor dem Kameraobjektiv ein Polarisationsfilter. Erklären Sie die Wirkungsweise dieser Maßnahme.

Im Brennpunkt eines Hohlspiegels wird senkrecht zur Achse ein kleiner ebener Spiegel angebracht, dessen verspiegelte Seite dem Hohlspiegel zugewandt ist. Was geschieht mit Strahlen, die parallel zur Achse auf den Hohlspiegel fallen?

Auf eine Sammellinse fällt ein achsenparalleles Lichtbündel mit kreisförmigem Querschnitt und dem Durchmesser d. Hinter der Linse wird ein Schirm so lange verschoben, bis auch auf ihm eine kreisrunde Scheibe mit dem Durchmesser d erscheint. Der Abstand Linse-Schirm sei c. Wie groß ist die Brennweite der Linse?

Ein ferner Gegenstand wird nacheinander durch Sammellinsen mit immer kleineren Brennweiten abgebildet. Was ist über Lage und Größe der Bilder zu sagen?

Ein 7,5 cm hoher Gegenstand soll durch eine Sammellinse mit 18 cm Brennweite auf 100 cm vergrößert abgebildet werden. Wie sind dann Gegenstandsweite und Bildweite zu wählen?

Welche Beziehung besteht zwischen der Gegenstandsweite und der Brennweite, wenn das Bild doppelt so hoch wie der Gegenstand ist?

Das Objektiv eines Fotoapparats besitzt die Brennweite 45 mm. In welchem Abstand des Objektivs muß man den Film anbringen, wenn man eine Landschaft, bzw. eine 40 cm entfernte Blume aufnehmen will?

Weißes Licht wird durch ein Prisma oder durch ein Gitter zerlegt und das Bild wird auf einem Schirm aufgefangen. Welches Bild entsteht jeweils auf dem Schirm?

Beschreiben Sie Aufbau, Funktionsweise und Anwendung eines Lichtleitkabels (Glasfaserkabel).

Wann entsteht ein Emissionsspektrum?

Worin unterscheidet sich Laserlicht von Glühlicht? Welche möglichen Anwendungen für Laserlicht gibt es?

Nennen Sie Gemeinsamkeiten und wesentliche Unterschiede zwischen mechanischen Wellen und elektromagnetischen Wellen.

Welche Eigenschaften des Lichts ist Grundlage für die Bildentstehung an Sammellinsen?

Ein Gegenstand wird durch eine Sammellinse abgebildet. Charakterisieren Sie das Bild, wenn sich der Gegenstand außerhalb der doppelten Brennweite; zwischen einfacher und doppelter Brennweite; innerhalb der einfachen Brennweite befindet.

Bei einem Beugungsversuch mit einem optischen Gitter wurden folgende Werte festgestellt: Das verwendete Natriumlicht hat eine Wellenlänge von 590 nm. Der Auffangschirm ist vom Gitter 2,0 m entfernt. Der Abstand der beiden Beugungsstreifen 1. Ordnung beträgt 15 cm. Wie groß ist die Gitterkonstante?

Beschreiben Sie eine Methode zur Erzeugung polarisierten Lichtes!

Unter welchem Winkel muß Licht auf Diamant ($n = 2,5$) bzw. auf Schwefel-kohlenstoff ($n = 1,63$) fallen, damit es nach der Reflexion völlig linear polarisiert ist?

Ein optisches Gitter wird mit einem He-Ne-Laserstrahl (Wellenlänge 632,8 nm) beleuchtet. In einer Entfernung von 1,000 m zum Gitter wird ein Schirm senkrecht zum Strahl aufgestellt. Die beiden Interferenzmaxima 3. Ordnung liegen 72,5 cm auseinander. Berechnen Sie die Gitterkonstante. Das Gitter wird jetzt um den mittleren Gitterspalt um 15° gedreht. Wie weit liegen die Interferenzmaxima 3. Ordnung jetzt auseinander?

Auf einen Doppelspalt fällt senkrecht monochromatisches Licht der Wellenlänge 590 nm. Der Abstand der Spaltmitten beträgt g = 10 · m. Die Breite eines jeden Einzelspaltes ist kleiner als die Wellenlänge. Im Abstand e = 1,0 m ist parallel zum Doppelspalt ein Schirm aufgestellt. Wie groß muß der Schirm sein, daß die Maxima 3. Ordnung noch auf den Schirm passen? Eine der beiden Spalte wird nun mit einer dünne Seifenhaut überzogen. (Man betrachte diese als planparalleles Plättchen konstanter Dicke). Durch die Seifenhaut verschiebt sich das Hauptmaximum an die Stelle, an der sich zuvor das Maximum 3. Ordnung befunden hat. Berechnen Sie die Dicke der Seifenhaut (Brechzahl n = 1,33).

Ein Fixstern in einer Entfernung von 10 Lichtjahren wird von einem großen Planeten umlaufen. Dieser Planet ist mit einem 5-m-Teleskop noch sichtbar. Wie groß muß die Entfernung des Planeten von dem Fixstern mindestens sein, damit man die beiden Himmelskörper mit dem Teleskop noch auflösen kann?

Erklären Sie, wie man unter Verwendung a) zweier Spiegel, b) eines Prismas und c) eines Doppelspaltes kohärente Wellenzüge erzeugen kann.

Zur Untersuchung des äußeren lichtelektrische Effekts wird einfarbiges Licht auf eine Vakuumfotozelle gestrahlt und der Fotostrom gemessen. Welchen Einfluß hat die Lichtintensität; die Farbe des Lichtes; das Katodenmaterial auf die Intensität des Fotostroms?

Eine Zunahme des Fotostroms beim äußeren lichtelektrischen Effekt könnte entweder durch die Vergrößerung der Anzahl der herausgelösten Elektronen oder durch eine höhere Geschwindigkeit der herausgelösten Elektronen zustande kommen. Wie läßt sich experimentell jeweils die wahre Ursache ermitteln?

Beim normalsichtigen Auge beträgt der Abstand zwischen Netzhaut und Augenlinse 2,25 cm. Wie groß ist die Brennweite der Linse, wenn ein Fernsehbild, aus 3 m Entfernung betrachtet, scharf gesehen wird?

Das Auge wird oft mit einem Fotoapparat verglichen. Welche Organteile entsprechen dem Objektiv, der Blende, dem Film. Wie wird das Bild 'scharf' gestellt?

Wie viele Lichtquanten werden von einer 60 Watt-Lampe in einer Sekunde abgegeben, wenn 6% der zugeführten elektrischen Energie in sichtbares Licht umgesetzt wird und anstelle der in Wirklichkeit auftretenden verschiedenen Wellenlängen mit einer einheitlichen Wellenlänge von $5,6 \times 10^{-7}$ m gerechnet wird?

Damit das menschliche Auge grünes Licht mit der Wellenlänge von 500 nm wahrnimmt, ist es erforderlich, daß die auf die Netzhaut fallende Lichtleistung mindestens 2×10^{-16} W beträgt. Wieviele Photonen müssen in einer Sekunde auf die Netzhaut treffen?

Bei der Beobachtung Newtonscher Ringe im reflektierten Licht betrug der Durchmesser des vierten dunklen Ringes 14,4 mm. Bestimmen Sie die Wellenlänge des verwendeten Lichtes, wenn das Licht senkrecht auftrifft und die Linse einen Krümmungsradius von 22 m hat.

Ein Teleobjektiv besteht aus einer Sammellinse ($f_1 = 25$ mm) und einer Zerstreuungslinse ($f_2 = -20$ mm), die im Abstand von 20 mm voneinander angebracht sind. Wie groß ist die Brennweite des Teleobjektivs?

Eine dünne Linse der Brennweite $f_1 = 60$ mm wird mit einer zweiten der Brennweite $f_2 = 110$ mm kombiniert. Der Abstand der Mittelebenen sei 33 mm. Berechnen Sie die Gesamtbrennweite der Linsenkombination.

In einer Entfernung von 1,90 m von einem optischen Gitter mit 5000 Strichen pro cm ist ein 3,10 m breiter Schirm so aufgestellt, daß das Maximum nullter Ordnung in seine Mitte fällt. Das Gitter wird mit parallelem weißem Glühlicht senkrecht beleuchtet. Welche Wellenlänge hat das Licht, das am Rand des Schirms gerade noch zu sehen ist?

Die kinetische Energie von Fotoelektronen soll in einem Experiment bestimmt werden. Skizzieren Sie die Experimentieranordnung und beschreiben Sie das experimentelle Vorgehen!

Bei einem Experiment wurden folgende Meßwerte ermittelt:

λ in nm	436	510	590
U in V	0,93	0,49	0,16

Stellen Sie die kinetische Energie der Fotoelektronen in Abhängigkeit von der Frequenz des Lichtes graphisch dar. Bestimmen Sie die Austrittsarbeit und die Grenzfrequenz für das verwendete Kathodenmaterial!

Auf die Cäsiumkathode einer Fotozelle fällt blaues Licht mit der Wellenlänge 490 nm. Mit welcher Geschwindigkeit verlassen die schnellsten Fotoelektronen die Kathode? Welche Gegenspannung ist erforderlich, um diese Elektronen auf die Geschwindigkeit Null abzubremsen?

Eine ebene, linear polarisierte elektromagnetische Welle (Licht) falle von einem Medium mit dem rellen Brechungsindex n_1 senkrecht in ein Medium mit dem reellen Brechungsindex n_2 ein. Welcher Bruchteil der Intensität wird reflektiert? ($n_1 = 1$, $n_2 = 1,5$)

Die Intensität des Sonnenlichts auf der Erde beträgt bei senkrechter Einstrahlung 1400 W/m^2. Legen Sie eine einheitliche Wellenlänge von 600 nm zugrunde und berechnen Sie den Lichtdruck in N/m^2; die Anzahl der Photonen/m^{2}s. Wie groß ist die Leistungsabgabe der Sonne bei einem mittleren Radius Erde-Sonne von $1,5 \times 10^{11}$ m? Wieviel Masse verliert die Sonne jährlich? Wieviele Photonen enthält ein Volumen von 1 m^3 Luft (bei Sonnenschein)?

Ebenfalls aus dieser Reihe lieferbar:

**Für Studierende der Physik
sowie der Naturwissenschaften, Pharmazie
und Medizin:**

Günter Staudt

Experimentalphysik

**Teil 1: Mechanik, Wärmelehre, Wellen und
Schwingungen**

8., durchgesehene Auflage
326 Seiten, 86 Abbildungen
ISBN 3-527-40360-4

Der erste Teil aus der vorliegenden Reihe zur
Experimentalphysik enthält die Themengebiete:

>   Mechanik
>   Wärmelehre
>   Wellen
>   Schwingungen

und Übungsaufgaben zu allen Kapiteln

Ebenfalls neu lieferbar:

Das neue kompakte Repetitorium
für Studierende der Humanmedizin und AiP´ler –
jetzt alles in einem Band

Katja Klimesch

Kompaktleitfaden Medizin GK 3

2., überarbeitete und aktualisierte Auflage
ca. 1000 Seiten
ISBN 3-527-30481-9

- fächerübergreifend
- übersichtlich und kompakt
- effizient zum Lernen

mit:
Gynäkologie
Orthopädie
Ophtalmologie
HNO und Mund,- Kiefer-, Gesichtschirurgie
Determatologie und Immunologie
Neurologie
Psychiatrie und Psychosomatik
Ökologisches Stoffgebiet